高职化工类

模块化系列教材

职业教育石油化工技术专业教学资源库（国家级）配套教材

油品检测

吴秀玲 主 编
刘 倩 副主编
孙士铸 主 审

化学工业出版社
·北京·

内容简介

《油品检测》教材深入贯彻党的二十大精神，融入油品检测新技术、新工艺、新规范，配套建设精品资源和在线开放课程，为学生搭建数字化、信息化和职业化学习氛围，将德育、环保、安全和创新教育等内容贯穿全书，培养适应行业企业需求的复合型、创新型高素质技术技能人才，服务石油化工产业。本书根据化工专业学生就业岗位群要求，基于油品分析工作过程，精选典型工作任务，采用模块化、任务编写式，适合“教学做”一体化的学习形式，适应校企合作、现代学徒制等人才培养模式，反映了职业教育特色及教改要求。内容上对接油品分析质量标准和岗位要求。各模块设计了模块考核试题，各模块的每个任务安排了任务目标、任务描述、储备知识、任务实施方案、考核评价、数据记录单、操作视频、思考拓展、拓展阅读等内容，并附有部分油品分析职业技能考核模拟试题和各模块考核试题参考答案等，便教易学。

本书可作为职业教育石油产品分析课程教材，适用于石油化工技术、分析检验技术、应用化工技术、油气储运技术等专业的教学，也可供环境保护类、石油与天然气类等专业的师生参考。

图书在版编目（CIP）数据

油品检测/吴秀玲主编. —北京：化学工业出版社，2021.8（2024.2重印）
ISBN 978-7-122-39291-6

Ⅰ.①油…　Ⅱ.①吴…　Ⅲ.①石油产品-检测-教材　Ⅳ.①TE626

中国版本图书馆CIP数据核字（2021）第109323号

责任编辑：张双进　提　岩　王海燕　　文字编辑：陈　雨
责任校对：宋　玮　　装帧设计：王晓宇

出版发行：化学工业出版社（北京市东城区青年湖南街13号　邮政编码100011）
印　　装：三河市延风印装有限公司
787mm×1092mm　1/16　印张17¾　字数451千字　2024年2月北京第1版第3次印刷

购书咨询：010-64518888　　售后服务：010-64518899
网　　址：http://www.cip.com.cn
凡购买本书，如有缺损质量问题，本社销售中心负责调换。

定　　价：49.00元

序

目前，我国高等职业教育已进入高质量发展时期，《国家职业教育改革实施方案》明确提出了“三教”（教师、教材、教法）改革的任务。三者之间，教师是根本，教材是基础，教法是途径。东营职业学院石油化工技术专业群在实施“双高计划”建设过程中，结合“三教”改革进行了一系列思考与实践，具体包括以下几方面：

1. 进行模块化课程体系改造

坚持立德树人，基于国家专业教学标准和职业标准，围绕提升教学质量和师资综合能力，以学生综合职业能力提升、职业岗位胜任力培养为前提，持续提高学生可持续发展和全面发展能力。将德国化工工艺员职业标准进行本土化落地，根据职业岗位工作过程的特征和要求整合课程要素，专业群公共课程与专业课程相融合，系统设计课程内容和编排知识点与技能点的组合方式，形成职业通识教育课程、职业岗位基础课程、职业岗位课程、职业技能等级证书（1＋X证书）课程、职业素质与拓展课程、职业岗位实习课程等融理论教学与实践教学于一体的模块化课程体系。

2. 开发模块化系列教材

结合企业岗位工作过程，在教材内容上突出应用性与实践性，围绕职业能力要求重构知识点与技能点，关注技术发展带来的学习内容和学习方式的变化；结合国家职业教育专业教学资源库建设，不断完善教材形态，对经典的纸质教材进行数字化教学资源配套，形成“纸质教材＋数字化资源”的新形态一体化教材体系；开展以在线开放课程为代表的数字课程建设，不断满足“互联网＋职业教育”的新需求。

3. 实施理实一体化教学

组建结构化课程教学师资团队，把“学以致用”作为课堂教学的起点，以理实一体化实训场所为主，广泛采用案例教学、现场教学、项目教学、讨论式教学等行动导向教学法。教师通过知识传授和技能培养，在真实或仿真的环境中进行教学，引导学生将有用的知识和技能通过反复学习、模仿、练习、实践，实现“做中学、学中做、边做边学、边学边做”，使学生将最新、最能满足企业需要的知识、能力和素养吸收、固化成为自己的学习所得，内化于心、外化于行。

本次高职化工类模块化系列教材的开发，由职教专家、企业一线技术人员、专业教师联合组建系列教材编委会，进而确定每本教材的编写工作组，实施主编负责制，结合化工行业企业工作岗位的职责与操作规范要求，重新梳理知识点与技能点，把职业岗位工作过程与教学内容相结合，进行模块化设计，将课程内容按知识、能力和素质，编排为合理的课程模块。

本套系列教材的编写特点在于以学生职业能力发展为主线，系统规划了不同阶段化工类专业培养对学生的知识与技能、过程与方法、情感态度与价值观等方面的要求，体现了专业教学内容与岗位资格相适应、教学要求与学习兴趣培养相结合，基于实训教学条件建设将理论教学与实践操作真正融合。教材体现了学思结合、知行合一、因材施教，授课教师在完成基本教学要求的情况下，也可结合实际情况增加授课内容的深度和广度。

本套系列教材的内容，适合高职学生的认知特点和个性发展，可满足高职化工类专业学生不同学段的教学需要。

高职化工类模块化系列教材编委会

2021 年 1 月

前言

油品检测是《职业教育专业目录（2021 年）》中石油化工技术、分析检验技术等专业的核心课程之一。本书是教育部“双高计划”石油化工技术专业群建设和国家职业教育石油化工技术专业教学资源库建设的成果之一，与其内容配套的省级精品资源共享课“油品检测”已在智慧职教平台边建边用五年多，用户遍及全国各地并深得好评。该书是在吴秀玲、杜召民、李玉娟、韩宗等编写的《油品分析》教材基础上，结合职业教育教学改革现状，通过“教学做”一体化课程改革、精品资源共享课和在线开放课程的建设与实践，结合国家、行业、企业现行标准编写修订而成。本书根据化工专业学生就业岗位群要求，基于石油产品分析工作过程，精选典型工作任务，采用模块化、任务式编写，适应校企合作、现代学徒制等人才培养模式，反映了职业教育特色及教改要求，充分体现了“加快建设教育强国、科技强国、人才强国”的党的二十大精神。

该书共设计了六个模块，包括油品取样、汽油分析、喷气燃料分析、柴油分析、润滑油分析和其他油品分析，模块的具体学习任务包括油品规格、密度、黏度、闪点、燃点、馏程、烟点、水分、酸度、酸值、铜片腐蚀试验、浊点、凝点、冷滤点等油品性能指标的测定。所选油品测定任务均取材于国家和行业现行标准，操作步骤严格履行标准规范，具有强化岗位典型工作任务的突出特点。每个模块设计了模块考核试题，每个任务安排了任务目标、任务描述、储备知识、任务实施方案、考核评价、数据记录单、操作视频（企业真实环境拍摄）二维码、思考拓展等内容，并附有部分油品分析职业技能考核模拟试题和模块考核试题参考答案等，便教易学。同时，以互联网为载体，以信息技术为手段，将数字资源与纸质教材充分交融，将石油文化、工匠精神等思政元素充分融入教材内容，形成了立体化新形态教材，体现了党的二十大精神中“推进教育数字化，建设全民终身学习的学习型社会、学习型大国”的要求。

本书由东营职业学院吴秀玲任主编，刘倩任副主编，孙士铸主审。东营区教育局杜召民和东营职业学院李玉娟、韩宗、逯秀等老师参编。具体分工如下：吴秀玲编写模块一、模块二和附录；刘倩编写模块三的任务 3～5、模块四的任务 3～6；杜召民编写模块三的任务 1～2、模块四的任务 1～2、模块五的任务 1～2；李玉娟编写模块五的任务 3～6；韩宗编写模块四的任务 7、模块六的任务 1～2；逯秀编写模块六的任务 3～4。东营联合石化有限责任公司孙江、单嫦琪、董群升、彭楠、李新等参与了操作视频拍摄。吴秀玲负责拟定编写提纲及最后的统稿、修改和定稿工作。中国石化胜利油田有限公司王德山等企业专家参与指导了本书的编写修订工作，同时还得到了东营职业学院、辽宁石化职业技术学院、河北石油职业技术大学、扬州工业职业技术学院、兰州石化职业技术大学领导和许多老师的热情支持和帮助，在此一并致谢。在本书的编写过程中，编者参考了已出版的相关教材，并引用了其中的少量图表、例题和习题，主要参考书列于书后，在此说明并致谢。

限于编者的水平和经验，书中不足和疏漏之处在所难免，衷心希望同行和使用者批评指正。

编者

目录

二维码资源目录

续表

序号	资源名称	资源类型	页码
21	测定润滑油残炭	视频	196
22	测定润滑油闪点与燃点(开口杯法)	视频	207
23	测定润滑油水分(蒸馏法)	视频	215
24	测定润滑油灰分	视频	222
25	测定润滑油机械杂质	视频	228
26	测定石蜡熔点	视频	236
27	测定沥青针入度	视频	242
28	测定沥青软化点	视频	248
29	测定沥青延度	视频	252

备注：二维码资源扫描后即可观看，更多数字化资源可以登录智慧职教《油品检测》课程网站搜寻使用，网址：油品检测-智慧职教（icve.com.cn）。

模块一 油品取样

内容概述

石油是世界的主要能源之一，石油产品是以石油为原料加工生产出来的各种商品的总称。在学习石油产品分析之初，先认识石油及石油产品的基本性质、分类和分析方法标准，学习分析数据的处理，通过到企业现场或油品分析室见习石油及石油产品，练习操作石油产品的取样，进一步理解石油及石油产品的性能，掌握石油产品取样的安全知识，熟悉油品分析岗位的职责和任务。

任务1-1 认识石油及石油产品

任务目标

1. 现场见习石油及石油产品；
2. 认识石油及石油产品的基本性质和分类；
3. 熟悉石油及石油产品分析的目的、任务和方法；
4. 提升油品分析岗位所需求的职业素养和能力。

任务描述

1. 任务：在学习石油产品分析之初，先了解石油及石油产品的基本性质、分类和分析方法标准等内容，再到企业现场或油品分析室见习石油及石油产品，熟悉油品分析岗位的职责和任务。

2. 教学场所：教室；石油炼制企业或学校油品分析室。

储备知识

一、石油的性状与组成

石油又称原油，是一种从地下深处开采出来的黏稠状可燃性液体矿物油，颜色多为黑色、褐色或绿色，少数为黄色。

1. 石油的元素组成

世界上各地油田所产原油的性质虽然不同，但它们的元素组成基本一致。石油主要由碳、氢两种元素以及少量的硫、氮、氧和一些微量金属、非金属元素组成，其中 C 含量为 83.0%～87.0%，H 含量为 10.0%～14.0%；根据产地不同，还含有少量的 O、N、S 和微量的 Cl、I、P、As、Si、Na、K、Ca、Mg、Fe、Ni、V 等元素。它们均以化合物形式存在于石油中。

2. 石油的化合物组成

石油是由几百种甚至上千种化合物组成的混合物。随着产地的不同，石油的化合物组成也存在很大的差异。它们主要由烃类和非烃类组成，此外还有少量无机物。

（1）烃类化合物

石油主要是由各种不同的烃类组成的。石油中究竟有多少种烃，至今尚无法确定。但已确定，烷烃、环烷烃和芳香烃是构成石油烃类的主要成分。天然石油中一般不含烯烃、炔烃等不饱和烃，只有在石油的二次加工产物和利用油页岩制得的页岩油中才含有不同数量的烯烃。

（2）非烃类化合物

石油中的非烃类化合物即烃的衍生物，除含有碳、氢主要元素外，还含硫、氮、氧等元素，这些元素含量虽然很少（1%～5%），但它们形成化合物的量却很大，一般占石油总量的 10%～15%，极少数原油中非烃类有机物含量甚至高达 60%，它们对石油加工和石油产品使用性能影响很大，石油加工中绝大多数精制过程都是为了除去这些非烃类化合物。如果处理适当，综合利用，可变害为利，生产一些重要的化工产品。例如，脱硫的同时，可回收硫黄。

（3）无机物

除烃类及其衍生物外，石油中还含有少量无机物，主要是水及钠、钙、镁的氯化物、硫酸盐、碳酸盐和少量泥污等。它们分别呈溶解、悬浮状态或以油包水型乳化液分散于石油中。其危害主要是加大原油贮运的能量消耗，加速设备腐蚀和磨损，促进结垢和生焦，影响催化剂活性等，在石油加工中需要进行脱盐脱水预处理。

二、石油产品分类

石油产品是以石油为原料加工生产出来的各种商品的总称。石油产品种类繁多，市场上各种牌号的石油产品多达 1000 种以上，且用途各异。为适应石油产品规格国际标准化的需要，我国参照国际标准ISO8681：1986《石油产品及润滑剂的分类方法和类型的确定》，制定了GB/T 498—2014《石油产品及润滑剂　分类方法和类别的确定》，将石油产品分为燃料（F类）、溶剂和化工原料（S类）、润滑剂、工业润滑油和有关产品（L类）、蜡（W类）、沥青（B类）五大类，其类别名称代号是按反映各类产品主要特征的英文名称的第一个字母确定的。

1. 燃料

石油燃料是指用来作为燃料的各种石油气体、液体和固体的统称，可分为以下几种。

① 气体燃料（组别代号G）：主要包括甲烷、乙烷或它们混合组成的石油气体燃料。

② 液化气燃料（组别代号L）：主要是由丙烷、丙烯、丁烷和丁烯混合组成的石油液化气燃料。

③ 馏分燃料（组别代号D）：除液化石油气以外的石油馏分燃料，包括汽油、喷气燃料、煤油和柴油。重质馏分油可含少量蒸馏残油。

④ 残渣燃料（组别代号R）：主要由蒸馏残油组成的石油燃料。

⑤ 石油焦（组别代号C）：主要由炭组成的来源于石油的固体燃料，是黑色或暗灰色的固体石油产品。

2. 溶剂和化工原料

一般是石油中低沸点馏分，即直馏馏分、催化重整产物抽提芳烃后的抽余油经进一步精制而得到的产品，一般不含添加剂，主要用途是作为溶剂和化工原料。

3. 润滑剂、工业润滑油及有关产品

润滑剂是一类很重要的石油产品，几乎所有带有运动部件的机器都需要润滑剂，如各种牌号的内燃机油、机械油、仪表用油等。根据性状可将润滑剂分成油状液体润滑油、油脂状半固体润滑脂和固体润滑剂。根据用途又将润滑剂分成工业润滑剂（包括润滑油和润滑脂）和人体润滑剂（如凡士林）。

4. 蜡

石油蜡包括液蜡、石油脂、石蜡和微晶蜡，它们是具有广泛用途的一类石油产品。液蜡一般是指C_9～C_{16}的正构烷烃，它在室温下呈液态。石油脂又称凡士林，通常是以残渣润滑油料脱蜡所得的蜡膏为原料，按照不同稠度的要求掺入不同量的润滑油，并经过精制后制成的一系列产品。石蜡又称晶形蜡，它是从减压馏分中经精制、脱蜡和脱油而得到的固态烃类，其烃类分子的碳原子数为18～36，平均分子量为300～500。微晶蜡是从石油减压渣油中脱出的蜡经脱油和精制而得，它的碳原子数为36～60，平均分子量为500～800。

5. 沥青

石油沥青是以减压渣油为主要原料制成的一类石油产品，它是黑色固态或黑褐色的黏稠状液体、半固体或固体物质。石油沥青主要用于道路铺设和建筑工程上，也广泛用于水利工程、管道防腐、电器绝缘等方面。

从石油产品品种之多和用途之广可以看到，石油炼制工业在国民经济和国防中的重要地位。

三、石油产品分析的目的和任务

石油是世界主要能源之一，对石油产品进行准确分析，有助于人类正确认识和合理使用石油这一不可再生资源。石油产品分析又称油品分析，是用化学的或物理的或物理化学的试验方法，分析检测石油产品理化性质和使用性能的试验过程。石油产品分析是建立在化学分析、仪器分析基础上，以石油炼制中的原油分析、原材料分析、生产过程中控制分析和产品检验为主要内容的一门课程。

石油产品分析是石油加工的“眼睛”，可以为石油加工过程提供有效的科学依据。石油产品分析的目的是通过一系列的分析试验，为石油从原油到产品的生产过程和产品质量进行有效的控制和检验。

石油产品分析的任务主要包括以下几点：

① 为建厂设计和制定生产方案提供基础数据。通过对于原油和原材料进行分析检验，得到的数据可以用于建厂设计和制定生产方案。

② 为控制生产工艺条件提供数据。通过对各炼油装置的生产过程进行分析，系统检测各馏出口产品和中间产品的质量，对各生产工序及操作方法进行及时调整，以保证产品质量和安全生产，并为改进生产工艺条件、提高产品质量、增加经济效益提供数据依据。

③ 检测石油产品的质量。对石油产品进行质量检验，确保进入商品市场的石油产品符合国际和国家统一制定的质量标准，促进企业建立健全质量保证体系。

④ 评定石油产品的使用性能。对超期贮存、失去标签或发生混串油品的使用性能进行评定，以便确定上述油品能否使用或提出处理意见。

⑤ 对石油产品的质量进行仲裁。当油品生产和使用部门对油品质量发生争议时，可根据国际或国家统一制定的标准进行检验，确定油品的质量，作出仲裁，以保证供需双方的合法利益。

四、石油产品分析的方法种类

1. 按分析方法的原理分类

石油产品分析按方法的原理可分为化学分析和仪器分析。

① 化学分析是根据物质的化学性质来测定物质的组成及相对含量的分析方法。它包括滴定分析和重量分析。

② 仪器分析是根据物质的物理性质或物质的物理化学性质来测定物质的组成及相对含量的分析方法。仪器分析往往需要特殊的仪器，根据测定的方法原理不同，可分为电化学分析、光学分析、色谱分析、其他分析法等四大类。

化学分析是基础，仪器分析是目前油品分析的发展方向。

2. 按生产要求分类

石油产品分析按生产要求可分为例行分析、快速分析、在线分析和仲裁分析等。

① 例行分析：指一般化验室配合生产的日常分析，也称常规分析。主要依据试验方法标准，对原料、中间产品和成品等物料进行试验，用以控制生产的正常进行。例行分析一般

在企业质监部门的中心化验室进行。

② 快速分析：用比较简单的试验步骤、快速进行的试验分析，其试验结果误差可能较大，只要满足生产需求即可，主要用于车间中间产品的控制分析，又称中控分析。随着现代分析技术的不断发展，快速分析正在向提高准确度的方向发展，例行分析也在向迅速得出试验结果的方向发展，它们之间的差别正在缩小。

③ 在线分析：又称过程控制分析，是在快速分析的基础上发展起来的现代分析技术。该技术主要针对生产过程中中间产品的特性量值，进行实时检测并将数据、参数直接反馈到工艺总控系统，及时实施生产过程的全程质量控制。

④ 仲裁分析（裁判分析）：在不同单位对同一产品的分析结果有争议时，由国家认证的权威机构采用公认的试验方法标准进行准确的裁决性分析，以判断分析结果的可靠性。这种分析工作称为仲裁分析。

五、石油产品分析的技术依据

石油产品的质量检验在企业生产中具有重要作用，要以产品质量标准及其试验方法标准为技术依据。只有做好油品分析和质量检验这一关键环节，才能出具可靠的“油品质量检验报告”或“油品质量合格证”。目前已经制定了一系列的石油产品质量标准和油品分析的试验方法标准。

1. 石油产品标准

石油产品标准是指将石油及石油产品的质量规格按其性能和使用要求而规定的主要指标。石油产品标准包括产品分类、分组、命名、代号、品种（牌号）、规格、技术要求、检验方法、检验规则、产品包装、标志、运输、贮存、交货和验收等技术内容。在我国主要执行中华人民共和国强制性标准（GB）、推荐性国家标准（GB/T）、石油化工行业标准（SH）和企业标准［如石油化工企业标准（Q/SH）］，涉外的按约定执行。

2. 试验方法标准

判断某产品的质量是否满足技术要求，要用产品质量标准中所涉及的试验方法标准对其各个项目进行分析和检验。石油产品试验方法标准就是根据石油产品试验的特点，为方便使用和确保贸易往来中具有仲裁和鉴定法律约束力，而制定的一系列分析方法标准，是对产品的质量及其性能等进行分析和检验的技术规定，是油品分析和检测的最重要技术依据。

试验方法标准包括适用范围、方法概要、使用仪器、材料、试剂、测定条件、试验步骤、结果计算、精密度等技术规定。我国石油产品试验方法标准的编号意义如下：编号的字母（汉语拼音）表示标准等级，带有 T 的为推荐性标准，无 T 的为强制性标准，中间的数字为发布标准序号，末尾数字为审查批准年号，批准年号后面如有括号时，括号内的数字为该标准进行重新确认的年号。例如，GB 17930—2006 为中华人民共和国国家标准第 17930 号，2006 年批准；GB/T 19147—2003 为中华人民共和国国家推荐性标准第 19147 号，2003 年批准；GB/T 261—1983（1991）为中华人民共和国推荐性标准第 261 号，1983 年批准，1991 年重新确认；SH/T 0404—2008 为中国石油化工行业推荐性标准第 0404 号，2008 年批准。

根据适应领域和有效范围的不同，石油产品试验方法标准可分为以下六类技术等级。

① 国际标准：通过共同利益国家间的合作与协商制定，为大多数国家所承认，具有先进水平的标准。如国际标准化组织（ISO）所制定的标准及其确认并公布的其他国际组织所制定的标准。国际标准在全世界范围内统一使用。

② 地区标准：局限在几个国家和地区组成的集团使用的标准。如欧洲标准化委员会（CEN）制定和使用的欧洲标准（EN）。

③ 国家标准：指在全国范围内统一使用的标准，一般是由国家指定机关制定、颁布实施的法定性文件。例如，我国石油产品及石油产品试验方法国家标准是由国务院标准化行政主管部门指派中国石油化工科学研究院组织制定，在1988年以前由国家标准局颁布实施；1990年后依次改由国家技术监督局、国家质量技术监督局、国家质量监督检疫检验总局发布。目前由国家质量监督检验检疫总局和国家标准化管理委员会联合发布。国家标准号前都冠以不同字头。例如，我国用GB（Guojia Biaozhun 国家标准），美国用ANSI（American National Standard Institute 美国国家标准学会），英国用BSI（British Standard Institution 英国标准协会），德国用DIN（Deutsche Industrie Norm 德国工业标准），日本用JIS（Japan Industrial Standard 日本工业标准），法国用NF（Normes Francises 法国标准）等。

④ 行业标准：指在无现行国家标准而又需要在全国行业范围内统一技术要求时所制定的标准。行业标准由国务院有关行政主管部门制定实施，并报国务院标准化行政部门备案，如中国石油化工行业标准用SH表示。行业标准不得与国家标准相抵触。国际上著名的行业标准有美国材料与试验协会标准ASTM、英国石油学会标准IP和美国石油学会标准API。它们都是世界上著名的行业标准，是各国分析方法靠拢的目标。

⑤ 地方标准：在没有国家标准和行业标准，而又需要在省、自治区、直辖市范围内统一工业产品要求时所制定的标准。例如，北京市地方标准DB 11/238—2016《车用汽油》。

⑥ 企业标准：在没有相应的国家或行业标准时，企业自身所制定的试验方法标准。企业标准须报当地政府标准化行政主管部门和有关行政主管部门备案。企业标准不得与国家标准或行业标准相抵触。为了提高产品质量，企业标准可以比国家标准或行业标准更为先进。

六、国际标准或国外标准在我国采用的方式

1. 等同采用

“等同采用”是指技术内容完全相同，没有或仅有编辑性修改，编写方法完全对应。用符号“≡”、缩写字母“idt”表示。

2. 等效采用

“等效采用”是指技术内容基本相同，个别条款结合我国情况稍有差异，但可被国际标准接受，编写方法不完全对应，又称为修改采用。用符号“=”、缩写字母“eqv”表示。

3. 非等效采用

“非等效采用”即“参照采用”，是指技术内容有重大差异，有互不接受的条款。用符号

“≠”、缩写字母“nev”表示。

七、数据处理及分析结果报告

1. 有关术语

（1）真实值

指被测物质客观存在的真实数值。严格说，任何物质的真实含量是不可知的，人们可采用各种可靠的分析方法，经过不同试验室、不同人员反复进行测定，用数理统计方法得出公认的测量值，用以代表被测物的真实值。一般可在消除系统误差后，用多个试验室得到的单个结果的平均值来表示。

（2）系统误差与随机误差

① 系统误差：又称可测误差。是由某些比较固定的因素（如方法不完善、试剂不纯、仪器不准确、操作不规范等）造成的。这种误差表现为测定值与真实值之间存在一个稳定的正误差或负误差。该类误差可通过改进试验技术予以减小。

② 随机误差：又叫偶然误差。是由一些难以控制的偶然因素（如环境温度波动、空气湿度变化、气压突变、人为原因等）造成的，其大小、方向难预料，随机变化。多次平行测定会减小随机误差。

（3）准确度与误差

① 准确度：测定值与真实值之间相接近的程度。准确度用误差表示。误差小，准确度高；反之，准确度低。系统误差影响准确度的高低。误差又分为绝对误差和相对误差。

② 绝对误差：测定值与真实值之间的差值，简称误差，有正负之分。

③ 相对误差：绝对误差与真实值之比乘以100%所得的相对值，有正负之分。

（4）精密度与偏差

① 精密度：在相同条件下，多次重复测定值相互接近的程度。精密度用偏差表示。偏差小，精密度高；反之，精密度低。随机误差影响精密度的高低。石油产品试验精密度用重复性和再现性表示。

② 偏差：测定值与平均值之间的差值。

（5）重复性与再现性

① 重复性（r）：在相同试验室，由同一操作者利用同一仪器，在短时间间隔内，按同一方法对同一试验材料进行正确和正常操作所得独立结果在规定置信水平（通常为95%）下的允许差值。即在重复条件下，若取得的两个结果之差小于或等于 r 时，则认为结果可靠，可用其平均值作为测定结果；若两个结果之差大于 r 时，则两个结果都可疑。

② 再现性（R）：在不同试验室，由不同操作者利用不同仪器，按同一方法对同一试验材料进行正确和正常操作所得单独的试验结果在规定置信水平（通常为95%）下的允许差值。若两个试验室得到结果的差值小于或等于 R 时，则认为这两个结果是可靠的，可用这两个结果的平均值作为测定结果；若两个结果之差大于 R 时，则两者均可疑。

2. 分析数据的处理

石油产品分析数据是否可靠，可通过试验数据的精密度（重复性 r 和再现性 R）来判断。当两次测定结果之差小于或等于95％置信水平下的r值和R值时，两个结果是可靠的，可用这两个结果的平均值作为测定结果；当两次测定结果之差大于95％置信水平下的r值和R值时，两个测定结果均是可疑的，此时，至少要取得3个以上结果（包括先前两个结果），然后计算最分散结果和其余结果的平均值之差，将其差值与方法的精密度相比较，如果差值超出，则应舍弃最分散的结果，再重复上述方法，直至得到一组可靠的结果为止。

例如，采用GB/T 4507—2014《沥青软化点测定法　环球法》标准方法测定沥青的软化点，其重复性要求如下：同一试验者对同一样品重复测定的两个结果之差不应超过1.2℃。若得到以下两个测定结果117.9℃和116.8℃，则数据处理如下。

两次结果的最大差值为：117.9℃－116.8℃＝1.1℃＜1.2℃。

则这两次测定数据符合精密度要求，数据可靠。其分析结果为：

$$\frac{117.9+116.8}{2}=117.4\ (℃)$$

若是得到以下两个测定结果：117.5℃和115.8℃，则数据处理如下。

两次结果的最大差值为：117.5℃－115.8℃＝1.7℃＞1.2℃。

则这两次测定数据不符合精密度要求，数据不可靠。需要重新再测定一个结果。若第三个结果为117.9℃，则115.8℃为最分散结果，数据处理如下。

除115.8℃之外，其余两次结果的平均值为：

$$\frac{117.5+117.9}{3}=117.7\ (℃)$$

由于115.8℃－117.7℃＝－1.9℃，其绝对值大于1.2℃，则应舍弃115.8℃。其分析结果为：

$$\frac{117.5+117.9}{2}=117.7\ (℃)$$

3. 分析结果报告

石油产品分析中，需要填写分析报告单，以便将准确的分析结果及时地反馈给生产单位和生产管理人员，及时调整生产工艺，得到合格的石油产品及半成品。紧急情况下，可先用电话报告分析结果后送书面报告。油品分析报告单一般以图表或文字形式填写，要求准确、清楚、完整填写，数据符合试验事实，报告单上不得涂改或臆造数据。

分析结果报告单一般应包括采样时间、地点、试样编号、试样名称、测定次数、完成测定时间、所用仪器型号、分析项目、分析结果、备注、分析人员、技术负责人签字、试验室所在单位盖章等。作为鉴定分析或仲裁分析，还应包括标准要求、试验方法及相互约定等内容。

任务实施

以上课班级为单位，将学生分组，由教师带领学生到炼油企业现场或学校油品分析室见习石油及石油产品，了解油品分析岗位的职责，熟悉石油及石油产品的基本性质和分类，了解石油产品分析的目的和方法。任务完成后，写出见习报告或作业。

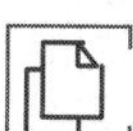

思考拓展

1. 以石油为原料，能够生产出哪些石油产品？
2. 自然界可再生和不可再生的能源分别有哪些？人类是如何应用它们的？
3. 我国石油产品分析标准方法的编号意义是怎样规定的？试举例说明。

石油及石油产品取样

任务目标

1. 了解石油及石油产品试样的分类和取样执行标准；
2. 学习石油及石油产品的取样方法；
3. 熟练进行液体石油产品的取样；
4. 熟悉石油产品取样的有关安全事项。

任务描述

1. 任务：采取“教学做”一体化学习方式，了解石油及石油产品试样的分类和取样执行标准，学习石油及石油产品的取样方法，在炼油厂或油品分析室进行石油产品的取样操作练习，学会液体石油产品的取样操作、样品处理与保存，熟悉石油产品取样的有关安全事项。

2. 教学场所：教室；炼油厂或油品分析室。

储备知识

一、石油产品试样的分类

石油及石油产品取样是准确获得石油产品分析数据的基础，所以必须选用代表性试样进行试验分析。石油产品试样是指向给定试验方法提供所需要产品的代表性部分。按石油产品性状的不同，可将石油产品试样分为以下四类。

① 气体石油产品试样：如液化石油气、天然气等。

② 液体石油产品试样：如原油、煤油、汽油、柴油等。

③ 膏状石油产品试样：如润滑脂、凡士林等。

④ 固体石油产品试样：包括可熔性石油产品，如蜡、沥青等；不熔性石油产品，如石油焦、硫黄块等；粉末状石油产品，如焦粉、硫黄粉等。

二、液体石油产品试样的分类

石油产品分析中最常见的是液体油品，GB/T 4756—2015《石油液体手工取样法》按取样位置和方法将液体石油产品试样分为点样和代表性试样。

1. 点样

点样是指从油罐内规定位置或在泵送操作期间按规定时间从管线中采取的试样。点样仅代表石油产品局部或某段时间的性质。按取样位置不同，可将点样分为九种。

① 表面样：从油罐内顶液面处采取的试样。

② 顶部样：在油品顶液面下 150mm 处采取的试样。

③ 上部样：在油品顶液面下深度 1/6 处采取的试样。

④ 中部样：在油品顶液面下深度 1/2 处采取的试样。

⑤ 下部样：在油品顶液面下深度 5/6 处采取的试样。

⑥ 底部样：从油罐或容器底表面（底板）上，或者从管线最低点处油品中采取的试样。

⑦ 出口液面样：从油罐内抽出油品的最低液面处取得的试样。

⑧ 排放样：从油罐排放活栓或排放阀门采取的试样。

⑨ 罐侧样：从罐侧取样管线采取的试样。

2. 代表性试样

代表性试样是指试样的物理、化学特性与取样总体的平均特性相同的试样。通常是按规定从同一容器各部位或几个容器中采取混合试样，来代表该批石油产品，测定其性质以代表该批石油产品的平均性质。油品试样一般指代表性试样。代表性试样又分为组合样、全层样和例行样等。

（1）组合样

按规定比例合并若干个点样，用以代表整个油品性质的试样。除非有特殊规定或者是经过利害关系的团体同意，才能制备用于试验的组合样，否则应对单个点样进行试验，再由单个试验结果和每个样品所代表的数量按比例计算整体的试验值。组合样通常是按下述情况之一合并而得。

① 按等比例合并上部样、中部样和下部样。

② 按等比例合并上部样、中部样和出口液面样。

③ 对于非均匀油品，应在多于 3 个液面上采取一系列点样，按其所代表油品数量比例掺和而成；或从几个油罐或油船的几个油舱中采取单个试样，按每个试样所代表油品数量比例掺和而成。

④ 在规定间隔从管线流体中采取的一系列等体积的点样混合而成，又叫时间比例样。

（2）全层样

取样器在一个方向上通过整体液面，使其充满约 3/4 体积（最大 85%）液体时所取得的试样。

（3）例行样

将取样器从油品顶部降落到底部，然后再以相同速度提升到油品的顶部，提出液面时取样器应充满约 3/4 体积时的试样。

三、石油及石油产品的取样及其执行标准

取样是保证样品具有代表性的关键。石油及石油产品取样是按规定方法，从一定数量的整批物料中采集少量有代表性试样的一种行为、过程或技术。

我国石油及液体石油产品的取样执行标准有两种。

1. GB/T 4756—2015《石油液体手工取样法》

该标准等效采用 ISO 3170《液体石油取样法》，适用于从固定油罐、铁路罐车、公路罐车、油船和驳船、桶和听，或从正在输送液体的管线中采取液态烃、油罐残渣和沉淀物样品。取样时，要求贮存容器（罐、油船、桶、听等）或输送管线中的油品处于常压范围，且油品在环境温度至 100℃之间为液体。

2. SH/T 0635—1996《液体石油产品采样法(半自动法)》

该标准规定了从立式油罐中采取液体石油和石油化工产品试样的方法，对于原油和非均匀石油液体，用半自动法所取试样的代表性较好。

四、石油及石油产品的取样仪器、容器和用具

下面以石油液体手工取样法为例，介绍石油及液体石油产品手工取样的仪器、操作及注意事项。

1. 取样仪器

（1）油罐取样器

油罐取样器按试样不同有多种。其中用于点样的取样器有取样笼、加重取样器和界面取样器；用于底部样的有底部取样器；用于油罐沉淀物或残渣样品的有沉淀物取样器和重力管取样器；用于例行样的有例行取样器；用于全层样的有全层取样器等。

① 取样笼：是一个金属或塑料保持架或笼子，能固定适当的容器（如玻璃瓶）。装配好后应加重，容器口用系有绳索的瓶塞塞紧，取样器塞子能在任一要求的液面开启（见图 1-1）。

② 加重取样器：是一个底部加重（一般灌铅）并设有开启器盖机构的金属容器（见图 1-2）。

③ 界面取样器：由一根玻璃管、金属管或塑料管制成，当其在液体中降落时，液体能自由地流过，通过有关装置可以使其下端在要求的液面处关闭（见图 1-3）。

④ 底部取样器：当它降落到罐底时，能通过与罐底板的接触打开阀或启闭器，而在离开罐底时又能关闭阀或启闭器（见图 1-4）。

⑤ 沉淀物取样器（抓取取样器）：是一个带有抓取装置的坚固黄铜盒，其底部是两个由弹簧关闭的夹片组，取样器由吊缆放松，取样器顶上的两块轻质盖板可防止从液体中提升取样器时样品被冲洗出来（见图 1-5）。

⑥ 重力管或撞锤管取样器：是加重的或者配备机械操纵装置的一根具有均匀直径的管状装置，以便穿透被取样的沉淀层。

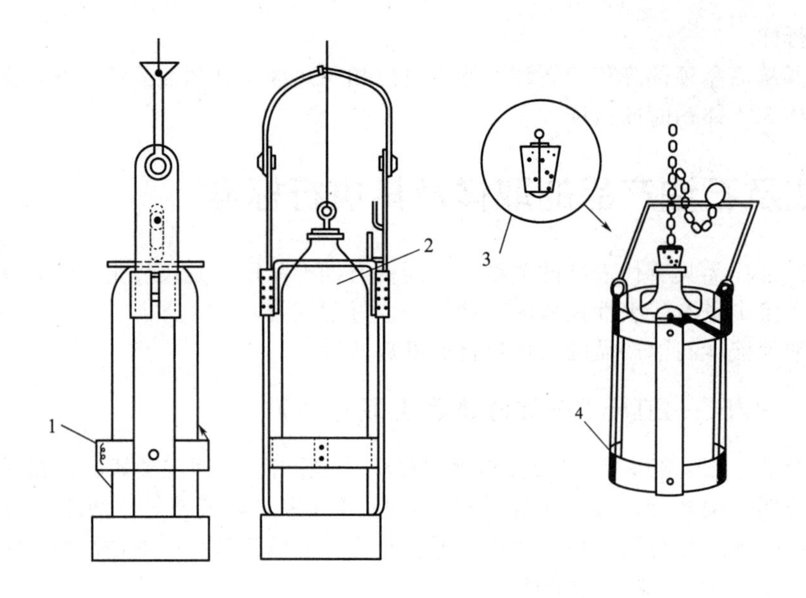

图 1-1　取样笼

1—转动杯；2—取样瓶；3—软木塞详图；4—加重的瓶子保持架

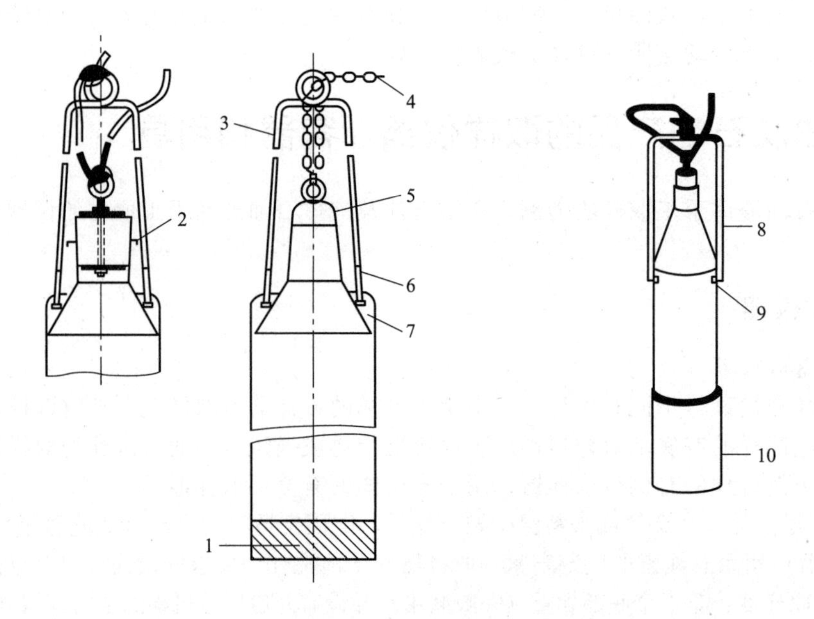

图 1-2　加重取样器

1—外部铅锤；2—加重器嘴；3—铜丝手柄；4—可防火花的绳或长链；
5—紧密装配的锥形帽；6—黄铜焊接头；7,9—黄铜焊的耳状柄；
8—铜丝手柄；10—铅板

⑦ 例行取样器：是一个加重的或放在加重取样笼中的容器，只是在取样瓶口处安装有钻孔的软木塞或有开口的螺纹帽，以限制取样时的充油速度。通过在油品中降落和提升时取得样品，不能保证在均匀速率下取样。

⑧ 全层取样器：有液体进口和气体出口，通过在油品中降落和提升时取得试样，不能保证油品在均匀速率下充满，因此所取试样代表性稍差（见图 1-6）。

（2）桶和听取样器

从桶和听中取样，通常使用取样管，是一根由玻璃、金属或塑料制成的管子，可以插到油桶或汽车油罐车中所需要的液面处，从一个选择液面上采取点样或底部样；有时用于从液体的纵向截面采取代表性试样，在下端有关闭机构（见图 1-7）。

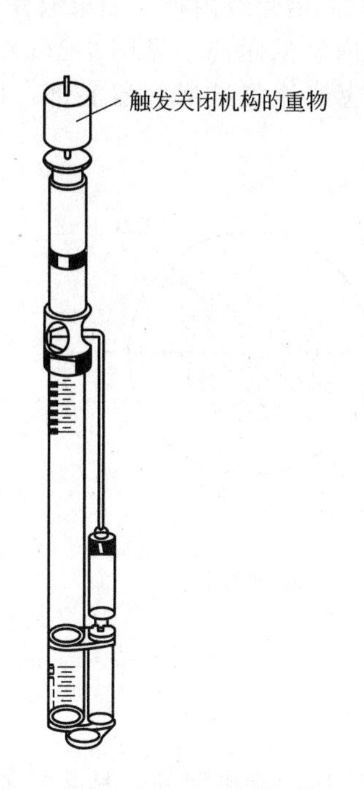

图 1-3　界面取样器

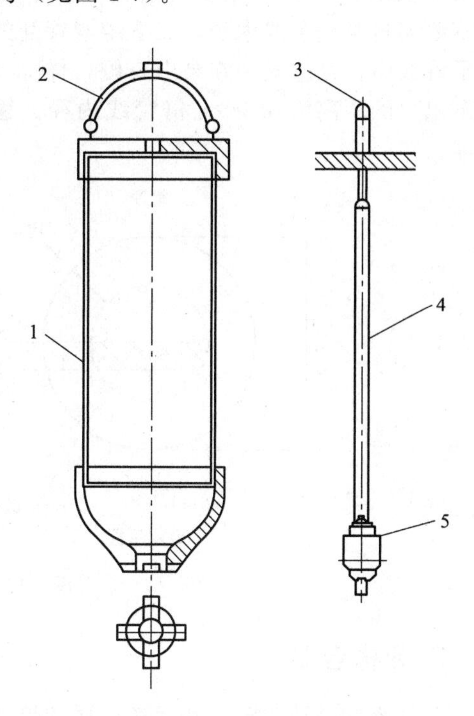

图 1-4　底部取样器

1—外壳；2—挂钩；3—放空提手；4—内芯；5—重物

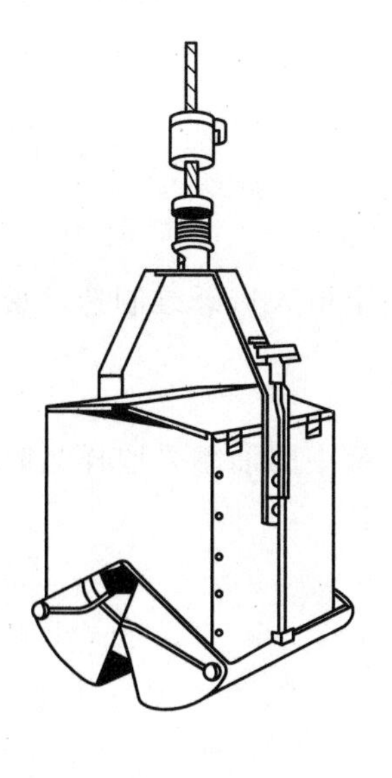

图 1-5　沉淀物取样器

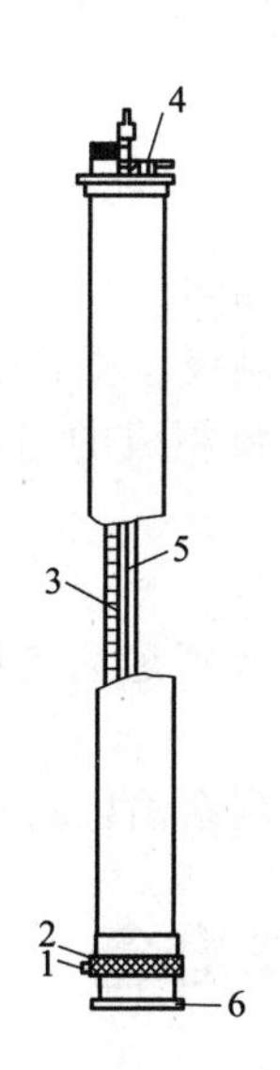

图 1-6　全层取样器

1—底座充油孔；2—夹紧底座的滚花的环；
3—温度计；4—扳倒开关；5—停止杆；6—接触线

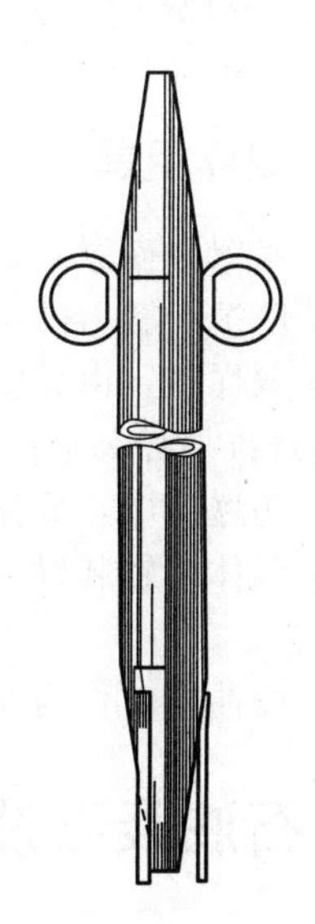

图 1-7　取样管

（3）管线取样器

由管线取样头、隔离阀和输油管组成。取样头安装在竖直管线中，其开口直径应不小于6mm。取样头的开口方向朝向液流方向，取样头的入口中心点要在大于管线内径的1/4处，见图1-8(b)，图中 D 为管线内径。取样头的位置离上游弯管的最短距离为3倍管线内径，但不要超过5倍管线内径，离下游弯管处的最短距离为0.5倍管线内径。如果取样头安装在水平管线中，则应安装在泵出口侧，样品进入点到管线内壁的距离，见图1-8(a)，取样头到泵出口的距离为0.5～8倍管线内径。输油管的长度应能达到试样容器底部，以便浸没充油。

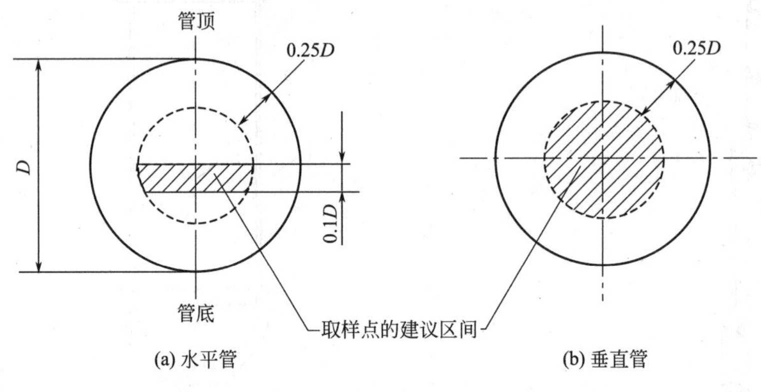

图1-8　取样点的位置

2. 取样容器

取样容器是用于贮存和运送试样的接收器，不渗漏油品，能耐溶剂，具有足够的强度。常用玻璃瓶、塑料瓶、带金属盖的瓶或听，容量通常为0.25～5L。成品油销售过程中的样品容器一般使用茶色玻璃瓶，容量一般为1L。容器封闭器有软木塞、磨砂玻璃塞、塑料或金属螺旋帽。

3. 取样用具

① 眼罩或面罩：防止石油产品飞溅伤害。

② 防护手套：由不溶于烃类的材料制成。

③ 取样绳：由导电、不打火花的材料制成的绳或链。不能完全由人造纤维制造，最好用天然纤维（如马尼拉麻、剑麻）制作。

④ 防爆手电：取样照明用。

⑤ 气体闭锁装置：当从压力油罐，特别是从使用惰性气体系统中的油罐采取样品时使用的装置。

⑥ 废油桶：作为冲洗或排放取样器剩余油样的专用设施。

五、石油及石油产品的取样准备

1. 确定取样条件

按规定，在完成转移或装罐30min，油品稳定后，才可以取样。所以首先要知道贮油罐、游船或公路罐车是否有装卸石油产品任务，确定是否可以取样。

2. 选择合适的取样器和盛样容器

根据取样任务选择合适的取样器和盛样容器，并保证取样器和盛样容器清洁干燥，取样前用被取油品冲洗至少一次。

3. 准备好安全防护措施

① 穿不产生静电火花的鞋和工作服；戴不溶于烃类的防护手套；有飞溅危险的地方，要戴眼罩或面罩。

② 在油罐或油船上取样前，应与距离取样口至少 1m 远的某个导电部件接触，消除身体静电荷。

③ 取样时，为防止产生火花，在整个取样过程中应保持取样导线牢固接地，接地方法是直接接地或与取样口保持牢固接触。

④ 油罐取样时，应站在上风口，避免吸入油品蒸气。

⑤ 从浮顶油罐取样时，只要有可能，都应从顶部平台取样，因为有毒和可燃蒸气会聚集到浮顶上方。当必须下到浮顶取样时，应至少有两个人戴上呼吸器在现场；若一人取样，应有其他人员站在楼梯近端，能清楚看到取样者，以防发生意外。

六、石油及石油产品的取样方法

1. 立式油罐取样

从立式油罐采取不同试样时，取样方法要求不同。

① 点样：降落取样器，直到其口部到达要求的深度（见标尺），用适当的方法打开塞子，在要求的液面处保持取样器直到充满为止。当采取顶部试样时，小心降落不盖塞子的取样器，直到其颈部刚刚高于液体表面，再突然地将取样器降到液面下 150mm 处，当气泡停止冒出时，表示取样器充满，将其提出。如需在不同液面取样时，要从上到下依次取样，以避免搅动下面液体。

② 界面样：降落打开的界面取样器，使液体通过取样器冲流，到达要求液面后，关闭阀，提出取样器。若使用透明管子，可通过管壁目视确定晃面的存在，再根据量油尺的量值确定界面在油罐内的位置。检查阀是否正确关闭，否则需要重新取样。

③ 罐侧样：将取样阀装到油罐的侧壁上，与其连接的取样管至少伸进罐内 150mm。并将下部取样管安装在出口管的底液面上。

④ 底部样：当需要检查罐底积水与杂质情况时，应取底部样。取样时，降落底部取样器，将其直立停在油罐底上，通过与罐底板接触打开启闭器，油品自取样器底部进入取样器，静止片刻，提出取样器，此时启闭器自行关闭。若需将取样器中内含物全部转移进样品容器，应使取样器直立于样品容器口，向上轻轻提起再放空提手，使所取样品包括取样器壁上黏附的水和固体沿进液孔全部转移到样品瓶中。

⑤ 组合样：组合样的制备是把具有代表性的单个试样的等分样转到组合样容器中混合均匀而成。立式圆筒形油罐在成品油交接过程中，多采用上部、中部和下部样合并方案；若罐内油品是均匀的，则将具有代表性的单个样品按等比例分别转移到组合样容器中混合均匀。

⑥ 全层样：用全层取样器在油品中降落或提升，从液体进口取得样品。取样时要掌握好降落或提升的速度。

⑦ 例行样：匀速将取样器从油品表面降到罐底，再提出油品表面，不能在任何点停留，当从油品中提出取样瓶时，瓶内应充入约75%的油品，绝不能超过85%。

2. 卧式圆筒形和椭圆形油罐取样

采取点样的方法与上述立式油罐相同，要求按表1-1执行；制备组合样时，按表1-1规定的比例进行混合即可。

表1-1　卧式圆筒形和椭圆形油罐的取样要求

油样深度（直径的百分数）/%	取样液面深度（罐底上方直径的百分数）/%			组合样（混合比例份数）		
	上部	中部	下部	上部	中部	下部
100	80	50	20	3	4	3
90	75	50	20	3	4	3
80	70	50	20	2	5	3
70		50	20		6	4
60		50	20		5	5
50		40	20		4	6
40			20			10
30			15			10
20			10			10
10			5			10

3. 油船取样

一般把油船的装载容积划分为若干个大小不同的舱室，按表1-1的要求从每个舱室采取点样；对于装载相同油品的油船，还可按GB/T 4756中规定的方法进行随机抽查取样。

4. 油罐车取样

把取样器降到1/2罐内油品深度处，急速动作拉动绳子，打开取样器塞子，待取样器内充满油后，提出取样器。对于整列装有相同油样的油罐车，也可按GB/T 4756中规定的方法进行随机抽查取样，注意必须包括首车。

5. 油罐残渣取样

罐底残渣是一层软且黏稠的沉淀物。不同厚度的残渣，其取样方法不同。厚度大于50mm的软残渣使用重力管取样器；厚度不大于50mm的软残渣，使用沉淀物取样器；硬残渣则选用撞锤管取样器等合适的工具。

6. 桶或听取样

将桶口或听口向上放置，打开盖子。先用待取样润洗取样管，方法是用拇指封闭清洁干燥的取样管上端，把管子插进油品中约300mm深，移开拇指，让油品进入取样管，再用拇指封闭上端，抽出取样器，水平持管，此时避免触摸管子已浸入油品中的部分，润洗取样管内表面，将润洗液排掉并排净管内油品。再用同样的方法取样，取出的油品转入试样容器中，然后封闭试样容器，放回桶或听盖，拧紧。对容量少于20L的听装容器，需将其全部内含物作为试样。

7. 管线取样

管线样有流量比例样和时间比例样两种，一般采用流量比例样。采取管线流量比例样前，先放出一些要取样的油品，把全部取样设备冲洗干净，取样时，按表 1-2 的规定从取样口采取试样，并将采取试样等体积混合成一份组合样。采取时间比例样，按表 1-3 的规定从取样口采取试样，并将采取试样以等体积掺和成一份组合样。

表 1-2　流量比例样取样规定

取样数量/m^3	取样规定
≤1000	在输油开始和结束时(指停止输油前 10min)各取样 1 次
1000～10000	在输油开始时 1 次，以后每隔 1000m^3 取样 1 次
>10000	在输油开始时 1 次，以后每隔 2000m^3 取样 1 次

表 1-3　时间比例样取样规定

取样时间/h	取样规定	取样时间/h	取样规定
≤1	在输油开始和结束时各 1 次	2～24	在输油开始 1 次，以后每隔 1h 取样 1 次
1～2	在输油开始、中间和结束时各 1 次	>24	在输油开始 1 次，以后每隔 2h 取样 1 次

8. 非均匀石油或液体石油产品取样

对非均匀石油或液体石油产品，最好用自动管线取样器取样。如果采用手工取样，则先从上部、中部和出口液面处采取试样，送到试验室并用标准方法分别试验它们的密度和水含量，当试验结果符合规定时，试样可视为具有代表性；否则要从罐的出口液面开始向上以每米间隔采取试样，并分别进行试验，用这些试验结果去确定罐内油品的性质。

七、石油及石油产品的样品处理与保存

1. 样品处理

样品处理是指从样品取出点到分析点或贮存点之间，对样品的均化、转移等过程。样品处理要保证保持样品的性质和完整性。含有挥发性物质的油样应用初始样品容器直接送到试验室，不能随意转移到其他容器中，如必须就地转移，则要冷却和倒置样品容器进行转移；具有潜在蜡沉淀的液体油样在均化、转移过程中要保持一定的温度，防止出现沉淀；含有水或沉淀物的不均匀样品在转移或试验前一定要均化处理，常用高剪切机械混合器和外部搅拌器循环的方法均化试样。

2. 样品保存

① 样品保存数量：液体石油产品一般为 1L。

② 样品保留时间：汽油、煤油、柴油等燃料油类保存 3 个月；各种润滑油、润滑脂及特殊油品等润滑油类保存 5 个月；个别样品的保存期可由供需双方协商后决定。试样在整个保存期间应保持签封完整无损，超过保存期的样品由试验室做适当处置。

③ 样品存放方式：样品要分装在两个清洁干燥的瓶子里。第 1 份试样送往化验室分析用，第 2 份试样留存发货人处，供仲裁试验使用。仲裁试验用样品必须按规定保留一定的时

间再处理。

样品容器应贴上标签，并用塑料布将瓶塞瓶颈包裹好，然后用细绳捆扎并铅封，并作好取样详细记录。标签上的记号应是永久的，标签一般填写项目如下：取样地点；取样日期；取样者姓名；样品名称和牌号；试样所代表的数量；罐号、包装号（和类型）、船名等；样品的取样容器类型和试样类型（例如上部样、平均样、连续样）等。

八、固体和半固体石油产品的取样

石油产品中固体和半固体产品的取样方法执行 SH/T 0229—1992《固体和半固体石油产品取样法》。

1. 取样工具

① 采取膏状或粉状石油产品试样时，使用螺旋形钻孔器或活塞式穿孔器，其长度有400mm 和 800mm 两种，前者用于在铁盒、白铁桶或袋子中取样，后者用于在大桶或鼓形桶中取样。在活塞式穿孔器的下口，焊有一段长度与口部直径相等的金属丝。

② 采取固体石油产品试样时，则使用刀子或铲子。

2. 取样要求

① 根据分析任务确定合适的取样量。

② 取样前用汽油或其他溶剂油洗涤工具和容器，待干燥后使用，保证取样工具和容器清洁。

③ 用来掺和成一个平均试样时，允许用同一件取样器或钻孔器取样，这件工具在每次取样前不必洗涤。

3. 取样方法

（1）膏状石油产品的取样

小容器中的膏状石油产品，其取样件数一般按包装容器总件数的 2%（但不应少于 2 件）采取试样，取出试样以相等体积掺和成一份平均试样。车辆运载的大桶、木箱或鼓形桶中的膏状石油产品，按总件数的 5%采取平均试样。

取样时先将抽取的执行取样容器的顶部或盖子打开，擦净顶部或盖子，取下的顶盖表面朝上，放在包装容器旁边。然后，从润滑脂表面刮掉直径 200mm、厚度约 5mm 的脂层。

用螺旋形钻孔器采取试样时，将钻孔器旋入润滑脂内，使其通过整个脂层一直达到容器底部，然后取出钻孔器，用小铲将润滑脂取出。若用活塞式穿孔器采取试样时，将穿孔器插入润滑脂内，使其通过整个脂层一直达到容器底部，然后将穿孔器旋转 180°，使穿孔器下口的金属丝切断试样，取出穿孔器，用活塞挤出试样。但在大桶或木箱中取样时，应先弃去钻孔器下端 5mm 的脂层。

从每个取样容器中，采取相等数量试样，将其装入一个清洁而干燥的容器里，用小铲或棒搅拌均匀（不要熔化）。注意取出试样后，用盖子盖好盛放油样的容器。

（2）可熔性固体石油产品取样

装在容器中的可熔性固体石油产品，其取样件数一般按包装容器总件数的 2%（但不应少于 2 件）采取试样。取出的试样要以大约相等的体积制成一份平均试样。

取样时，打开桶盖或箱盖（方法同前），从石油产品表面刮掉直径 200mm、厚度约

10mm 的一层，利用灼热的刀子割取一块约 1kg 的试样。从每块试样的上、中、下部分别割取 3 块体积大约相等的小块试样；将割取的小块试样装在一个清洁、干燥的容器中，由试验室进行熔化，注入铁模。

从散装用模铸成的可熔性固体石油产品采取试样时，在每 100 件中，采取的件数不应少于 10 件；未经模铸的产品，要在每吨中采取一块样品（总数不少于 10 块）。从不同的位置选取一些大小相同的块料作为试样，再从每块试样的不同部分割 3 块体积大致相等的小块试样，装在一个容器中，交给试验室去熔化，搅拌均匀后注入铁模。

(3) 粉末状石油产品取样

包装中的粉末状石油产品，其取样件数一般按袋子总件数的 2%或按小包总件数的 1%（但不应少于 2 袋或 2 包）采取试样，取出的试样要以相等体积掺成一份平均试样。

从袋子或小包中取样时，将穿孔器插入石油产品内，使穿孔器通过整个粉层，将取出的试样装入一个清洁、干燥的容器中，搅拌均匀。随后，将袋或包的缺口堵塞。

(4) 散装不熔性固体石油产品取样

不熔性固体石油产品在成堆存放或在装车和卸车时，按下述规定用铲子采取试样：

① 用机械传送时，要按送料斗数的 20%取样；

② 用车辆运输时，要按车辆的 10%取样；

③ 用手推车或肩挑运送时，要按车数或挑数的 2%取样。

取出的试样要以大约相等的数量掺成一份平均试样。不允许用手任意选取几块固体石油产品作为试样。目视大于 250mm 的块料，不能作为试样。将捣碎的试样放在铁板上，小心地拌匀，并铺成一个正方形的均匀层，再按对角线划分成为四个三角形。然后把任意两个对顶三角形的试样去掉，将剩下的试样混合在一起，重新捣碎成为 5～10mm 的小块，拌匀。反复执行如上的四分法，直至试样质量达到 2～3kg 为止。

(5) 散装可熔性固体石油产品取样

散装可熔性固体石油产品，按如下方法获取平均试样。

首先，在一批产品中从不同位置选取一些大小相同的块料作为试样。用模铸成的石油产品，每 100 件中采取的件数不应少于 10 件；未经模铸的石油产品，每吨中采取 1 块试样，取出的块数不应少于 10 块。

其次，从每块试样的不同部分割 3 块体积大约相等的小块试样。

最后，将取出的试样装在一个容器中，交给试验室去熔化，搅拌均匀后注入铁模内。

4. 试样保管

① 膏状石油产品试样，应分装在两个清洁、干燥的牛皮纸袋或玻璃罐中。一份试样作为分析试验用；另一份试样留在发货人处保存两个月，供仲裁试验时使用。

② 装有试样的玻璃罐要用盖子盖严，可用牛皮纸或羊皮纸封严。

③ 在每个装有试样的玻璃罐或纸包上，用叠成两折的细绳固定在贴上标签的地方，细绳的两个绳头要用火漆或封蜡粘在塞子上，盖上监督人的印戳。标签必须写明：产品名称和牌号；发货工厂名称或油库名称；取样时货物的批号或车、铁盒、大桶和运输等编号；取样日期；石油产品的国家标准、行业标准或技术规格的代号。

九、石油沥青的取样

石油沥青作为一类产品具有特殊性，其取样方法执行 GB/T 11147—2010《沥青取样法》。

1. 取样量

① 液体沥青样品量：常规检验样品从桶中取样为1L，从贮罐中取样为4L。

② 固体或半固体沥青样品量：取样量为1～1.5kg。

2. 盛样器

① 液体沥青或半固体沥青盛样器使用具有密封盖的金属容器，乳化石油沥青可用聚乙烯塑料桶。

② 固体沥青盛样器应为带盖的桶，也可用有可靠外包装的塑料袋。

3. 取样方式

（1）从沥青贮罐或桶中取样

① 从无搅拌设备的贮罐中取样，应先关闭进料阀和出料阀，然后取样。用沥青取样器（不适于黏稠沥青）在液层的上、中、下位置（液面高各1/3等分内，但距罐底不得小于液面高的1/6），各取样1～4L，经充分混合后留取1～4L进行相关分析检验。

② 从有搅拌设备的罐中取样，需经充分搅拌后由罐中部取样。

③ 大桶包装则按随机取样要求，选出若干件（见表1-4），经充分混合后，从中取1L液体沥青样品。

表1-4 不同装载件数对应的选取件数

装载件数	选取件数	装载件数	选取件数
2～8	2	217～343	7
9～27	3	344～512	8
28～64	4	513～729	9
65～125	5	730～1000	10
126～216	6	1001～1331	11

（2）从槽车、罐车、沥青撒布车中取样

当车上设有取样阀或顶盖时，可从取样阀或顶盖处取样。从取样阀取样至少应先放掉4L沥青后取样；从顶盖处取样时，用取样器从该容器中部取样；从出料阀取样时，应在出料至约1/2时取样。

（3）从油轮中取样

在卸料前取样同罐中取样；在装料或卸料中取样时，应在整个装卸过程中，时间间隔均匀地取至少3个4L样品，将其充分混合后再从中取出4L备用；从容量4000m^3或稍小的油轮中取样时，应在整个装料或卸料中，时间间隔均匀地取至少5个样品（容量大于4000m^3时，至少取10个4L样品），将这些样品充分混合后，再从中取出4L备用。

（4）半固体或未破碎的固体沥青取样

从桶、袋、箱中取样应在样品表面以下及容器侧面以内至少5cm处采取。若沥青是能够打碎的，则用干净的适当工具打碎后取样；若沥青是软的，则用干净的适当工具切割取样。

当能确认是同一批生产的产品时，应随机取出一件按上述取样方式取4kg供检验用；当上述取出样品经检验不符合规格要求或者不能确认是同一批生产的产品时，则须按随机取样的原则，选出若干件（见表1-4）后再按上述规定的取样方式取样。每个样品的质量应不少于0.1kg，这样取出的样品，经充分混合后取出4kg供检验用。

(5) 碎块或粉末状的固体沥青取样

若为散装贮存的沥青，应按 SH/T 0229 第 7 章所规定的方法［见前面八、3.（4）］取样和准备检验用样品，总样量应不少于 25kg，再从中取出 1～1.5kg 供检验用；若是装在桶、袋、箱中的沥青，则按随机取样的原则挑选出若干件，从每一件接近中心处取至少 0.5kg 样品。这样采集的总样量应不少于 20kg，然后按 SH/T 0229 中 7.2 条规定方法，在 24h 内将试样捣碎成不大于 25mm 的小块，执行四分法直至试样质量达到 1～1.5kg 为止。

十、液化石油气取样

在环境温度和压力适当的情况下，能以液相贮存和输送的石油气体称为液化石油气。其主要成分是丙烷、丙烯、丁烷和丁烯，带有少量的乙烷、乙烯、戊烷和戊烯。通常是以其主要成分来命名，例如，工业丁烷和工业丙烷。液化石油气取样，属于带压液体取样，我国目前执行 SH/T 0233《液化石油气采样法》。

1. 取样仪器

液化石油气取样器用不锈钢制成，能耐压 3.1MPa 以上，要求定期进行约 2.0MPa 气密性检查。常见取样器类型见图 1-9，大小可按试验需要确定。图 1-10 是取样连接示意图，取样器用铜、铝、不锈钢或尼龙等材料制成的软管与取样管连接，并通过产品源控制阀 1、取样管排出控制阀 2 和入口控制阀 3 三个控制阀控制取样。

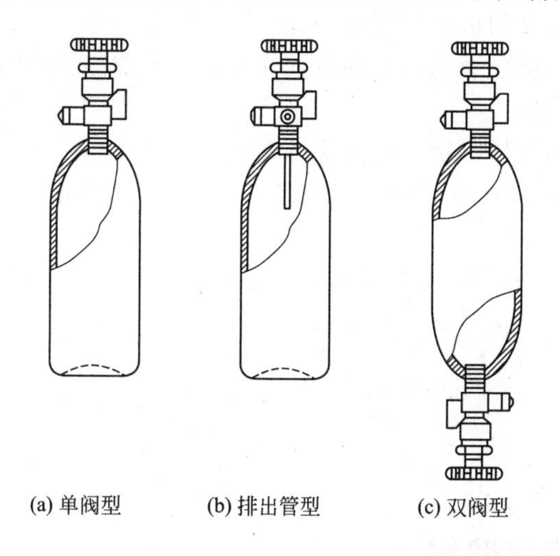

图 1-9　液化石油气取样器

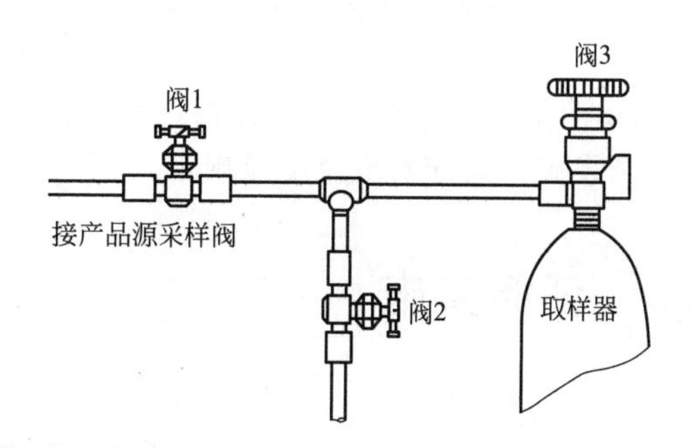

图 1-10　取样连接示意图
1—产品源控制阀；2—排出控制阀；3—入口控制阀

2. 取样方法

(1) 准备工作

① 取样器的选择。按试验所需试样量，选择清洁、干燥的取样器。对于单阀型取样器，应先称出其质量。

② 取样管的冲洗。如图 1-10 所示，连接好阀 3 与取样管，关闭阀 1、阀 2 和阀 3，然后依次打开阀 1、阀 2 和阀 3，用试样冲洗取样管。

单阀型取样器的冲洗：冲洗取样管后，先关闭阀 2，再打开阀 3，让液相试样部分充满取样器，然后关闭阀 1，打开阀 2，排出一部分气相试样，再颠倒取样器，让残余液相试样通过阀 2 排出，重复上述冲洗操作至少 3 次。

双阀型取样器的冲洗：将其置于直立位置，出口阀在顶部，当取样管冲洗完毕后，先关闭阀 2 和阀 3，再打开阀 1，然后缓慢打开阀 3 和取样器出口阀，让液相试样部分充满容器，关闭阀 1，从取样器出口阀排出部分气相试样后，关闭出口阀，打开阀 3 排出液相试样的残余物，重复此冲洗操作至少 3 次。

（2）取样

当最后一次冲洗取样器的液相残余物排完后，立即关闭阀 2，打开阀 1 和阀 3，使液相试样充满容器，再关闭阀 3 和阀 1，然后打开阀 2，待完全卸压后，拆卸取样管。调整取样量，排出超过取样器容积 80％的液相试样。对于非排出管型的取样器，采用称重法；对于排出管型的取样器，采用排出法。

（3）泄漏检查

在排出规定数量的液体后，把容器浸入水浴中检查是否泄漏，在取样期间，如发现泄漏，则试样报废。

（4）试样保管

试样应尽可能置于阴凉处存放，直至所有试验完成为止，为了防止阀的偶然打开或意外碰坏，应将取样器放置于特制的框架内，并套上防护帽。

3. 注意事项

① 避免从罐底取样。混合的液化石油气所采得的试样只能是液相。

② 如果贮罐容积较大，在取样前可先使样品循环至均匀；在管线采取流动状态试样时，管线内的压力应高于其蒸气压力，以避免形成两相。

③ 避免液化石油气接触皮肤，要戴上手套和防护眼镜，避免吸入蒸气。

④ 液化石油气排出装置会产生静电，在采样前直至采样完，设备应接地或与液化石油气系统连接。

⑤ 清洗采样器和排出采样器内样品期间，处理废液及蒸气时要注意安全。排放点必须有安全设施并遵守安全及环保规定。

任务实施

液体石油产品取样

1. 实施目的

① 了解国家标准 GB/T 4756—2015《石油液体手工取样法》的方法。

② 能够从立式油罐采取液体石油产品点样及组合样。

③ 熟悉液体石油产品取样的注意事项和安全知识。

2. 仪器材料

取样绳及取样器、防护手套、防护眼镜、样品瓶、棉纱等。

3. 所用试剂

柴油等。

4. 准备工作

① 与炼油厂油品车间或校办实习工厂联系取样事宜，制定取样程序。

② 选定取样油罐，确定是否可以进行取样操作，一般取样时间为作业（完成转移或装罐）后的 30min。

③ 穿戴好安全防护装备（防护手套、防静电工作服、不打火花的鞋；在有飞溅危险的地方，要戴眼罩或面罩）。

④ 准备好取样仪器，将试样瓶洗涤干净，用棉纱布擦拭干净，并贴好标签。

5. 实施步骤

（1）采取点样

① 采取顶部样。站在上风口，保持取样导线牢固接地，打开计量孔（检尺口）盖，小心降落不盖塞子的取样器，直到其颈部刚刚高于液体表面，再突然地将取样器降到液面下 150mm 处，当气泡停止冒出表示取样器充满时，将其提出。打开试样容器，向其中倒入油样冲洗至少一次，倒入废油桶中；再向其中倒入 500mL 油样作为试样，将取样器中剩余油样倒入废油桶中，即为顶部样。

② 采取上部样。站在上风口，将取样器的塞子盖好，保持取样导线牢固接地，打开计量孔盖，用取样绳沿检尺槽将取样器口部降落到距顶液面 1/6 处，拉动采样绳，打开取样器盖，静止片刻（或观察到液面气泡消失为止），在该液面深度处保持取样器直到充满为止，将其提出。打开试样容器，向其中倒入油样冲洗至少一次，倒入废油桶中；再向其中倒入 500mL 油样作为试样，将取样器中剩余油样倒入废油桶中，即为上部样。

③ 采取中部样和下部样。按上述方法，在取样器口部降落到距顶液面 1/2 和 5/6 处，取得中部样和下部样。

（2）采取组合样

按步骤（1）所介绍的方法，依次采取上部样、中部样和下部样，再分别将采取的油样向 1L 试样容器中倒入近 300mL 油样，3 份油样等比例混合，即为此油罐的组合样。注意保证试样容器留有至少 10%的无油空间，以便使油样充分混合。

（3）整理仪器

取样完毕，盖好检尺口盖，整理好取样绳和试样容器，将油样带离油罐区。

（4）封存试样

根据封存或化验要求，取样要充足，并作好油品状态标识。对于留存备用的试样，要贴好标识，标明取样地点、取样日期、石油或石油产品的名称和牌号、试样所代表的数量、罐号、试样的类型等，并保持封签完整。

6. 注意事项

① 在油罐区及装置区取样应在当班操作工陪同下进行。

② 严格遵守取样安全规定。

③ 采取不同液面试样时，要从上到下依次取样，以避免搅动下面液体。

7. 任务实施报告

① 按规范要求写好任务名称、实施目的、仪器材料、所用试剂、实施步骤、注意事项、取样记录（包括所取油样的名称、取样地点、状态、颜色、气味）等。

② 按实物绘出液体取样器的示意图。

考核评价

液体石油产品取样技能考核评价表

考核项目	液体石油产品取样					
序号	评分要素	配分	评分标准	扣分	得分	备注
1	检查仪器[取样瓶(1L)或加重取样器(1L)；取样绳；试样容器(1L)；废油桶(10L)；吹风机；防爆手电等]	10	一项未检查扣2分			
2	检查安全防护装备(防护手套、防静电工作服、防静电鞋；佩戴口罩、护目镜或面罩)；用手触摸静电接地柱，以消除静电	10	一项不符合规定扣3分			
3	采取顶部样：站在上风口，保持取样导线牢固接地，打开计量孔(检尺口)盖，小心降落不盖塞子的取样器，直到其颈部刚刚高于液体表面，再突然地将取样器降到液面下150mm处，当气泡停止冒出表示取样器充满时，将其提出。打开试样容器，向其中倒入油样冲洗至少一次，倒入废油桶中；再向其中倒入500mL油样作为试样，将取样器中剩余油样倒入废油桶中，即为顶部样	10	一项不符合规定扣3分			
4	采取上部样：站在上风口，将取样器的塞子盖好，保持取样导线牢固接地，打开计量孔盖，用取样绳沿检尺槽将取样器口部降落到距顶液面1/6处，拉动采样绳，打开取样器盖，静止片刻(或观察到液面气泡消失为止)，在该液面深度处保持取样器直到充满为止，将其提出。打开试样容器，向其中倒入油样冲洗至少一次，倒入废油桶中；再向其中倒入500mL油样作为试样，将取样器中剩余油样倒入废油桶中，即为上部样	10	一项不符合规定扣3分			
5	采取中部样和下部样：按上述方法，在取样器口部降落到距顶液面1/2和5/6处，取得中部样和下部样	20	一项不符合规定扣3分			
6	采取组合样：依次采取上部样、中部样和下部样，再分别将采取的油样向1L试样容器中倒入近300mL油样，3份油样等比例混合，即为此油罐的组合样。注意保证试样容器留有至少10%的无油空间，以便使油样充分混合	10	一项不符合规定扣3分			
7	整理仪器：取样完毕，盖好检尺口盖，整理好取样绳和试样容器，将油样带离油罐区	10	不符合规定每次扣2分			
8	封存试样：根据封存或化验要求，取样要充足，并作好油品状态标识。对于留存备用的试样，要贴好标识，标明取样地点、取样日期、石油或石油产品的名称和牌号、试样所代表的数量、罐号、试样的类型等，并保持封签完整	10	操作不正确或不符合规定每次扣2分			
9	能正确使用各种仪器，正确使用劳动保护用品	10	不符合规定每次扣2分			
合计		100	得分			

数据记录单

液体石油产品取样记录单

样品名称			
主要仪器设备			
执行标准			
试样类型			
取样个数			
保存时间			
取样地点			
取样人		取样时间	

操作视频

视频：液体石油产品（柴油）取样

思考拓展

1. 油品分析中的试样一般是指点样还是代表性试样？为什么？
2. 如何做好油品取样的安全防护准备？
3. 液体石油产品试样标签应书写哪些内容？

拓展阅读

石油和天然气的来源

石油、天然气是人类社会发展进步的重要能源基础。最常见的汽车燃油、家用天然气、塑料制品、柏油马路、衣服面料、清洁用品、化妆品、医药用品、燃气发电等，都离不开石油和天然气。石油、天然气已经渗透我们生活的每个角落，与我们的衣食住行息息相关。

关于石油、天然气的来源，主要有两种不同观点。一种是有机成因说，认为石油、天然气是地质历史演化过程中，生物死亡后转变成的；另一种是无机生成学说，认为石油、天然气来源于无机物的合成，主要从地幔流体分异而来。几乎所有的油气资源都是储藏在沉积岩中，在沉积岩中还发现有丰富的化石等生物遗迹。模拟实验表明，生物体中三大组成部分即蛋白质、碳水化合物、脂肪在一定条件下，均可以形成与石油中碳氢化合物类似的物质。因此，有机成因说在油气成因理论上占据优势，成为当前指导油气地质工作者寻找油气资源的核心理论基础。

寻找油气资源是一个复杂的过程，需要开展一系列的地质工作，从前期的基础地质调查，到中期的地球物理勘探，再到最后的地质钻探作业，油气资源最终会被人们从地下采至地面，并供人类使用。油气资源经过钻井开采至地面以后，还需要经过一系列加工才能最终为人类所利用。石油从地层直接开采出来时称为原油，原油自身的物理化学性质决定其最终的利用方式，比如重稠油经过不同程度的加工，可以形成航空煤油、沥青及其他化工原料；凝析油、轻质油经过加工可以成为优质汽油。不同类型的原油和天然气经过分离提纯以后，还可以成为重要的化工原料，用于生活用品、医药用品、农化用品、化妆品等的加工制造。

随着绿色、清洁、可再生能源开发利用技术的不断进步，未来 30 年，全球石油需求将不断减少。从长期趋势而言，我国油气资源同样会与国际趋势相同步，最终被绿色、清洁能源所替代。

模块一　考核试题

一、填空题

1. 石油主要由______两种元素以及少量的________和一些微量金属、非金属元素组成。

2. 石油的化合物组成主要由______和________组成，此外还有少量______。

3. 按照 GB 498—2014《石油产品及润滑剂分类方法和类别的确定》，可以将石油产品分为________、______、______、______、______五大类。

4. 我国的石油产品标准主要有中华人民共和国强制性标准（GB）、______________、石油化工行业标准（SH）和________。

5. 国际标准或国外标准在我国采用的方式有三种，分别是________、________和________。

6. 系统误差又称________，它影响________的高低；随机误差又叫________，它影响________的高低。

7. 石油产品试验精密度用________和________表示。

8. 按石油产品性状的不同，可将石油产品试样分为四类：______、______、______、______。

9. 我国石油及液体石油产品的取样执行标准有两种：________________和__________________。

10. 液化石油气的主要成分是________、________、________和丁烯。

二、单项选择题

1. 下列物质不属于石油产品的是（　　）。

A. 汽油　　B. 石蜡　　C. 润滑油　　D. 煤焦炭

2. 石油燃料是指用来作为燃料的各种石油气体、液体或固体。下列哪种物质不属于石油燃料（　　）。

A. 石油气体燃料　　B. 液化气燃料　　C. 仪表用油　　D. 煤油

3. 在标准 GB/T 261—1983（1991）中，1991 为标准的（　　）。

A. 序号　　B. 确认年号　　C. 代号　　D. 批准年号

4. 在石油产品试验方法标准中，ISO 代表（　　）。

A. 欧洲标准　　B. 国际标准　　C. 国家标准　　D. 美国石油学会标准

5. 油品分析和检测的最重要技术依据是（　　）。

A. 国际标准　　B. 质量检验报告　　C. 试验方法标准　　D. 强制性标准

6. 重复性试验与再现性试验的共同点是（　　）相同。

A. 实验室　　B. 操作者　　C. 仪器设备　　D. 试验方法

7. 下列（　　）标准常用于我国石油及液体石油产品的取样执行标准。

A. 石油液体手工取样法　　B. 中国石油化工行业标准

C. 石油学会标准　　D. 德国工业标准

8. 取样笼是适用于下列（　　）的取样器具。

A. 例行样　　B. 点样　　C. 组合样　　D. 全层样

9. 下列（　　）取样器具适用于采集油罐沉淀物或残渣样品。

A. 重力管　　B. 加重　　C. 底部　　D. 全层

10. 液体石油产品的保存数量一般为（　　）。

A. 2L　　B. 0.5L　　C. 1L　　D. 1.5L

三、判断题

1. 世界上各地油田所产原油的性质不同，但元素组成基本一致。（　　）

2. 天然石油中一般含有烷烃、环烷烃、芳香烃和烯烃等不饱和烃。（　　）

3. 石油中的少量无机物在石油加工中会加速设备腐蚀和磨损，促进结垢和生焦，影响催化剂活性等，所以石油加工需要进行脱盐脱水预处理。（　　）

4. 物理、化学特性与取样总体的平均特性相同的试样叫点样。（　　）

5. 石油产品分析的目的是通过一系列的分析试验，为石油从原油到石油产品的生产过程和产品质量进行有效的控制和检验。（　　）

6. 石油产品分析按生产要求可分为化学分析和仪器分析。（　　）

7. 中国石油化工行业标准用 SH 表示，美国石油学会标准用 API 表示。（　　）

8. 系统误差是指由某些比较固定的因素造成的误差，其特点是具有单向性。（　　）

9. 按规定，油品取样需在油品完成转移或装罐 30min 稳定后，才可以取样。（　　）

10. 油品取样时应穿不产生静电火花的鞋和工作服，戴不溶于烃类的防护手套，有飞溅危险的地方要戴眼罩或面罩。（　　）

模块二 汽油分析

内容概述

汽油是一种重要的轻质石油产品，其用途广泛，主要用作燃料。汽油的性能指标是组成它的各种化合物性质的综合表现，这些性质的测定对评定汽油产品质量、控制石油炼制过程和进行工艺设计都有着重要的实际意义，是控制石油炼制过程和评定产品质量的重要指标，也是石油炼制工艺装置设计与计算的依据。由于油品是多种有机化合物的复杂混合物，其组成不易直接测定，而且多数性能指标又不具有加和性，所以对油品性能指标的测定常常采用条件性试验，即使用特定的仪器按照规定的试验条件来测定，以便于统一标准，使分析数据具有可比性，避免争议。离开了特定的仪器和规定的条件，所测得油品的性质数据就没有意义。

任务2-1 认识汽油的种类、牌号和规格

任务目标

1. 熟悉汽油的种类牌号；
2. 认识汽油的规格标准；
3. 联系实际理解汽油的主要性能要求及应用。

任务描述

1. 任务：认识汽油的种类牌号，学习汽油的规格标准，掌握汽油的主要性能要求及应用。
2. 教学场所：油品分析室。

储备知识

汽油是外观透明、具有芳香味、无色或淡黄色、可燃的液体，其馏程为30～220℃，常温下密度为0.70～0.78g/mL，主要成分为C_5～C_{12}脂肪烃和环烷烃类，以及一定量芳香烃。汽油是由石油炼制得到的直馏汽油组分、催化裂化汽油组分、催化重整汽油组分等不同汽油组分，经精制后与高辛烷值组分经调和制得，主要用作汽油机燃料。

一、汽油的种类

汽油是用量最大的轻质石油产品之一，是一种重要燃料。根据制造过程，汽油组分可分为直馏汽油、热裂化汽油（焦化汽油）、催化裂化汽油、催化重整汽油、叠合汽油、加氢裂化汽油、烷基化汽油和合成汽油等。

汽油根据用途可分为航空汽油、车用汽油、溶剂汽油三大类。前两者主要用作汽油机的燃料，广泛用于汽车、摩托车、快艇、直升机、农林业用飞机等。溶剂汽油则用于合成橡胶、油漆、油脂、香料等；汽油组分还可以溶解油污等水无法溶解的物质，起到清洁油污的作用；汽油组分作为有机溶液，还可以作为萃取剂使用。

二、汽油的牌号

汽油按牌号来生产和销售，牌号规格由国家汽油产品标准加以规定，并与不同标准有关。例如，根据GB 17930—2016《车用汽油》标准，车用汽油（IV）按研究法辛烷值分为90号、93号和97号3个牌号，车用汽油（V）、车用汽油（VIA）和车用汽油（VIB）按研究法辛烷值分为89号、92号、95号和98号4个牌号。

汽油的牌号是按辛烷值划分的。例如，97号汽油指与含97%的异辛烷、3%的正庚烷抗爆性能相当的汽油燃料。标号越大，抗爆性能越好。应根据发动机压缩比的不同来选择不同牌号的汽油，车辆的使用手册会标明。高压缩比的发动机如果选用低牌号汽油，会使汽缸温度剧升，汽油燃烧不完全，机器强烈震动，从而使输出功率下降，机件受损，耗油及行驶无力。如果低压缩比的发动机用高标号油，就会出现“滞燃”现象，即压缩比最高时还达不到自燃点，会出现燃烧不完全现象，使发动机受损。

三、汽油的规格

国家标准对汽油各种指标的大小及测定方法有严格的规定。我国为保护环境，加强对机动车污染物排放的限制，实现汽油向高清洁、环保型转变，汽油的规格标准不断升级换代。目前，我国车用汽油现行国家标准有GB 17930—2016《车用汽油》和GB 18351—2017《车用乙醇汽油》。航空活塞式发动机燃料执行的国家标准是GB 1787—2018《航空活塞式发动机燃料》。按环保要求严格程度不同，各地还制定有相应的地方性标准，例如，北京市地方标准DB 11/238—2016《车用汽油》、上海市地方标准DB 31/427—2009《车用汽油》等。

汽油的主要性能要求有：良好的抗爆性、蒸发性、安定性和较小的腐蚀性等。抗爆性指汽油在各种使用条件下抗爆震燃烧的能力，用辛烷值表示，辛烷值越高，抗爆性越好。蒸发性是指汽油在汽化器中蒸发的难易程度，对发动机的起动、暖机、加速、气阻、燃料耗量等有重要影响。安定性指汽油在自然条件下，长时间放置的稳定性。腐蚀性是指汽油在存储、运输、使用过程中对储罐、管线、阀门、汽化器、汽缸等设备产生腐蚀的特性。

任务实施

分组进行线上线下资料查阅，学习汽油的性质、用途、种类、牌号和规格标准等内容，讨论我国现行汽油标准的主要性能要求，归纳整理好相关内容，以小组为单位展示学习成果，并进行小组学习效果评价和成绩记录。

思考拓展

1. 加油站汽油的牌号有哪些？不同牌号的汽油有什么区别？
2. 你认为汽油的主要性能要求有哪些？联系实际举例说明。

测定汽油水溶性酸及碱

任务目标

1. 理解石油产品水溶性酸及碱的概念及其测定意义；
2. 熟悉测定石油产品水溶性酸及碱的方法原理及操作步骤；
3. 掌握影响水溶性酸、碱测定结果的主要因素；
4. 能熟练进行汽油水溶性酸及碱的测定；
5. 能拓展测定柴油等油品的水溶性酸及碱；
6. 熟悉油品水溶性酸及碱测定的安全知识。

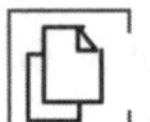

任务描述

1. 任务：采取“教学做”一体化学习方式，理解石油产品水溶性酸及碱的概念及测定意义，掌握测定石油产品水溶性酸、碱的方法原理及操作步骤，在油品分析室进行石油产品的水溶性酸及碱的测定。

2. 教学场所：油品分析室。

储备知识

一、石油产品水溶性酸及碱

石油产品中的水溶性酸及碱是指石油炼制及油品运输、贮存过程中，混入其中的可溶于水的酸、碱。

水溶性酸通常为能溶于水的酸，主要为（包括）硫酸、磺酸、酸性硫酸酯以及分子量较低的有机酸等；水溶性碱主要为氢氧化钠、碳酸钠等。

原油及其馏分油中几乎不含有水溶性酸及碱，油品中的水溶性酸及碱多为油品精制工艺中加入的酸、碱残留物，它是石油产品质量检测的重要质量指标之一。

二、测定石油产品水溶性酸及碱的意义

1. 预测油品的腐蚀性

水溶性酸及碱的存在，表明油品经酸碱精制处理后，酸没有被完全中和或碱洗后用水冲洗得不完全。这部分酸、碱在贮存或使用时，能腐蚀与其接触的金属设备及构件。水溶性酸几乎对所有金属都有较强的腐蚀作用，特别是当油品中有水存在的情况下，其腐蚀性更加严重；水溶性碱对有色金属，特别是铝等金属材料有较强的腐蚀性。例如，汽油中若有水溶性碱存在，气化器的铝制零件会生成氢氧化铝胶体，堵塞油路、滤清器及油嘴。

2. 水溶性酸及碱是油品重要的质量指标

油品中的水溶性酸及碱在大气中，在水分、氧气、光照及受热的长期作用下，会引起油品氧化、分解和胶化，降低油品安定性，促使油品老化。所以，在成品油出厂前，哪怕是发现有微量的水溶性酸及碱，都认为产品不合格，绝不允许出厂。

3. 指导油品生产

油品中的水溶性酸及碱是导致油品氧化变质的不安定组分，油品中若检测出水溶性酸及碱，表明通过酸碱精制工艺处理后，这些物质还没有完全被清除彻底，产品不合格，需要优化工艺条件，以利于优质产品。

三、水溶性酸及碱测定方法概述

石油及其产品中的酸、碱性物质，主要分为亲水和疏水（亲油）两种类型。通常，精制工艺中加入的无机酸、碱残留物是亲水的，而分子量较低的有机酸具有兼溶性质。油品中水溶性酸及碱的测定，主要检测的是石油产品中亲水性物质。

油品中水溶性酸及碱的测定，属于定性分析试验法，按 GB/T 259—88《石油产品水溶

性酸及碱测定法》标准试验方法进行，该标准参照采用 TOCT 6307，主要适用于测定液体石油产品、添加剂、润滑脂、石蜡、地蜡及含蜡组分的水溶性酸及碱。

油品中水溶性酸及碱测定的基本原理：用蒸馏水与等体积的试样混合，经摇动在油、水两相充分接触的情况下，使水溶性酸及碱被抽提到水相中。分离分液漏斗下层的水相，用甲基橙（或酚酞）指示剂或用酸度计测定其 pH 值，以判断试样中有无水溶性酸及碱的存在。

这是一种表示油品中是否含有酸、碱腐蚀活性物质的定性试验方法，既不能说明油品中究竟含有哪种类型的酸、碱，也不能给出酸、碱各自的准确含量，但可以作为产品质量的控制指标。对汽油、溶剂油等轻质石油产品，试验时在常温下用蒸馏水抽提；对 50℃运动黏度大于 $75mm^2/s$ 的试样，需先用中性溶剂将试样稀释后，再加入 50～60℃蒸馏水抽提；对固态试样，取样后向试样中加入蒸馏水并加热至固形物熔化状态抽提。如果试样与蒸馏水混合时，形成不易分层的乳浊液，则改用 50～60℃的 95%乙醇水溶液（1∶1）进行抽提，必要时再加入稀释溶剂，以降低试样的黏度，达到油、水两相彻底分离的目的。

用酸碱指示剂来判断试样中是否存在水溶性酸及碱的方法是：抽出溶液对甲基橙不变色，说明试样不含水溶性酸；若对酚酞不变色，则试样不含水溶性碱。采用 pH 值来判断试样中是否存在水溶性酸及碱，见表 2-1。当对油品的质量评价出现不一致时，水溶性酸及碱的仲裁试验按酸度计法进行。

表 2-1　抽出溶液 pH 值与油品中有无水溶性酸及碱的关系

pH	油品水相特性	pH	油品水相特性
＜4.5	酸性	9.0～10.0	弱碱性
4.5～5.0	弱酸性	＞10.0	碱性
5.0～9.0	无水溶性酸及碱		

四、影响测定的主要因素

1. 取样均匀程度

水溶性酸及碱有时会沉积在盛样容器的底部（尤其是轻质油品），因此在取样前应将试样充分摇匀；测定石蜡、地蜡等本身含蜡成分的固态石油产品中的水溶性酸及碱时，必须事先将试样加热熔化后再取样，以防止构造凝固中的网结构对酸、碱性物质分布的影响。

2. 试剂、器皿的清洁性

水溶性酸及碱的测定，所用的抽提溶剂（蒸馏水、乙醇水溶液）以及汽油等稀释溶剂必须事先中和为中性。仪器必须确保清洁，无水溶性酸及碱等物质存在，否则会影响测定结果的准确性。

3. 试样黏度

如果试样 50℃时的运动黏度大于 $75mm^2/s$，可用稀释溶剂对试样进行稀释并加热到一定温度后再行测定。不然，黏稠试样中的水溶性酸及碱将难以抽提出来，使测定结果偏低。

4. 油品的乳化

试样发生乳化现象的原因，通常是油品中残留的皂化物水解的缘故。这种试样一般情况下呈碱性。当试样与蒸馏水混合易于形成难以分离的乳浊液时，须用 50～60℃呈中性的 95%乙醇水溶液（1∶1）作抽提溶剂来分离试样中的酸、碱。

任务实施

测定汽油水溶性酸及碱

1. 实施目的

① 熟悉 GB/T 259—88《石油产品水溶性酸及碱测定法》的原理与试验方法。
② 学习抽提技术在油、水分离过程中的应用。

2. 仪器材料

分液漏斗（250mL 或 500mL）；试管（直径 15～20mm、高度 140～150mm，用无色玻璃制成）；漏斗（普通玻璃漏斗）；量筒（25mL、50mL、100mL）；锥形瓶（100mL 和 250mL）；瓷蒸发皿；电热板或水浴；酸度计（玻璃-甘汞电极或玻璃-氯化银电极，精度为 pH≤0.01）等。

3. 所用试剂

甲基橙（配成 0.02%甲基橙水溶液）；酚酞（配成 1%酚酞乙醇溶液）；95%乙醇（分析纯）；滤纸（工业滤纸）；溶剂油；汽油。

4. 准备工作

（1）取样

将试样置入锥形瓶中，不超过其容积的 3/4，摇动 5min。轻质石油产品如汽油和溶剂油等均不加热。黏稠的或石蜡试样应预先加热至 50～60℃再摇动。当试样为润滑脂时，用刮刀将试样的表层（3～5mm）刮掉，然后至少在不靠近容器壁的三处，取约等量的试样置入瓷蒸发皿，并小心地用玻璃棒搅匀。

（2）95%乙醇溶液的准备

95%乙醇溶液必须用甲基橙或酚酞指示剂，或酸度计检验呈中性后，方可使用。

5. 实施步骤

用蒸馏水或乙醇水溶液抽提试样中的水溶性酸及碱，然后分别用甲基橙或酚酞指示剂检查抽出溶液颜色的变化情况，或用酸度计测定抽提物的 pH 值，以判断油品中有无水溶性酸及碱的存在。

（1）试验液体石油产品

将 50mL 试样和 50mL 蒸馏水放入分液漏斗，加热至 50～60℃（注意：轻质石油产品，如汽油和溶剂油等均不加热)。对 50℃运动黏度大于 75mm^2/s 的石油产品，应预先在室温下与 50mL 汽油混合，然后加入 50mL 加热至 50～60℃的蒸馏水。

将分液漏斗中的试验溶液，轻轻地摇动 5min，不允许乳化。放出澄清后下部水层，经滤纸过滤后，滤入锥形瓶中。

(2) 试验润滑脂、石蜡、地蜡和含蜡组分石油产品

取 50g 预先熔化好的试样（称准至 0.01g)。将其置于瓷蒸发皿或锥形瓶中，然后注入 50mL 蒸馏水，并煮沸至完全熔化。冷却至室温后，小心地将下部水层倒入有滤纸的漏斗中，滤入锥形瓶。对已凝固的产品（如石蜡和地蜡等)，则事先用玻璃棒刺破蜡层。

(3) 试验有添加剂产品

向分液漏斗中注入 10mL 试样和 40mL 溶剂油，再加入 50mL 加热至 50～60℃的蒸馏水。将分液漏斗摇动 5min，澄清后分出下部水层，经有滤纸的漏斗，滤入锥形瓶中。

(4) 产生乳化现象的处理

当石油产品用水混合，即用水抽提水溶性酸及碱，产生乳化时，则用 50～60℃的 95%乙醇水溶液（1∶1）代替蒸馏水处理，后续操作步骤按上述（1）或（3）进行。

注意：试验柴油、碱洗润滑油、含添加剂润滑油和粗制残留石油产品时，遇到试样的水抽出液对酚酞呈现碱性反应（可能由于皂化物发生水解作用引起）时，也可按本步骤进行试验。

(5) 用指示剂或酸度计测定水溶性酸及碱

向两个试管中分别放入 1～2mL 抽提物：在第一支试管中，加入 2 滴甲基橙溶液，并将它与装有相同体积蒸馏水和 2 滴甲基橙溶液的另一支试管相比较。如果抽提物呈红色，则表示所测石油产品中有水溶性酸存在。在第二支试管中加入 3 滴酚酞溶液，如果溶液呈红色时，则表示有水溶性碱存在。

注意：当抽提物用甲基橙（或酚酞）为指示剂，没有呈现红色时，则认为没有水溶性酸及碱。

向烧杯中注入 30～50mL 抽提物，电极浸入深度为 10～12mm，按酸度计使用要求测定 pH 值。根据表 2-1 所示内容，确定试样抽提物水溶液或乙醇水溶液中有无水溶性酸及碱。

说明：当对石油产品质量评价出现不一致时，则水溶性酸及碱的仲裁试验按酸度计法进行。

6. 精密度

① 精密度规定仅适用于酸度计法。

② 同一操作者所提出的两个结果，pH 值之差不应超过 0.05。

7. 任务实施报告

① 按规范要求写好任务名称、实施目的、仪器材料、所用试剂、实施步骤和分析记录等。

② 取重复测定两个 pH 值的算术平均值，作为试验结果。

考核评价

测定汽油水溶性酸及碱技能考核评价表

考核项目	测定汽油水溶性酸及碱						
序号	考核内容	考核要点	配分	评分标准	扣分	得分	备注
1	准备工作	选择药品器具	10	少选、错选一样扣1分			
		分液漏斗试漏		未试漏扣5分			
2	准备试样	取样预先摇匀5min(以现场要求为准)	5	时间不够扣5分			
3	取样	试样、蒸馏水量取准确	30	取样不准扣10分			
		摇动萃取5min(以现场为准)		时间不够扣5分；乳化扣5分			
		静置分层，放出水层		分离不完全扣5分			
		滤纸过滤入锥形瓶		未过滤扣5分			
4	测定	向两个试管分别放滤液1～2mL	30	体积不对扣5分			
		向第三支试管加蒸馏水和2滴甲基橙溶液		加入错误扣5分			
		向第一支试管加入2滴甲基橙溶液与第三支试管比较，若呈现红色判定存在水溶性酸		判断错误扣10分			
		向第二支试管加入3滴酚酞溶液，若呈现红色判定存在水溶性碱		判断错误扣10分			
5	记录	按颜色报告有无水溶性酸或碱	20	判断结果错误扣10分			
		记录填写正确及时，无更改，无涂改		记录填写不及时扣2分；涂改扣2分；更改扣2分			
		如实填写数据		有意篡改数据扣5分			
6	试验管理	台面整洁，仪器摆放整齐	5	不整洁、不整齐扣2分			
		废液正确处理		废液处理不当扣2分			
		器皿完好		操作中打碎器皿扣1分			
7	安全文明操作	按国家或企业颁布的有关规定执行		每违反一项规定从总分中扣5分；严重违规取消考核资格			
8	考核时限	在规定时间内完成		到时停止操作考核			
合计			100	得分			

数据记录单

测定汽油水溶性酸及碱数据记录单

样品名称			
仪器设备			
执行标准			
试验试管	1号试管	2号试管	
滴加试剂	甲基橙	酚酞	
显色现象			
试验结果			
分析人		分析时间	

操作视频

视频：测定汽油水溶性酸及碱

思考拓展

1. 油品中水溶性酸及碱是从哪里来的？有哪些危害？
2. 如何用酸碱指示剂来判断试样中是否存在水溶性酸及碱？
3. 拓展完成柴油水溶性酸及碱的测定。

测定汽油硫含量

任务目标

1. 了解测定石油产品硫含量的意义；
2. 学会测定石油产品硫含量的原理及试验方法；
3. 理解影响测定的主要因素；
4. 能熟练进行汽油硫含量的测定；
5. 能拓展测定柴油等油品的硫含量；
6. 熟悉石油产品硫含量测定的安全知识。

任务描述

1. 任务：学习测定石油产品硫含量的意义，理解影响硫含量测定的主要因素，在油品分析室进行石油产品的硫含量测定操作练习，掌握测定石油产品硫含量的原理及试验方法。

2. 教学场所：油品分析室。

储备知识

一、测定硫含量的意义

原油的元素组成中除C和H以外，还含有少量的S、N、O等其他元素，这些元素是构成石油非烃类物质的主要成分。目前，原油中可以鉴定出100多种含硫化合物，主要包括硫醚、硫醇、噻吩、二（多）硫化合物等。含硫化合物按其化学性质可分为“活性硫”和“非活性硫”两大类，硫化氢、硫醇等属于“活性硫”，硫醚、噻吩、二硫化物等属于“非活性硫”。

燃料油燃烧后，非活性硫可以转化为活性硫，即全部硫化物均具有潜在的腐蚀性。一般而言，不同炼制工艺所得到的馏分油，其含硫化合物的构成是不同的：直馏馏分中，烷基硫醚（醇）较多；热裂化馏分中，芳香基硫醚（醇）较多。

1. 硫及其化合物的危害

硫及其化合物对石油炼制、油品质量及其应用的危害，主要有以下几个方面：

（1）腐蚀石油炼制装置

在原油炼制过程中，各种含硫有机化合物分解后均可部分生成H_2S，H_2S一旦遇水将对金属设备造成严重腐蚀。

（2）污染催化剂

含硫物质的存在会与重金属催化剂中的金属元素形成硫化物，使催化剂降低或失去活性，造成催化剂中毒。因此，在石油炼制过程中，一般对使用原料的硫含量需进行严格的控制，如催化剂重整原料，硫含量必须低于1.5mg/kg，同时还要控制水分不得超过15mg/kg。

（3）影响油品质量

含硫化合物在油品中的存在，将严重影响石油产品的质量。含硫物质通常具有特殊的异味，尤其是硫醇具有强烈的恶臭味，臭鼬就是利用这类物质来抵御外敌进攻的。油品中的硫含量若超出规定的允许范围，不仅会影响人们的感官性能，还会严重制约油品的安定性，加速油品氧化、变质进程，甚至导致贮油容器或使用设备的腐蚀。但在民用煤气或液化气中，可适量加入少量低级硫醇，利用其特殊异味判断燃气是否泄漏。

（4）严重污染环境

燃料油品中的硫及含硫化合物，燃烧后最终的转化产物将以SO_2和SO_3形式排放到大气中，它们是形成大气酸雨的主要成分之一。

2. 测定意义

硫含量是指存在于油品中的硫及其衍生物（硫化氢、硫醇、二硫化物等）的含量，通常以质量分数表示。测定硫含量的意义如下：

（1）用于指导生产

原油的产地不同，其硫含量也有差异。含硫质量分数低于0.5%的称为低硫原油，介于0.5%～2%之间的称为含硫原油，高于2%的称为高硫原油。对不同硫含量的原油，其炼制工艺也不尽相同。硫在石油馏分中的分布一般是随石油馏分馏程范围的升高而增加，从轻质油品中的硫含量多少可以看出含硫化合物在石油炼制过程中是否发生分解，大部分含硫物质主要集中在重质馏分油和渣油中。因此，检测不同馏分油中的硫含量，可以用来判断工艺条件是否合适以及保护催化剂免于污染。

（2）油品质量控制指标

喷气燃料中硫含量的多少，可直接反映出喷气式发动机内腐蚀活性产物的多少和生成积炭的可能性，油品中硫化物的存在还易于发生高温“烧蚀”现象，导致潜在的飞行安全隐患。国产3号喷气燃料质量指标中，规定总硫含量不大于0.2%、硫醇性硫含量不大于0.002%。例如，国产车用汽油（Ⅱ）质量指标中，规定硫含量不大于0.05%，即使这样的规定，也与“世界燃油规范”中关于汽油Ⅲ类标准规定的硫含量（不大于0.003%）存在一定差距。为此GB17930《车用汽油》中，又对车用汽油（Ⅲ）硫含量的质量指标提出不大于0.015%的新要求。部分石油产品质量指标中规定的硫含量见表2-2。

表2-2　部分油品硫含量的质量指标

油品名称	硫含量		试验方法标准①
车用汽油(Ⅳ)(GB 17930—2016)	硫醇性硫 w/%	0.001	GB/T 1792
	总硫含量/(mg/kg)	≤50	GB/T 0689
喷气燃料(3号)(GB 6537—2018)	硫醇性硫 w/%	≤0.002	GB/T 1792
	总硫含量/(mg/kg)	≤0.20	GB/T 0689
车用柴油②(GB/T 19147—2016)	硫醇性硫 w/%	—	—
	总硫含量/(mg/kg)	≤50	GB/T 0689

① 测定还允许用GB/T 11140《石油产品硫含量的测定　波长色散X射线荧光光谱法》、GB/T 17040《石油和石油产品中硫含量的测定　能量色散X射线荧光光谱法》；当试验结果出现争议时，仲裁试验以GB/T 380《石油产品硫含量测定法（燃灯法）》测定结果为准。

② GB/T 19147《车用柴油》对硫含量的规定，完全符合欧Ⅱ柴油机对柴油的质量指标要求。

值得说明的是，并不是对所有的油品都是硫含量越低越好，特殊油品如齿轮油规定了一定的硫含量，但它一般情况下不是腐蚀性物质，而是有意加入的极压抗磨剂中的含硫化合物。

二、硫含量测定方法概述

目前，测定石油产品中含硫化合物与硫含量的方法分为定性和定量两种类型。

典型的定性标准试验方法是博士试验法，即NB/SH/T 0174—2015《石油产品和烃类溶剂中硫醇和其他硫化物的检测　博士试验法》。定量标准试验方法较多，但主要有以下几个方面：石油产品中硫醇性硫的测定，有GB/T 50565《发动机燃料硫醇性硫含量测定法（氨-硫酸铜法）》和GB/T 1792—2015《汽油、煤油、喷气燃料和馏分燃料中硫醇硫的测定　电位滴定法》；轻质石油产品中硫含量的测定，有GB/T 380—77《石油产品硫含量测定法（燃灯法）》和SH/T 0253—92《轻质石油产品中总硫含量测定法（电量法）》；深色（重质）石油产品中硫含量的测定，有GB/T 387—90《深色石油产品硫含量测定法（管式炉法）》、GB/T 388—64《石油产品硫含量测定法（氧弹法）》及SH/T 0689—2000《轻质烃及发动机燃料和其他油品的总硫含量测定法（紫外荧光法）》等。

1. 博士试验法

NB/SH/T 0174—2015《石油产品和烃类溶剂中硫醇和其他硫化物的检测 博士试验

法》，主要适用于烃类溶剂和石油馏分（包括中间产物和产品）中硫醇、硫化氢和元素硫的定性检测。其初步试验还能检测到过氧化物和酚类物质的存在，但过氧化物和酚类物质大于痕量的情况不适用。当二硫化碳含量过高［其硫含量（质量分数）大于0.4%］时会引起水相变暗对本试验产生干扰。

博士试验法所用的博士试剂为亚铅酸钠（Na_2PbO_2）溶液，其配制方法如下。

$$(CH_3COO)_2Pb + 2NaOH \longrightarrow Na_2PbO_2 + 2CH_3COOH$$

博士试验法的基本原理是：振荡加有亚铅酸钠溶液的试样，并观察混合溶液，从外观来判断是否存在硫醇、硫化氢、元素硫或过氧化物。再通过添加硫黄粉，振荡并观察最终混合溶液外观的变化来进一步确定是否存在硫醇。测定过程如下：

用博士试剂进行“初步试验”，若试样中有硫醇存在，则有如下反应：

$$Na_2PbO_2 + 2RSH \longrightarrow (RS)_2Pb + 2NaOH$$

硫醇铅以溶解状态存在于试液中，通常呈现的颜色并不明显，或因硫醇分子量的不同，使试验溶液呈现微黄色。

用博士试剂进行“最后试验”，即向上述溶液中加入少量的硫黄粉，硫醇铅遇到硫黄粉则生成硫化铅深色沉淀，其反应如下：

$$(RS)_2Pb + S \longrightarrow PbS\downarrow + RSSR$$

生成的硫化铅沉淀将使博士试剂与试样（油）的液接界面（该界面同时还含有硫黄粉层）颜色变深（呈橘红色、棕色，甚至黑色）。若参与反应的硫黄粉层的颜色没有明显变深现象，则说明试样中不含有硫醇性硫。

倘若试样中含硫组分的构成比较复杂（不仅仅只有硫醇性硫存在），则需要通过初步试验结果（见表2-3）再继续进行试验，排除干扰后进一步判断有无硫醇性硫的存在。如果已经确认试样中有硫化氢存在，则试样需要用氯化镉预处理，以驱除硫化氢的干扰，再进行最后试验；如果只是断定可能有过氧化物存在，则还需要另做试验进一步确认有无过氧化物存在；若试样中确实有过氧化物存在，则该标准试验方法无法用于检测试样中有无硫醇性硫。

表2-3 博士试验法的试验变化（初步试验结果）

观察外观变化	初步试验结果	有关说明
立即生成黑色沉淀	有硫化氢存在	需要去除硫化氢，再进行最后试验
缓慢生成褐色沉淀	可能有过氧化物存在	需要另做试验加以确认，若确实有过氧化物存在则不必进行最后试验
在摇动期间溶液变成乳白色，然后颜色变深	有硫醇和元素硫存在	可以得出结论
无变化或黄色	难以判断硫醇是否存在	需要进行最后试验再加以确认①

① 上面所述的博士试验测定原理，正是基于这种情况。

博士试验法的主要试验步骤如下：

（1）初步试验

加入亚铅酸钠溶液摇动后，按上述博士试验变化表（见表2-3），判断是否（或可能）有硫化氢、过氧化物、硫醇和元素硫的存在（仅有硫醇和元素硫存在时，可直接得到结论）。另取试样进一步试验，一是排除硫化氢的干扰（用$CdCl_2$去除），可继续进行最后试验；二是用碘化钾-淀粉酸性溶液进行检验，若试液变蓝则说明试样中含有过氧化物，不必进行最后试验（因不能得到正确结果）。

（2）最后试验

加入硫黄粉确认硫醇是否存在。如果试样同亚铅酸钠溶液摇动期间不变色或产生乳白色。在加入硫黄粉后，在硫黄粉表面上生成褐色（橘红色、棕色）或黑色沉淀，表示试样“有硫醇存在”。如果除去硫化氢后，加入硫黄粉摇动，在硫黄粉表面上没有生成褐色（橘红色、棕色）或黑色沉淀，表示试样“无硫醇存在”。

凡试样“有硫醇存在”，则报告：不通过；“无硫醇存在”，则报告：通过。如果有过氧化物存在，则此试验无效。

2. 氨-硫酸铜法

测定发动机燃料中硫醇性硫的含量，按 GB/T 505—65《发动机燃料硫醇性硫含量测定法（氨-硫酸铜法）》进行，本方法主要适用于测定发动机燃料中硫醇性硫的含量。

氨-硫酸铜法测定油品中硫醇性硫含量的基本原理是：将氨-硫酸铜溶液（氨过量时为深蓝色）与试样中的硫醇相互作用形成铜的硫醇化合物，从而使深蓝色溶液快速褪色，随着氨-硫酸铜溶液的逐步滴入，当反应接近化学计量点时溶液又呈现浅蓝色，该颜色虽经摇动也不消失则达到滴定终点。反应过程如下：

向硫酸铜水溶液中加入氨水，生成淡绿色的碱式盐 $Cu_2(OH)_2SO_4$ 沉淀。

$$2CuSO_4+2NH_3\cdot H_2O \longrightarrow Cu_2(OH)_2SO_4+(NH_4)_2SO_4$$

补加过量的氨水，则有深蓝色的四氨合铜配离子 $[Cu(NH_3)_4]^{2+}$ 生成。

$$Cu_2(OH)_2SO_4+8NH_3\cdot H_2O \longrightarrow [Cu(NH_3)_4]SO_4+[Cu(NH_3)_4](OH)_2+8H_2O$$

通过上述氨-硫酸铜溶液所生成的产物 $[Cu(NH_3)_4]^{2+}$ 与试样中存在的硫醇作用，使得滴入试液中的滴定剂自身颜色（深蓝色）很快褪色。

$$[Cu(NH_3)_4](OH)_2+2C_2H_5SH \longrightarrow (C_2H_5S)_2Cu+4NH_3+2H_2O$$

$$[Cu(NH_3)_4]SO_4+2C_2H_5SH \longrightarrow (C_2H_5S)_2Cu+4NH_3+H_2SO_4$$

借助稍微过量的氨-硫酸铜溶液（注意本身为指示剂）滴入试液后，此时混合溶液会呈现出铜的四氨配合物 $[Cu(NH_3)_4]^{2+}$ 的低浓度颜色（浅蓝色），达到滴定终点。

本试验还需要事先确定氨-硫酸铜溶液的滴定度，操作方法如下。

先移取 100mL 氨-硫酸铜溶液，逐步滴加硫酸使氨水完全被中和，使配离子 $[Cu(NH_3)_4]^{2+}$ 分解，此时溶液由深蓝色转变为浅蓝色，然后再过量加入 1～2mL 硫酸，其反应过程如下：

$$[Cu(NH_3)_4](OH)_2+3H_2SO_4 \longrightarrow CuSO_4+2(NH_4)_2SO_4+2H_2O$$

$$[Cu(NH_3)_4]SO_4+2H_2SO_4 \longrightarrow CuSO_4+2(NH_4)_2SO_4$$

再加入碘化钾溶液与生成的硫酸铜作用：

$$2CuSO_4+4KI \longrightarrow I_2+Cu_2I_2\downarrow+2K_2SO_4$$

最后将析出的碘用硫代硫酸钠溶液滴定，当溶液呈微黄色时，加入几滴新配制的淀粉溶液，滴定至蓝色消失为止。

$$I_2+2Na_2S_2O_3 \longrightarrow 2NaI+Na_2S_4O_6$$

综合以上滴定和标定反应过程可以看出：

$$CuSO_4\sim[Cu(NH_3)_4]^{2+}\sim 2C_2H_5SH\sim 2KI\sim 1/2I_2\sim Na_2S_2O_3$$

即

$$CuSO_4\sim 2C_2H_5SH\sim I$$

故所用氨-硫酸铜滴定溶液的滴定度，即每毫升氨-硫酸铜溶液相当于试样中硫醇性硫的质量，可按式(2-1) 计算。

$$T=\frac{32.06\text{g/mol}\times 2VT_1}{126.91\text{g/mol}\times 100\text{mL}} \tag{2-1}$$

式中 T——氨-硫酸铜滴定溶液的滴定度，g/mL；

32.06g/mol——硫的摩尔质量；

V——滴定氨-硫酸铜溶液所消耗硫代硫酸钠溶液的体积，mL；

T_1——硫代硫酸钠溶液的滴定度，即每毫升硫代硫酸钠溶液相当于 I_2 的质量，g/mL；

126.91g/mol——碘的摩尔质量；

100mL——测定氨-硫酸铜溶液滴定度时，所取氨-硫酸铜溶液的体积，mL。

试样中硫醇性硫的质量分数按式(2-2) 计算。

$$w=\frac{V_2T}{V_3\rho}\times100\% \tag{2-2}$$

式中 w——试样的硫醇性硫含量，%；

V_2——滴定试液所消耗氨-硫酸铜溶液的体积，mL；

T——氨-硫酸铜溶液的滴定度，g/mL；

V_3——试样的体积，mL；

ρ——试样的密度，g/mL。

氨-硫酸铜法测定发动机燃料中硫醇性硫含量的主要试验步骤如下：

取一定量的试样（可根据试样中预测硫醇性硫的质量分数确定，0.01%以下，取100mL；0.01%～0.02%，取 50mL；0.02%以上，取 25mL）于分液漏斗中，用氨-硫酸铜溶液滴定。逐次滴入氨-硫酸铜溶液后，每次都应当将装有试样的分液漏斗急剧摇动，使水相中的蓝色变浅直至消失为止。当滴定至水相中的浅蓝色经过剧烈摇动 5min 也不消失，则认为达到化学计量点，可作为滴定终点。

氨-硫酸铜溶液属于化学定量分析中的直接滴定分析法。该方法的优点是简单、测定时间比较短，但不足之处是准确性不十分理想，尤其对脂肪系硫醇性硫测定的结果稍微偏低。出于这一原因，对石油产品中硫醇性硫的定量测定，现多采用电位滴定法，即 GB/T1792—2015《汽油、煤油、喷气燃料和馏分中硫醇硫的测定　电位滴定法》。

油品中硫醇性硫的测定，国际上还有用硝酸银化学滴定分析法（以硫氰酸铵为返滴定剂，铁矾作指示剂）来测定的，主要依据是：

$$RSH+AgNO_3 \longrightarrow RSAg\downarrow+HNO_3$$

3. 燃灯法

对石油产品中含硫化合物或硫含量的测定，最常用的检测方式有两种途径：一是使用特定的试剂与试样中的待测物质直接反应，如博士试验法、氨-硫酸铜法等；二是将试样中的待测物质先转化为可以检测的成分后再进行间接测定，如燃灯法、管式炉法等。此外，还用现代分析仪器进行无损测定，如 GB/T 11140—2008《石油产品硫含量的测定　波长色散 X 射线荧光光谱法》、GB/T 17040—2019《石油和石油产品中硫含量的测定　能量色散 X 射线荧光光谱法》等。

间接测定法（如燃灯法、管式炉法），一般是通过试样完全燃烧所生成的 SO_2 或 SO_3 产物，经由吸收（接收）溶液转化为 Na_2SO_3 或 H_2SO_4 物质后，再选择滴定分析法或其他分析方法针对转化产物进行测定，表征结果时将其换算成试样中的硫含量。

燃灯法测定石油产品中的硫含量，按 GB/T 380—77 标准试验方法进行，该方法主要适用于测定雷德蒸气压力不高于 80kPa（600mmHg）的轻质石油产品（如汽油、煤油、柴油等）的硫含量，试验过程中使用的主要仪器设备为燃灯法硫含量测定器（如图 2-1 所示）。

燃灯法测定油品硫含量的基本原理是：将试样装入特定的灯中进行完全燃烧，使试样中的含硫化合物转化为二氧化硫，用碳酸钠水溶液吸收生成的二氧化硫，再用已知浓度的盐酸溶液返滴定，由滴定时消耗盐酸溶液的体积，计算出试样中的硫含量。

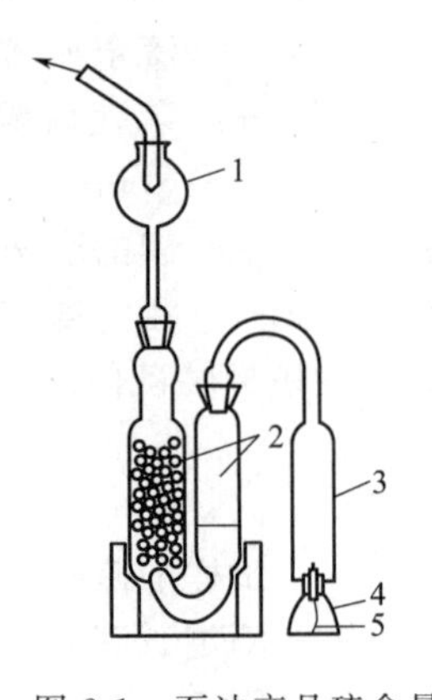

图 2-1　石油产品硫含量（燃灯法）测定器

1—液滴收集器；2—吸收器；3—烟道；4—带有灯芯的燃烧灯；5—灯芯

其化学反应如下：

试样中的含硫化合物在灯中完全燃烧，生成二氧化硫。

$$\text{硫化物} + O_2 \longrightarrow SO_2$$

二氧化硫经 10mL 质量分数为 0.3% 的碳酸钠溶液（过量）吸收后，生成亚硫酸钠。

$$SO_2 + Na_2CO_3 \longrightarrow Na_2SO_3 + CO_2 \uparrow$$

剩余的碳酸钠再用已知浓度的盐酸溶液返滴定，由消耗盐酸溶液的体积可计算出试样中的硫含量。

$$Na_2CO_3 + 2HCl \longrightarrow 2NaCl + H_2O + CO_2 \uparrow$$

试样中硫的质量分数按（2-3）计算。

$$w = \frac{0.0008\text{g/mL} \times (V_0 - V)K}{m} \times 100\% \qquad (2\text{-}3)$$

式中　w——试样的硫含量，%；

0.0008g/mL——与单位体积 0.05mol/L 盐酸溶液相当的硫含量；

V_0——滴定空白试液所消耗溶液的体积，mL；

V——滴定吸收硫的氧化物溶液所消耗盐酸溶液的体积，mL；

K——换算为 0.05mol/L 盐酸溶液的修正系数，即试验中实际使用盐酸溶液的物质的量浓度与 0.05mol/L 的比值；

m——试样的燃烧量，g。

式(2-3) 中的 0.0008g/mL 为所使用的 0.05mol/L HCl 溶液对硫的滴定度，它可由测定原理中各物质间的定量化学反应关系计算。由

$$S \sim SO_2 \sim Na_2CO_3 \sim 2HCl$$

有

$$1/2S \sim HCl$$

当所使用盐酸溶液的物质的量浓度为 0.05mol/L 时，其滴定度为：

$$T = \frac{0.05 \times 36.5}{1000} = 0.001825\ (\text{g/mL})$$

则其对硫的滴定度可由如下比例计算为：

$$36.5 : 0.001825 = \left(\frac{1}{2} \times 32\right) : T$$

则

$$T = 0.0008\text{g/mL}$$

当然，试验过程中实际滴定用的盐酸溶液的物质的量浓度最好等于 0.05mol/L，但也时常存在不恰好相等的情况，故在表示试样中硫的质量分数计算公式中，又额外出现一个修正系数 K。若配制的实际盐酸溶液的物质的量的浓度就是 0.05mol/L，则 $K=1$。

国外有些燃灯法测定标准中，采用过氧化氢（H_2O_2）来接收（吸收）硫的氧化物，使其氧化成硫酸后再测定（与下面的管式炉法原理相似）。由于硫氧化物的转化产物是硫酸，因此与之相对应的测定方法也有多种，最简单的方法是用氢氧化钠溶液滴定；或用高氯酸钡溶液滴定（以吐啉-亚甲基蓝为混合指示液）；或另加入氯化钡溶液，形成硫酸钡沉淀，进行化学称量分析或用仪器比浊测定。

4. 管式炉法

测定原油或重质石油产品中的硫含量，按 GB/T 387—90《深色石油产品硫含量测定法

（管式炉法）》进行，该标准主要适用于测定试样中含硫质量分数大于 0.1% 的深色石油产品，试验过程中使用的主要仪器设备为管式电阻炉（如图 2-2 所示）。

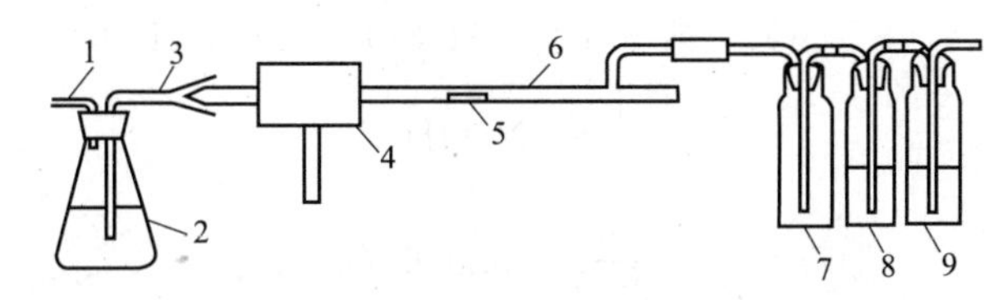

图 2-2 石油产品硫含量（管式炉法）测定器

1—气流接口；2—接收器；3—石英弯管；4—管式电炉；5—盛样瓷舟；6—磨口石英管；7～9—洗气瓶

管式炉法测定油品硫含量的测定原理与燃灯法的类似，都属于间接测定石油产品中硫含量的定量分析方法。燃灯法只能测定具有毛细渗透能力、可供灯芯燃烧的轻质或黏度不是太高的液态石油产品。对于黏度高不宜用燃灯法测定硫含量的液态油品，可利用与其他不含硫的标准有机溶剂混合、稀释后再进行测定（若所用有机溶剂含硫量固定，也可借助液体的可加性原理进行测定）；而对于某些石油产品，如原油、渣油、润滑油、石油焦、蜡、沥青以及含硫添加剂等半固态或固态物质，则需要采用管式炉法或其他试验方法进行硫含量的测定。

管式炉法测定油品硫含量的具体原理是：将试样放入管式电阻炉内并在规定流速的空气流中完全燃烧，将生成的二氧化硫和三氧化硫用过氧化氢-硫酸接收溶液吸收（此时，二氧化硫也被氧化成硫酸），再用已知浓度的氢氧化钠溶液滴定接收溶液中原有的、新生的硫酸，根据滴定时消耗氢氧化钠溶液的体积（扣除空白值），即可计算出试样中的硫含量。

测定时，试样中的含硫化合物在管式电阻炉中完全燃烧，生成二氧化硫和三氧化硫。

$$\text{硫化物} + O_2 \longrightarrow SO_2 \uparrow + SO_3$$

三氧化硫被接收溶液中的水吸收生成硫酸。

$$SO_3 + H_2O \longrightarrow H_2SO_4$$

二氧化硫被接收溶液中的过氧化氢氧化，也生成硫酸。

$$SO_2 + H_2O_2 \longrightarrow H_2SO_4$$

再将接收（吸收）溶液中的硫酸用氢氧化钠溶液返滴定，由消耗氢氧化钠溶液的体积，可计算出试样中的硫含量。

$$H_2SO_4 + 2NaOH \longrightarrow Na_2SO_4 + 2H_2O$$

试样中硫的质量分数按式(2-4) 计算。

$$w = \frac{0.016\text{g/mL} \times c(V - V_0)}{m} \times 100\% \tag{2-4}$$

式中 w——试样的硫含量，%；

0.016g/mL——1.000mol/L NaOH 溶液对硫的滴定度，即每毫升氢氧化钠溶液相当于硫的质量；

c——NaOH 溶液的物质的量浓度，mol/L；

V——滴定接收硫氧化物的吸收溶液所消耗氢氧化钠溶液的体积，mL；

V_0——滴定空白试液所消耗氢氧化钠溶液的体积，mL；

m——试样的质量，g。

管式炉法测定硫含量计算公式中的 0.016g/mL，与燃灯法测定硫含量计算公式中的

0.0008g/mL 计算方法相似，这里只是假定用于滴定的氢氧化钠溶液的物质的量浓度为 1.000mol/L，其对硫的滴定度也可由各物质间的定量化学反应关系得到。由

$$S\sim SO_2 \quad 或 \quad SO_3\sim H_2SO_4\sim 2NaOH$$

得

$$\frac{1}{2}S\sim NaOH$$

故

$$T=\frac{16\times 40}{40\times 1000}=0.016\ (g/mL)$$

由于试验过程中实际滴定用的氢氧化钠溶液的物质的量浓度与假定的氢氧化钠溶液的物质的量浓度（1.000mol/L）之比值，正好等于试验过程中实际滴定用的氢氧化钠溶液的物质的量浓度值，所以也就不必再用修正系数 K 来加以校正了，而直接用实际使用的氢氧化钠溶液的物质的量浓度。一般来说，管式炉法测定实际用于滴定的氢氧化钠溶液的物质的量浓度为 0.0200mol/L。

国外类似标准中，有的采用碘-碘化钾和淀粉指示剂的酸性溶液，来作为二氧化硫的接收（吸收）介质，随着接收溶液中硫氧化物（SO_2）的质量增加，接收溶液所呈现的蓝色逐渐淡化，再用碘化钾溶液进行返滴定，由反应过程中所消耗碘化钾溶液的体积，即可计算出试样中硫的含量。

根据上述基本原理，还可将其设计成微库仑自动测硫分析仪，具体反应如下：

$$SO_2+I_3^-+H_2O\longrightarrow SO_3+3I^-+2H^+$$

反应中消耗的 I_3^- 由阳极电解补充：

$$3I^-\longrightarrow I_3^-+2e^-$$

再测量补充 I_3^- 所消耗的电量，通过法拉第电解定律，即可计算出试样的硫含量。

5. 电位滴定法

GB/T 1792 是参照采用 ASTM D 3227 而制定的，适用于测定硫醇硫含量在 0.0003%～0.01%范围内，无硫化氢的汽油、喷气燃料、煤油和轻柴油中的硫醇硫。当游离硫质量分数大于 0.0005%时，对测定有一定干扰。

硫醇硫含量测定采用电位滴定法，其装置与石油产品和润滑剂酸值测定的电位滴定装置相同，它是将无硫化氢试样溶解在乙酸钠的异丙醇溶剂中，用硝酸银-异丙醇标准滴定溶液进行电位滴定，由玻璃参比电极和银-硫化银指示电极之间的电位突跃指示滴定终点。在滴定过程中，硫醇硫沉淀为硫醇银，反应如下：

$$RSH+AgNO_3\longrightarrow RSAg\downarrow+HNO_3$$

试样中，硫醇硫的质量分数按式(2-5) 计算：

$$w=\frac{32.06g/mol\cdot cV}{1000mL/L\cdot m}\times 100\% \tag{2-5}$$

式中 w——试样的硫醇硫含量，%；

32.06g/mol——硫醇中硫原子的摩尔质量；

V——达到终点时所消耗的硝酸银-异丙醇标准溶液的体积，mL；

c——硝酸银-异丙醇标准溶液的浓度，mol/L；

m——试样的质量，g。

为使硝酸银在试样中更好地溶解及减少硫醇银沉淀对硝酸银的吸附，试验中采取用大量的异丙醇作溶剂。

三、影响测定的主要因素

1. 博士试验法

（1）对试剂的要求

制备好的博士试剂应贮备在密闭的容器内，呈无色、透明状态，如不洁净，用前可进行过滤。

（2）硫黄粉及其用量

所用的升华硫应是纯净、干燥的粉状硫黄，每次所加入的量要保证在试样和亚铅酸钠溶液的液接界面上浮有足够的硫黄粉薄层（为 35～45mg），不要加入过多或过少，以免影响结果观察。

（3）要保证完全反应

为使反应在规定时间完成，试样与博士试剂混合后应用力摇动，并在规定静置时间内观察油、水两相及硫黄粉层的颜色变化情况。

（4）排除硫化氢干扰

如果试样中含有硫化氢，则在未加入硫黄粉之前摇动，就会出现 PbS 黑色沉淀，应重新取一份试样与氯化镉溶液一起摇动，反复冲洗、分离，将硫化氢除尽（$CdCl_2 + H_2S \longrightarrow CdS\downarrow + 2HCl$），否则，最后试验将难以判断是否有硫醇性硫的存在。

2. 氨-硫酸铜法

（1）碘挥发损失对测定结果的影响

在标定氨-硫酸铜溶液的滴定度时，加碘化钾前要使待测试液冷却至 20℃±5℃，以免碘挥发损失。

（2）试样的预处理

试样中的硫化氢会影响测定结果，因此有硫化氢存在时，试验前要用氯化镉溶液处理，将硫化氢除尽。

（3）滴定终点的判断

用氨-硫酸铜法测定油品中的硫醇性硫，终点时溶液的颜色是由前期的深蓝色过渡到浅蓝色直至消失为止，应仔细进行滴定操作，按标准规定充分振荡，避免氨-硫酸铜溶液过量较多，使测定结果偏高。为了使滴定终点便于观察，无色水相的体积达到 4～5mL 时，可从分液漏斗下部放出。若水相的颜色改变难以在分液漏斗内观察清楚，在预计要达到滴定终点时，还可将滴定至接近无色的试液从分液漏斗中放出 1～3 滴于白色瓷蒸发皿（或点滴板）中进行颜色观察。

3. 燃灯法

（1）试样完全燃烧程度

试样在燃灯中能否完全燃烧，对测定结果影响很大，如试样在燃烧过程中冒黑烟或未经燃烧而挥发跑掉，则使测定结果偏低。试验过程中调整气流流速、调节灯芯和火焰高度，甚至用标准正庚烷（或乙醇、汽油等）来稀释较黏稠的油品等试验步骤的目的，都是为了促使试样完全燃烧。

（2）试验材料和环境条件

如果使用材料或环境空气中有含硫成分，势必要影响测定结果，标准中规定不许用火柴等含硫引火器具点火；倘若滴定与空白试验同体积的质量分数为0.3%的碳酸钠水溶液，所消耗的盐酸溶液的体积比空白试验所消耗的盐酸溶液体积多出0.05mL，则视为试验环境的空气氛围已染有含硫组分，需要彻底通风后另行测定。

（3）吸收液用量

每次加入吸收器内的碳酸钠溶液的体积是否准确一致、操作过程中有无损失，对测定结果也有影响。若吸收器内的碳酸钠溶液因注入时不准确或操作过程中有损失，都会导致空白试验测定结果产生偏差。标准中规定用吸量管准确地向吸收器中注入质量分数为0.3%的碳酸钠溶液10mL，其目的就是要保证吸收器内加入碳酸钠溶液体积的准确性。

（4）终点判断

标准中规定在滴定的同时要搅拌吸收溶液，还要与空白试验达到终点所显现的颜色作比较，都是为了正确判断滴定终点。

4. 管式炉法

（1）燃烧温度控制

试验过程中的炉膛温度必须达到900℃以上，否则重质油品中存在的某些多硫化合物和磺酸盐不能完全分解、燃烧，从而影响部分含硫物质不能完全转化成硫的氧化物，使测定结果偏低。

（2）对助燃气体的要求

所用的空气必须经过洗气瓶净化，流速要保持在500mL/min。过快，容易将未燃烧的硫分带走；过慢，会导致燃烧不完全（因供氧不足）。两种情形皆会导致测定结果偏低。

（3）气路密闭性

测定器的供气系统应当不漏气，若有漏气现象发生，将使测定结果产生误差。正压送气供气状态时，漏气可使燃烧生成的硫的氧化物逸出，使测定结果偏低；负压抽气供气状态时，未经洗气瓶净化的空气容易进入管内，如果试验环境的空气中已有硫，则使测定结果偏高。

（4）器皿的洁净程度

试验中使用的石英管及瓷舟等，切不可含有硫化物或其他能吸收硫的介质。

5. 电位滴定法

（1）滴定溶剂的选择

汽油中所含硫醇的分子量较低，在溶液中较易挥发损失，因此标准方法采用在异丙醇中加入乙醇钠溶液，以保证滴定溶剂呈碱性；而喷气燃料、煤油和柴油中含分子量较高的硫醇，用硫酸性滴定剂，则有利于在滴定过程中更快达到平衡。

（2）滴定溶剂的净化

硫醇极易被氧化为二硫化物（R—S—S—R′），从而由“活性硫”转变为“非活性硫”。因此，要求每天在测定前，都要用快速氮气流净化滴定溶剂10min，以除去溶解氧，保持隔绝空气。

（3）标准滴定溶液的配制和盛放

为避免硝酸银见光分解，配制和盛放硝酸银-异丙醇标准滴定溶液时，必须使用棕色容器；标准滴定溶液的有效期不超过3天，若出现浑浊沉淀，必须另行配制；在有争议时，需当天配制。

（4）滴定时间的控制

为避免滴定期间硫化物被空气氧化，应尽量缩短滴定时间，在接近终点等待电位恒定时，不能中断滴定。

任务实施

一、测定汽油硫含量（燃灯法）

1. 实施目的

（1）熟悉燃灯法测定汽油硫含量（GB/T 380—77）的原理与试验方法。

（2）学会燃灯法测定汽油硫含量的操作技能。

（3）掌握汽油硫含量测定的注意事项和安全知识。

2. 仪器材料

硫含量燃灯法测定器；吸滤瓶（500mL 或 1000mL）；滴定管（25mL）；吸量管（2mL、5mL 和 10mL）；洗瓶；水流泵或真空泵；玻璃珠（直径 5～6mm）；棉纱灯芯等。

3. 所用试剂

碳酸钠（分析纯，配成 3%碳酸钠水溶液）；盐酸（分析纯，配成 0.05mol/L 盐酸标准溶液）；95%乙醇（分析纯）；标准正庚烷；汽油（80～120℃，硫含量不超过 0.005%）；石油醚（化学纯，60～90℃）；指示剂（预先配制 0.2%溴甲酚绿乙醇溶液和 0.2%甲基红乙醇溶液，使用时，用 5 份体积的溴甲酚绿乙醇溶液和 1 份体积的甲基红乙醇溶液混合而成，酸性显红色，碱性显绿色）；车用汽油。

4. 方法概要

将试样装入特定的灯中进行完全燃烧，使试样中的含硫化合物转化为二氧化硫，用碳酸钠水溶液吸收生成的二氧化硫，再用已知浓度的盐酸溶液返滴定，由滴定时消耗盐酸溶液的体积，计算出试样中的硫含量。

5. 准备工作

（1）测定器的准备

仪器安装前，将吸收器、液滴收集器及烟道仔细用蒸馏水洗净。灯及灯芯用石油醚洗涤并干燥。

（2）取样与装样

按试样中硫含量的预测数据，取一定量的试样（硫含量在 0.05%以下的低沸点试样，如航空汽油注入量为 4～5mL；硫含量在 0.05%以上的较高沸点试样，如汽油、煤油等注入量为 1.5～3mL）注入清洁、干燥的灯中（可不必预先称量）。将灯用穿着灯芯的灯芯管塞上。灯芯的下端沿着灯内底部的周围放置。当石油产品把灯芯浸润后，即将灯芯管外的灯芯剪断，使与灯芯管的上边缘齐平。然后将灯点燃，调整火焰，使其高度为 5～6mm。然后把灯火熄灭，用灯罩将灯盖上，在分析天平上称量（称准至 0.0004g）。用标准正庚烷或 95%乙醇或汽油（不必称量）做空白试验。

（3）冒浓烟试样的处理

单独在灯中燃烧而产生浓烟的石油产品（如柴油、高温裂化产品或催化裂化产品等），则取1～2mL试样注入预先连同灯芯及灯罩一起称量过的洁净、干燥的灯中，并称量装入试样的质量（称准至0.0004g）。然后，往灯内注入标准正庚烷或95%乙醇或汽油，使成1∶1或2∶1的比例，必要时可使成3∶1（体积比）的比例，使所组成的混合溶液在灯中燃烧的火焰不带烟。试样和注入标准正庚烷或95%乙醇或汽油所组成的混合溶液的总体积为4～5mL。用标准正庚烷或95%乙醇或汽油（不必称量）做空白试验。

（4）装入吸收溶液

向吸收器的大容器里装入用蒸馏水小心洗涤过的玻璃珠约达2/3高度。用吸量管准确地注入0.3%碳酸钠溶液10mL，再用量筒注入蒸馏水10mL。连接硫含量测定器的各有关部件。

6. 实施步骤

（1）通入空气并调整测定条件

测定器连接妥当后，开动水流泵，使空气自全部吸收器均匀而和缓地通过。取下灯罩，点燃燃灯，放在烟道下面，使灯芯管的边缘不高过烟道下边8mm处。点灯时须用不含硫的火苗，每个灯的火焰须调整为6～8mm（可用针挑拨里面的灯芯）。在所有的吸收器中，空气的流速要保持均匀，使火焰不带黑烟。

（2）稀释后试样的处理

如果是用标准正庚烷或95%乙醇或汽油稀释过的试样，当混合溶液完全燃尽以后，再向灯中注入1～2mL标准正庚烷或95%乙醇或汽油。试样或稀释过的试样燃烧完毕以后，将灯熄灭、盖上灯罩，再经过3～5min后，关闭水流泵。

说明：再注入1～2mL标准正庚烷或95%乙醇或汽油（本身基本不含硫分），主要目的是为了将稀释过的试样燃烧彻底，不然将无法测得准确结果。

（3）试样的燃烧量

对未稀释的试样，当燃烧完毕以后，将灯放在分析天平上称量（称准至0.0004g），并计算盛有试样的灯在试验前的质量与该灯在燃烧后的质量间的差值，作为试样的燃烧量。对稀释过的试样，当燃烧再次完毕以后，计算盛有试样灯的质量与未装试样的清洁、干燥灯的质量间的差值，作为试样的燃烧量。

（4）吸收液的收集

拆开测定器并以洗瓶中的蒸馏水喷射洗涤液收集器、烟道和吸收器的上部。将洗涤的蒸馏水收集于吸收二氧化硫的0.3%碳酸钠溶液吸收器中。

说明：在吸收器中加入1～2滴指示剂，如此时吸收瓶中的溶液呈红色，则认为此次试验无效，应重做试验（若注入10mL 0.3%碳酸钠溶液的浓度和体积准确，则导致这种情形的两个可能因素是：一是试样含硫量比预计的高，应减少试样的燃烧量；二是空气中有含硫成分，应彻底通风后再行测定）；若溶液呈现绿色，则可正常进行后续试验操作步骤。

（5）滴定操作

在吸收器的玻璃管处接上橡皮管，并用橡皮球或泵对吸收溶液进行打气或抽气搅拌，以0.05mol/L盐酸标准溶液进行滴定。先将空白试样（标准正庚烷或95%乙醇或汽油燃烧后生成物质的吸收溶液）滴定至呈现红色为止，作为空白试验。然后，滴定含有试样燃烧生成物的各吸收溶液，当待测溶液呈现与已滴定的空白试验所呈现的同样的红色时，即达到滴定终点。

注意：另用 0.3%碳酸钠溶液进行滴定，与空白试验进行比较。这两次滴定所消耗 0.05mol/L 盐酸标准溶液体积之差，如超过 0.05mL，即证明空气中已染有硫分。在此种情况下，该试验作废，待试验室通风后，再另行测定。

7. 精密度

平行测定两个结果之差，不应超过表 2-4 所示的数值。

表 2-4　平行试验硫含量（质量分数）测定的重复性要求

硫含量/%	允许差/%
<0.1	≤0.006
≥0.1	≤最小测定值×0.06

8. 任务实施报告

① 按规范要求写好任务名称、实施目的、仪器材料、所用试剂、实施步骤和分析记录等。

② 取平行测定两个结果的算术平均值，作为试样的硫含量。

二、测定汽油硫含量（紫外荧光法）

1. 实施目的

① 理解紫外荧光法测定汽油硫含量的测定原理。

② 学会紫外荧光法测定汽油硫含量的操作技能。

③ 掌握汽油硫含量测定的注意事项和安全知识。

2. 仪器材料

TEA-600S 型荧光硫测定仪检测器；温度流量控制器；自动进样系统；计算机；微量进样器等。

3. 所用试剂

汽油；5.0mg/L 的硫含量测定用标准物质；氧气；氩气等。

4. 方法概要

将烃类试样直接注入裂解管或是进样舟中，由进样器将试样送至高温燃烧管，在富氧条件中，硫被氧化成二氧化硫；试样燃烧生成的气体在除去水后被紫外光照射，二氧化硫吸收紫外光的能量转变为激发态的二氧化硫，当激发态的二氧化硫返回到稳定态的二氧化硫时发射荧光被光电倍增管检测，测量产生的电信号以得到试样中的硫含量大小。

执行标准：SH/T 0689—2000《轻质烃及发动机燃料和其他油品的总硫含量测定法（紫外荧光法）》。

5. 实施步骤

① 开机。打开控温器的电源开关，设置裂解炉温度为 1000℃，升温大约需要 30min。先打开气源的总阀分别为氧气、氩气，调节载气流量裂解氧为 400mL/min，进口氧为 50mL/

min，氩气为200mL/min。待裂解炉温度为1000℃，依次打开检测器、自动液体进样器、双击电脑上紫外荧光硫工作站，点击“硬件设置”，在“硬件控制”窗体中，单击联机操作，点击“确认”，完成联机操作。按同样方法，完成荧光灯电源和高压开关的开启工作。完成以上联机工作后，仪器需要稳定30min。仪器稳定后，点击平衡，让基线回到零附近。

② 标样分析。点击标样测量，双击打开标样文件，选择合适的曲线，汽油硫含量较小选择小曲线，双击曲线，点击退出。选择样品测量，点击平衡让基线回归0，选浓度为5.0mg/L的标样，含量小的标样，进样量20μL，在抽取标样时速度不能过快，否则注样器内会产生气泡，若有气泡应将气泡排出，将注样器针头插入裂解管内，注样器放在自动进样器上，点击平衡，点击样品测量，输入标样体积，点击确定，样品自动进入仪器内，仪器自动显示样品浓度，为保证仪器的准确性，应重复上述步骤，要求两次数据在标样浓度的±5%范围内方可继续分析样品。

③ 标样分析完成后，开始分析样品，操作步骤与标样分析方法相同，样品分析完成后，点击打开样品文件，点击样品浓度，点击求平均，记录样品数据。

④ 样品分析完成后，要对仪器进行反标，以确保数据的准确性，反标方法与样品分析方法相同，得出的数值在标样浓度的±5%范围内即符合规定。点击保存样品文件，样品分析结束。

⑤ 关机。点击“硬件设置”图标，在“硬件控制”窗体中，单击荧光灯电源的绿色“开”框体，使它变为红色“关”框体，按同样方法，单击高压状态的绿色“开”框体，使它变为红色“关”框体，点击“确认”，点击联机操作方框中“联机操作”绿色框体，使它变为“断开联结”红色框体，点击“确认”，完成断开联结工作。点击“退出”图标，退出应用程序。关闭检测器、荧光硫测定仪、自动进样系统、载气阀门。

⑥ 记录数据，整理试验台，试验完毕。

6. 注意事项

① 在选定的操作范围内，注射试样体积要与注射标准样体积相同或相近，以确定一致的燃烧条件。

② 直接进样技术：将注射器小心地插入燃烧管的入口处，并位于进样器上。允许有一定时间让针头内残留标准溶液先行挥发燃烧针头空白，当基线重新稳定后，立即开始分析；当仪器恢复到稳定的基线后取出注射器。

③ 标准曲线应是线性的。每天须用校准标准溶液检查系统至少一次。

④ 试样的硫浓度必须介于校正所用标准溶液的硫浓度范围之内，即大于低浓度的标准溶液，小于高浓度的标准溶液。

⑤ 直接系统：如果发现有积炭或烟灰，应减少试样进样量或降低进样速度。

⑥ 裂解氧气流量的大小直接影响到样品的氧化裂解反应，影响样品中硫化物转化为SO_2的转化率。分析时需使裂解氧过量，以保证样品能充分燃烧，裂解管内不生成积炭；同时流量也不能过大，否则不利于氮化物转化SO_2的反应，使样品的化学发光强度降低。在本化验室分析条件下，该气流量调至400mL/min。

⑦ 载气氩气用以将挥发后的样品吹带进入裂解管内，使样品进行氧化裂解反应，为使样品能平稳地、有效地吹进，本化验室选用150mL/min的流量值，实际分析过程中，可根据样品中硫含量的高低、进样量的大小以及裂解氧流量的大小等因素选用合适的氩气流量。

⑧ 进行样品分析时，先选择合适的标样，作标样曲线，使样品的浓度在标准曲线范围之内，这样样品的分析数据准确可靠，如果样品的浓度在标样曲线之外，超过最大标样浓度

或最小标样浓度的10%～20%时，要求重新选择标样，作标样曲线。

7. 精密度

平行测定两个结果之差，不应超过表2-4所示的数值。

8. 任务实施报告

① 按规范要求写好任务名称、实施目的、仪器材料、所用试剂、实施步骤和分析记录等。

② 取平行测定两个结果的算术平均值，作为试样的硫含量。

考核评价

测定汽油硫含量技能考核评价表

考核项目	测定汽油硫含量					
序号	评分要素	配分	评分标准	扣分	得分	备注
1	检查仪器及计量器具(测硫仪、样品盒、薄膜等)	10	一项未检查扣3分			
2	预热仪器、处理试样	10	一项不符合规定扣5分			
3	装样	15	一项不符合规定扣5分			
4	设定仪器操作条件	20	一项不符合规定扣5分			
5	按规范测定样品、取放样品	25	一项未按规定扣5分			
6	正确书写记录，两个结果之差符合要求	10	结果超差扣10分，记录数据不符合规定每次扣1分			
7	操作完成后，仪器洗净，摆放好，台面整洁	5	操作不正确扣1分			
8	能正确使用各种仪器，正确使用劳动保护用品	5	操作不正确或不符合规定扣2分			
合计		100	得分			

数据记录单

测定汽油硫含量数据记录单

样品名称			
仪器设备			
执行标准			
温度/℃		大气压力/kPa	
平行次数	1	2	
硫含量/%			
硫含量平均值/%			
分析人		分析时间	

操作视频

视频：测定汽油硫含量（上）

视频：测定汽油硫含量（下）

思考拓展

1. 油品中硫对其品质有哪些影响？
2. 酸雨对生态有什么危害？如何防止酸雨的形成？
3. 拓展完成柴油、润滑油硫含量的测定。

任务2-4 测定汽油馏程

任务目标

1. 掌握石油产品馏程测定的原理和方法；
2. 能够熟练进行石油产品馏程的测定；
3. 能正确计算和修正馏程测定数据；
4. 熟悉馏程测定仪器的结构，学会仪器的操作方法；
5. 熟悉汽油馏程测定中的安全事项。

任务描述

1. 任务：采取“教学做”一体化学习方式，了解石油产品馏程的测定方法和执行标准，认识馏程测定仪器，在油品分析室进行汽油的馏程测定，学会石油产品馏程测定仪器的操作，掌握石油产品馏程测定过程中的有关安全事项。

2. 教学场所：油品分析室。

储备知识

一、基本概念

1. 沸程

纯液体物质在一定温度下具有恒定的蒸气压。温度越高，蒸气压越大。当饱和蒸气压与外界压力相等时，液体表面和内部同时出现气化现象，这一温度称为该液体物质在此压力下的沸点。通常所说的沸点是指液体物质在压力为101.325kPa下的沸点，又称为正常沸点。

石油及其产品是烃类和非烃类的复杂混合物，它被加热蒸馏时，沸点较低的组分最先气化馏出，在不断加热的情况下，蒸出来的组分沸点由低逐渐升高，直到沸点最高的组分被蒸馏出来为止。在外压一定时，石油产品的沸点范围，称为沸程。

2. 初馏点

石油产品在标准条件下进行蒸馏时，从冷凝管末端滴下第一滴冷凝液的瞬间观察到的温度计读数，称为初馏点，单位为℃（摄氏度）。

3. 终馏点

石油产品在标准条件下进行蒸馏时，从冷凝管末端滴下最后一滴冷凝液的瞬间观察到的温度计读数，称为终馏点，单位为℃。

4. 干点

石油产品在标准条件下进行蒸馏时，在蒸馏烧瓶最低点的最后一滴液体气化时一瞬间所观察到的温度计读数，称为干点，以℃表示。干点与终馏点往往相同。馏程指标中一般用终馏点而不用干点，对于有特殊要求的油品或特殊情况下有时用干点代替终馏点。

5. 馏程

油品在规定的条件下蒸馏，从初馏点到终馏点这一温度范围，称为馏程。馏程是衡量油品蒸发性能的指标之一。蒸发性能又称气化性能，是指液体在一定温度下能否迅速蒸发为蒸气的能力。蒸发性能是液体燃料的重要特性之一，它对于油品的储存、输送和使用均有重要影响，同时也是生产、科研和设计中常用的主要物性参数。

6. 馏分

石油产品蒸馏时，在某一温度范围蒸出的馏出物，称为馏分，如汽油馏分、煤油馏分、柴油馏分及润滑油馏分等。温度范围窄的称为窄馏分，温度范围宽的称为宽馏分。

注意油品的馏分仍是一种混合物。蒸馏设备不同，馏分的测定结果也不相同。在油品生产和原油评价中，常用简单的恩氏蒸馏数据。

7. 馏出体积分数

馏出体积分数又称回收百分数，指石油产品蒸馏中蒸出的馏分体积占油品原体积的百分数，以%表示。

蒸馏结束后，蒸出馏分的最大体积占油品原体积的百分数，称为最大回收体积分数或最大回收百分数，以%表示。

蒸馏结束后，将冷却至室温的蒸馏烧瓶内液体体积占油品原体积的百分数，称为残留体积分数或残留百分数，以%表示。

按规定条件蒸馏时，观察到的最大回收百分数和残留百分数之和称为总回收百分数，以%表示。

用100%减去总回收百分数，所得差值称为损失百分数（简称损失），以%表示。

8. 馏分组成

石油产品蒸馏测定中馏出温度与馏出体积分数相对应的一组数据，称为馏分组成。例如，初馏点、10%点、50%点、90%点和终馏点等，生产实际中常统称为馏程。馏分组成是石油产品蒸发性大小的主要指标。

二、馏程的测定意义

① 在决定一种原油的加工方案时，首先要知道原油中所含轻、重馏分的数量。测定馏程可大致看出原油中含有汽油、煤油、柴油等馏分的收率，并且还要对馏分的性质进行详细的分析。从收率的多少和各馏分性质的优劣来判断该原油最适宜的产品加工方案和加工工艺。

② 控制装置生产操作条件是以馏出物的馏程结果为基础的。如按航空煤油馏程来确定塔顶温度，若航空煤油干点高于指标，说明塔顶温度高、塔顶压力低、顶回流或原油带水多，吹汽多。一般采用加大塔顶回流量，降低塔顶温度，加强回流与原油脱水，减少吹汽量等来控制产品干点合格。

③ 馏程可鉴别发动机燃料的蒸发性，从而判断油品的使用性能。

a. 10%馏出温度可以判断汽油中轻组分含量，可看作发动机启动性能和形成气阻倾向的指标。

b. 50%馏出温度说明平均蒸发性，它能影响发动机的加速性能。如果50%馏出温度高，汽油来不及完全气化而进入汽缸内，因油气比小而燃烧不完全，甚至燃烧不起来，使发动机无法加速而熄火；同时增大耗油量，降低发动机功率。为此规定车用汽油的50%馏出温度不高于120℃。

c. 90%馏出温度和干点可判断汽油在汽缸内是否充分燃烧及发动机的磨损情况。90%馏出温度和干点过高，汽油含重组分就多，使得汽油在汽缸内燃烧不完全，降低发动机功率，耗油增加，并且在汽缸内形成积炭；同时没有燃烧的汽油还会使润滑油黏度降低，影响润滑效果，使机件磨损增加。试验证明，使用干点为225℃的汽油，发动机的磨损比使用干点为200℃的汽油大1倍、耗油量增加7%。为此我国规定，车用汽油的90%馏出温度不高于190℃，干点不高于205℃。

d. 灯用煤油的馏程控制270℃馏出量不小于70%，干点不高于310℃，以限制煤油中的轻重组分有适当的含量，保证煤油在使用中达到照明度大、火焰均匀、灯芯结焦量少、耗油量低的要求。

e. 柴油的馏程是保证柴油在发动机燃烧室内迅速蒸发气化和燃烧的重要指标。为保证良好的低温启动性能，要有一定的轻质馏分，使其蒸发速度快，有利于形成可燃混合气，燃烧速度加快。

三、馏程的测定方法

油品的馏程是汽油、煤油、柴油的重要质量指标，又是工艺计算的重要基础数据，在生产中常用作控制操作条件的依据。

1. 恩氏蒸馏

测定汽油、喷气燃料、溶剂油、煤油和车用柴油等轻质石油产品的馏分组成可按照GB/T 255—77《石油产品馏程测定法》和GB/T 6536—2010《石油产品常压蒸馏特性测定法》标准方法进行，这两种标准试验方法适用于测定发动机燃料、溶剂油和轻质石油产品的馏分组成。恩氏蒸馏装置如图2-3所示。测定时将100mL试油在规定的试验条件下，按产品性质的要求进行蒸馏。当油品在恩氏蒸馏装置进行蒸馏加热时，流出第一滴冷凝液时的气相温度称为初馏点。蒸馏过程中烃类分子按其沸点高低的次序逐渐蒸出，气相温度也逐渐升高，当馏出物体积为10%、50%、90%时气相温度分别称为10%、50%、90%的馏出温度，蒸馏终了的最高气相温度称为终馏点。蒸馏烧瓶底部最后一滴液体气化一瞬间所测得的气相温度称为干点。初馏点到终馏点这一温度范围称为沸程或沸程范围。蒸馏完毕，以原装试油量100mL减去馏出液和残留物的体积，所得之差值称为蒸发损失。以上这套完整的数据称为馏程。馏程是石油产品蒸发性大小的主要指标，可大致判断油品中轻重组分的相对含量。

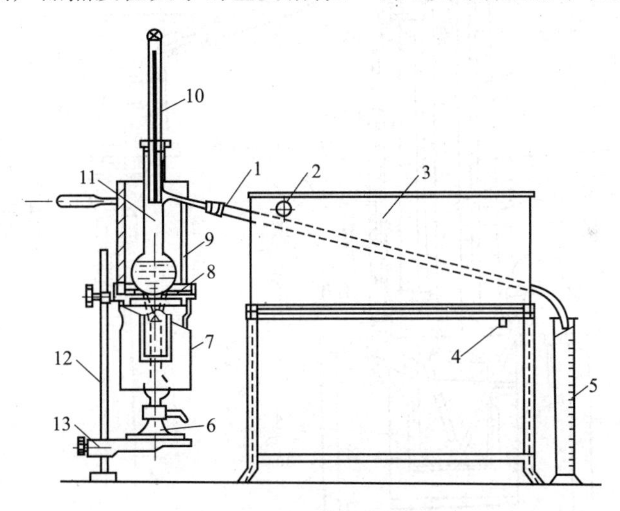

图2-3　恩氏蒸馏测定器

1—冷凝管；2—排水支管；3—水槽；4—进水支管；5—量筒；6—喷灯；7—下罩；8—石棉垫；9—上罩；10—温度计；11—蒸馏瓶；12—支架；13—托架

2. 减压蒸馏

减压蒸馏是采用抽真空设施，利用各组分相对挥发度的不同，使混合物在低于正常沸点的情况下得到分离的过程。减压蒸馏用于测定在常压蒸馏时可能分解的石油产品（如重柴油、蜡油、重油等重质馏分）的馏程。测定按GB/T 9168—97《石油产品减压蒸馏测定法》标准方法进行。由于采用了抽真空措施，仪器设备、技术条件比常压蒸馏复杂，因此在操作上难度稍大。由于重质油蒸馏到90%体积后，在达到干点时，瓶底常常冒黑烟，出现一股怪味，同时结焦，导致重质油裂解和缩合反应同时进行，产生胶质、沥青质。重质馏分在

350℃时就会轻微裂解，到400℃时裂解反应加快，为避免油品在蒸馏过程中发生高温裂解，利用抽真空的方法，使油品重组分在低于101.3kPa压力下沸点降低，以进行蒸馏测定。这样可以使油品在较低的温度下得到高沸点的馏出物。有关减压蒸馏测定方法详见GB/T9168。

3. 实沸点蒸馏

原油的实沸点蒸馏是用来了解所加工原油的特性，为制定合理的加工方案和进行工艺设计计算提供基础数据。所谓实沸点蒸馏，是在试验室中用一套分离精度较高的间歇式常减压蒸馏装置（图2-4），把原油按照沸点的高低切割成许多窄馏分。原油的实沸点蒸馏常压蒸

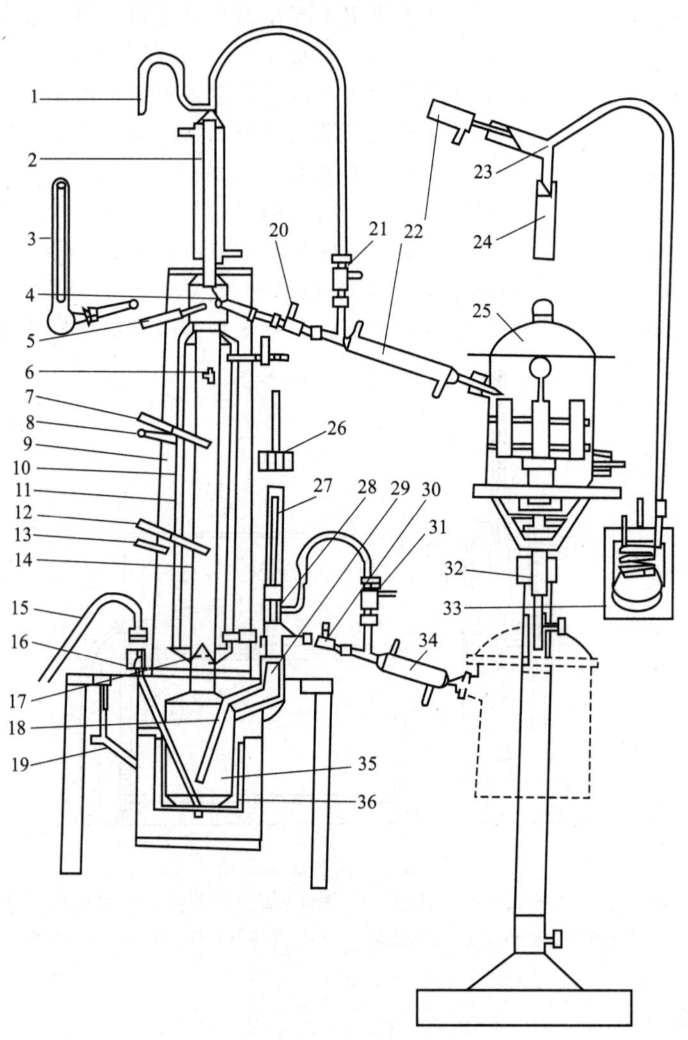

图2-4 实沸点蒸馏装置

1—上测压管；2—定比回流头；3,27—气相水银温度计；4—液封流出管；5—气相热电偶测温管；6—卷状多孔填料；7—上部塔内热电偶测温管；8—上部保温层热电偶测温管；9—保温层缠料；10—保温层电加热丝；11—保温套管；12—下部塔内热电偶测温管；13—下部保温层热电偶测温管；14—分馏塔塔柱；15—压油管；16—压油接管；17—伞状多孔筛；18—液相热电偶测温管；19—电炉升降机构；20,21,30,31—球形阀；22,34—冷凝管；23—弯头；24—接液量筒；25,32—真空接收器；26—下测压管；28—釜侧流出头；29—釜侧流出管；33—冷凝水瓶；35—蒸馏釜；36—电炉

馏按照 GB/T 17280—2017《原油蒸馏标准试验方法　15-理论塔板蒸馏柱》标准方法进行，原油的实沸点蒸馏减压蒸馏按照 GB/T 17475—2020《重烃类混合物蒸馏试验 真空釜式蒸馏法》标准方法进行。

由于分馏的精确度较高，其馏出温度和馏出物质沸点相近，可以大致反映馏出的各组分沸点的真实情况，故称为实沸点（真沸点）蒸馏。原油经实沸点蒸馏，按每馏分 3% 的质量分数或每隔 10℃切取一个窄馏分，计算每馏分的收率及总收率，用所得数据绘制原油的蒸馏曲线。然后分别测定每一个窄馏分的理化性质，包括密度、黏度、凝固点、闪点、酸度、含硫量、折射率、分子量等，用所得数据可绘制原油性质曲线。按产品要求利用各窄馏分进行调配后，测定各种直馏产品的性质和产率，所得数据可绘制汽油、煤油、柴油的产率曲线。在取得上述数据后，对照各种石油产品的规格要求，可以着手制定原油蒸馏切割方案；还可进一步分析各馏分的化学组成，为制定生产高质量、高产率的加工方案提供数据。

四、影响测定的主要因素

1. 影响恩氏蒸馏测定的主要因素

① 试样及馏出物量取温度的一致性：要求量取试样、馏出物及残留液体积时，温度要尽量保持一致，通常要求在 20℃±3℃下进行。

② 冷凝温度的控制：测定不同石油产品的馏程时，冷凝器内水温控制要求不同。

③ 加热速度和馏出速度的控制：标准中规定蒸馏汽油时，从开始加热到初馏点的时间为 5～10min；航空汽油，7～8min；喷气燃料、煤油、车用柴油，10～15min；重质燃料油或其他重质油料，10～20min。馏出速度应保持 4～5mL/min（每 10s 约 20～25 滴）。当总馏出量达 90mL 时，需调整加热速度，使 3～5min 内达到干点，否则会影响干点测定的准确性。

④ 蒸馏损失量的控制：测定汽油时，量筒的口部要用棉花塞住，减少馏出物的挥发损失，使其充分冷凝，同时还能避免冷凝管上凝结的水落入量筒内。

⑤ 石棉垫的选择：通常的考虑是，蒸馏终点的油品表面要高于加热面。轻油大都要求测定终馏点，为防止过热可选择较小的石棉垫：汽油用孔径为 ϕ30mm 的石棉垫，煤油、车用柴油用孔径为 ϕ50mm 的石棉垫。

⑥ 试样的脱水：测定前必须对含水试样进行脱水处理，并加入沸石，以保证试验安全及测定结果的准确性。

2. 影响减压蒸馏测定的主要因素

① 试样脱水：蒸馏前必须脱水，并加入沸石或聚硅氧烷液，以防止试样起泡沫，加热后造成冲油现象，使试验无法进行。

② 加强装置密封：装置的各连接处都要涂硅润滑脂，保证连接紧密，以控制系统压力稳定在规定绝对压力的±1%以内。此外，选用的蒸馏烧瓶应无气泡、无裂痕，防止漏入空气，稳定系统压力，避免发生爆炸危险。为减少试验失败的可能性，只有经偏振光试验证明不变形的设备才可以使用。

③ 控制蒸馏最高温度：蒸馏时应严格控制液相最高温度不能超过 400℃，蒸气温度不能超过 350℃，否则应立即停止蒸馏。

④ 严格按操作规程操作，防止试验失败。

3. 实沸点蒸馏注意事项

① 控制蒸馏最高温度，防止油品分解。
② 严格按操作规程操作，防止试验失败。
③ 正确使用真空泵，保证达到所要求的真空度。

任务实施

测定汽油馏程

1. 实施目的

① 掌握 GB/T 6536—2010《石油产品常压蒸馏特性测定法》的原理及操作技能。
② 熟悉大气压力变化对馏程测定的影响，并运用修正公式对实测结果进行修正。

2. 仪器材料

石油产品馏程测定器：符合 SH/T 0121《石油产品馏程测定装置技术条件》的各项规定；蒸馏瓶（125mL）：1 个；秒表 1 块；喷灯或带调压器的电炉；温度计：符合 GB/T 514—2005《石油产品试验用玻璃液体温度计技术条件》的规定。

所用试剂：车用汽油。

3. 方法概要

100mL 试油在规定的仪器及试验条件下，按产品性质的要求进行蒸馏，系统地观察温度读数和冷凝液体积，然后从这些数据计算出测定结果。

4. 准备工作

① 试油中含水时，试验前应先加入新煅烧并冷却的食盐或无水氯化钙进行脱水。

② 蒸馏前，冷凝管要用缠在铜丝或铝丝上的软布擦拭内壁，除去上次蒸馏剩下的液体。

③ 蒸馏汽油时，用冰块装满冷凝器，再注入冷水浸过冷凝管，蒸馏时冷凝器中的温度必须保持在 0～1℃。或是将石油产品蒸馏测定器的冷浴温度设置为 0～1℃。

④ 蒸馏烧瓶可以用轻质汽油洗涤，再用空气吹干。蒸馏烧瓶中存有积炭时，用铬酸洗液或碱洗液除去。

⑤ 用清洁干燥的 100mL 量筒量取试油 100mL（预先冷却至 13～18℃）注入蒸馏烧瓶中，不要使液体流入蒸馏烧瓶的支管内。量筒中的试油体积按凹液面的下边缘计算，观察时眼睛保持与液面在同一水平面上。

⑥ 将插好温度计的软木塞紧紧地塞在盛有试样的蒸馏烧瓶口内，使温度计和蒸馏烧瓶的轴线相互重合，并且使水银球的上边缘与蒸馏烧瓶支管口的下边缘在同一水平位置。

⑦ 装有汽油的蒸馏烧瓶，要安装在内径为 ϕ30mm 石棉垫上；装有煤油或柴油的蒸馏

烧瓶要安装在内径为 ϕ50mm 的石棉垫上，使之符合 SH/T 0121 中的有关规定。

蒸馏烧瓶的支管用软木塞紧密与冷凝管的上端连接，支管插入冷凝管内的长度要达到 25～40mm，但不能与冷凝管内壁接触。在软木塞的连接处均匀涂上火棉胶后，将上罩放在石棉垫上，把蒸馏烧瓶罩住。

⑧ 称量过试样的量筒不需要经过干燥，放在冷凝管下面，并使其下段插入量筒中（暂时相互接触），且伸入量筒深度不小于 25mm，并不低于 100mL 刻线，量筒的口部要用棉花塞好，方可进行蒸馏。

5. 实施步骤

① 装好仪器（图 2-5）后，先记录大气压力，然后对蒸馏烧瓶均匀加热，蒸馏汽油时，从加热开始到冷凝管下端滴下第一滴馏出液所经过的时间为 5～10min。

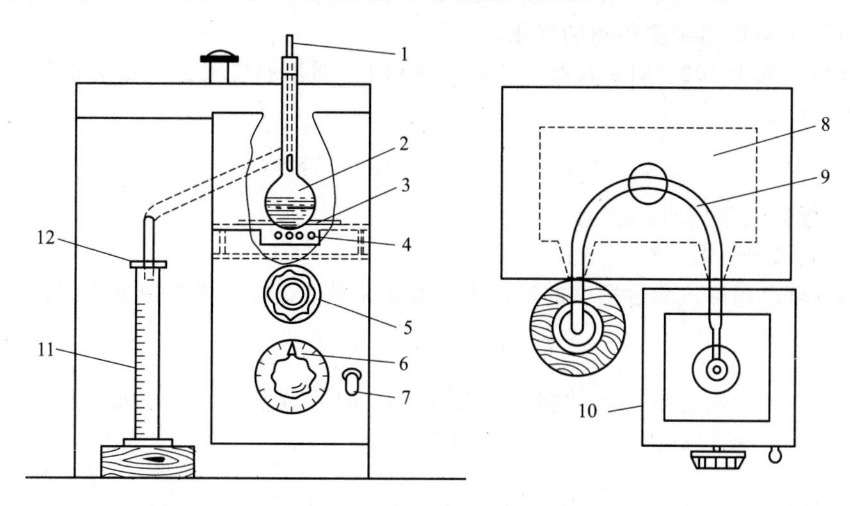

图 2-5 蒸馏测定装置

1—温度计；2—蒸馏烧瓶；3—石棉板；4—电加热器；5—烧瓶调节旋钮；6—热量调节盘；7—电源开关；8—冷凝器；9—冷凝管；10—罩；11—量筒；12—吸收纸

② 第一滴馏出液从冷凝管滴入量筒时的温度作为初馏点并记录。

③ 然后移动量筒，使其内壁接触冷凝管末端，让馏出液沿着量筒内壁流下，以保证液面平稳。蒸馏速度要求均匀，每分钟馏出 4～5mL，相当于每 10s 馏出 20～25 滴。检查馏出速度时，可以将量筒内壁与冷凝管末端离开片刻。

④ 在蒸馏过程中要记录试样技术标准所规定的事项。

a. 如果试样的技术标准要求记录每一馏出百分数（如 10%、50%、90%等）的温度，那么当量筒中馏出液体的体积达到技术标准所指定的百分数时，就立刻记录馏出温度。试验结束时，温度计的误差，应根据温度计检定证上的修正数进行修正；馏出温度受大气压力的影响，应进行修正。

b. 如果试样的技术标准要求记录某温度（例如 100℃、200℃、250℃、270℃）时的馏出百分数，那么当蒸馏温度达到相当于技术标准所指定的温度时，就立即记录量筒中馏出液的体积。在这种情况下，温度计的误差应预先根据温度计检定证上的修正数进行修正；馏出温度受大气压力的影响，也应预先进行修正。

⑤ 在蒸馏过程中，当量筒中馏出液达到 90mL 时，允许对加热强度作最后一次调整，要求在 3～5min 内达到干点，如果要求终点而不要求干点时，应在 2～4min 内达到

终点。

⑥ 蒸馏达到试样标准要求的终点（如馏出95%、96%、97.5%、98%等）时，除记录馏出温度外，应同时停止加热，让馏出液馏出5min，记录量筒中的液体体积。

⑦ 如果试样的技术标准规定有干点的温度，那么对蒸馏烧瓶的加热要达到温度计的水银柱停止上升而开始下降时为止，同时记录温度计所指示的最高温度为干点，让馏出液馏出5min，记录量筒中液体的体积。蒸馏时，所有读数都要精确至0.5mL和1℃。

⑧ 试验结束后，取出上罩，让蒸馏烧瓶冷却5min后，从冷凝管卸下蒸馏烧瓶，卸下温度计及瓶塞后，将蒸馏烧瓶中热的残留物仔细地倒入10mL量筒中，待量筒冷却到20℃±3℃时，记录残留物的体积，精确至0.1mL。

⑨ 试样的体积（100mL）减去馏出液和残留物的总体积所得之差，就是蒸馏的损失。即蒸馏损失=试样体积（100mL）−馏出液体积−残留物体积。

⑩ 大气压力对馏出温度影响的修正。

a. 大气压力高于102.6kPa或低于100.0kPa时，馏出温度受大气压力的影响可以按下式计算修正数C。

$$C=0.0009(101.3-p)(273+t)$$

式中 p——实际大气压力，kPa；

t——温度计读数，℃。

此外，也可以利用试验数据表的馏出温度修正常数k，按下式简捷地算出修正数C。

$$C=k(101.3-p)7.5$$

馏出温度在大气压力p时的数据t和101.3kPa时的数据t_0，存在如下的换算关系：

$$t_0=t+C \quad 或 \quad t=t_0-C$$

b. 实际大气压力在100.0～102.6kPa范围内，馏出温度不需进行上述修正，即认为$t=t_0$。

6. 精密度

重复测定的两次结果，允许有如下的差数：①初馏点是4℃；②干点是2℃，中间馏分是1mL；③残留物是0.2mL。

7. 任务实施报告

① 按规范要求写好任务名称、实施目的、仪器材料、所用试剂、实施步骤和分析记录等。

② 试样的馏程用各馏程规定的重复测定结果的算数平均值表示。

考核评价

测定汽油馏程技能考核评价表

考核项目	测定汽油馏程					
序号	评分要素	配分	评分标准	扣分	得分	备注
1	应检查温度计、量筒及蒸馏瓶合格	2	一项未检查，扣1分			

续表

考核项目	测定汽油馏程					
序号	评分要素	配分	评分标准	扣分	得分	备注
2	取样时试样应均匀	2	未摇匀,扣2分			
3	测量试油温度是否在规定范围	2	不测量试油温度,扣2分			
4	观察试样体积时量筒应垂直	2	量筒不垂直扣2分			
5	蒸馏烧瓶应干净	2	蒸馏烧瓶不干净,扣2分			
6	应擦拭冷凝管内壁	2	未擦拭,扣2分			
7	向蒸馏烧瓶中加试样时蒸馏烧瓶支管应向上	2	支管未向上,扣2分			
8	温度计安装符合要求	4	不符合要求,扣2～4分			
9	蒸馏瓶安装不能倾斜	2	蒸馏瓶安装倾斜,扣2分			
10	冷凝管出口插口入量筒深度不小于25mm,并不低于100mL刻线	2	不符合要求,扣2分			
11	冷凝管出口在初馏后应靠量筒壁	2	不符合要求,扣2分			
12	初馏时间5～10min	4	不符合要求,扣4分			
13	冷浴温度应保持在0～1℃	2	不符合要求,扣2分			
14	初馏到回收5%时间应是60～75s	2	不符合要求,扣2分			
15	馏出速度符合要求	4	过快或过慢,扣2～4分			
16	观察温度时视线水平	2	不符合要求,扣2分			
17	记录规定温度	4	漏记录一次,扣2分			
18	测定残留量	4	未测定残留量,扣4分			
19	记录大气压和室温	2	未记录,扣2分			
20	会用秒表	2	不会用,扣2分			
21	温度计读数应补正	4	未补正或补正错误,每处扣2分			
22	记录无涂改、漏写	2	涂改、漏写,每处扣1分			
23	试验结束后关电源	2	未关,扣2分			
24	试验台面应整洁	2	不整洁,扣2分			
25	正确使用仪器	8	打破仪器,每件扣2分			
26	试验中不能起火	10	试验中起火,扣10分			
27	结果换算为蒸发温度	10	每算错一点,扣2分			
28	结果报出应是整数	2	未报整数,扣2分			
29	结果应准确	10	结果超差,扣5～10分			
合计		100	得分			

数据记录单

测定汽油馏程数据记录单

样品名称	
仪器设备	
执行标准	

续表

平行测定次数	1			2		
大气压力/kPa						
油温/℃						
冷浴温度/℃						
馏出量	视温度 t/℃	修正值 C/℃	修正后温度 t_0/℃	视温度 t/℃	修正值 C/℃	修正后温度 t_0/℃
初馏点						
10%						
50%						
90%						
干点						
终馏点						
最大回收体积/mL						
最大回收体积平均值/mL						
残留量/mL						
残留量平均值						
损失量/mL						
损失量平均值/mL						
分析人				分析时间		

操作视频

视频：测定汽油馏程

视频：原油实沸点蒸馏（上）

视频：原油实沸点蒸馏（下）

思考拓展

1. 纯净物与混合物的沸点有何不同？

2. 参考车用汽油标准，谈谈汽油馏程通常用哪几个指标表示？这些指标分别表示汽油的哪些使用性能？

3. 拓展完成柴油馏程的测定。

汽油铜片腐蚀试验

任务目标

1. 掌握石油产品金属腐蚀的概念及相关术语；
2. 熟悉石油产品金属腐蚀测定方法原理及实训步骤；
3. 能熟练进行汽油铜片腐蚀试验；
4. 能拓展完成柴油等油品铜片腐蚀试验；
5. 熟悉石油产品铜片腐蚀试验的安全知识。

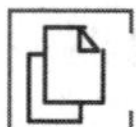

任务描述

1. 任务：学习石油产品金属腐蚀的概念及相关术语，了解影响金属腐蚀测定结果的主要因素，掌握石油产品金属腐蚀测定方法原理及实训步骤，能熟练进行油品铜片腐蚀试验。

2. 教学场所：油品分析室。

储备知识

一、石油产品金属腐蚀及其测定意义

金属材料与环境介质接触发生化学或电化学反应而被破坏的现象，称为金属腐蚀。金属腐蚀的本质是金属原子失去电子被氧化成金属离子。当金属接触的介质不同时，反应具体情况不同，通常将金属腐蚀分为化学腐蚀和电化学腐蚀两大类。加速金属腐蚀现象的根本原因在于金属材料本身组成、性质和金属设备所处的环境介质条件。金属腐蚀不仅会引起金属表面色泽、外形发生变化，而且会直接影响其力学性能，降低有关仪器、仪表、设备的精密度和灵敏度，缩短其使用寿命，甚至导致重大生产事故。

石油产品与金属材料接触所发生的腐蚀，既有化学腐蚀也有电化学腐蚀，高温情况下还可能发生更为严重的“烧蚀”现象。导致油品腐蚀金属设备、机械构件的因素很多，但直接原因就是油品中含有水溶性酸及碱和有机酸性物质以及含硫化合物等，特别是油品中没有彻底清除的硫及其化合物对发动机及其他机械设备的腐蚀更为严重。

含硫物质按其化学性质可分为“活性硫”和“非活性硫”两大类。“活性硫”包括硫、硫化氢、低级硫醇、磺酸等，主要源于石油炼制过程中含硫化合物的分解产物，这些活性组分残留在轻质馏分油中，能直接与金属作用；“非活性硫”包括硫醚、二硫化物、环状硫化物等，主要存在于重质馏分油中，它们多为原油中固有的且在炼制过程中未能彻底分离出去的组分，其化学性质比较稳定，不能直接与金属作用，但燃烧后可转化为“活性硫”。例如，生成硫的氧化物，遇水后能够生成腐蚀性极强的硫酸或亚硫酸，进入大气中会造成空气污染并形成大气“酸雨”现象。

油品中的水溶性酸及碱以及环烷酸、脂肪酸等，可以通过石油炼制过程中的精制工艺加以脱除，使其含量尽可能地少。但油品中的某些含硫化合物要完全将其脱除，不仅技术上有难度，而且经济上也不尽合理。尽管实际生产过程中对不同原料、中间产品和最终产品都有规范的质量指标控制，如水溶性酸及碱、酸度（值）和硫含量等，但这些质量指标还是不能很好地反映实际应用场合中成品油对金属材料的腐蚀倾向。因此，需要用铜片、银片腐蚀等试验来评价油品对金属材料的腐蚀性。

二、石油产品金属腐蚀性测定方法

油品对金属材料的腐蚀性试验，是将金属试片放置（悬挂）于待测试样中，在一定温度条件下持续一段时间，根据金属试片的变化现象来评定油品有无腐蚀倾向的试验方法。该法用以判断馏分油或其他石油产品在炼制过程中或其他使用环境下对机械、设备等腐蚀程度。在试样中浸渍金属试片的腐蚀性试验，主要反映油品中“活性硫”含量的多少，但也能一定程度地显示出油品中酸、碱存在时的协同效果，因此可认为是一项较为综合的试验方法。

根据油品使用环境，可供腐蚀性试验选用的金属试片主要有铜片和银片。此外，也有使用其他金属试片来进行油品的腐蚀性能试验的。例如，SH/T 0331—92《润滑脂腐蚀试验法》，采用铜片和钢片等金属材料来进行试验；而 SH/T 0080—91《防锈油脂腐蚀性试验法》，则利用了更多的金属试片（如铜、黄铜、紫铜、镉、铬、铅、锌、铝、镁、钢、铁等）来进行试验，测定结果用不同金属试片的级别或质量变化（mg/cm^2）来表示。当然，金属试片在待测试样中所处的温度高低以及滞留时间的长短，也主要取决于不同油品的实际使用环境，部分油品的铜片腐蚀性试验条件见表 2-5。采用试样浸渍金属试片的方式来检测不同介质对金属材料腐蚀性的试验方法，在非油品介质及其他行业中也不乏应用的实例，如 GB/T 4334.6—2015《不锈钢 5%硫酸腐蚀试验方法》。因为这一简易模拟试验装置及其规定试验条件，能够更好地反映活性介质对金属材料腐蚀的实际情况。

表 2-5　部分油品的铜片腐蚀性试验条件（GB/T 5096—2017）

油品名称	加热温度/℃	浸渍时间/min
天然汽油	40±1	180±5
车用汽油、柴油、燃料油	50±1	180±5
航空汽油、喷气燃料	100±1	120±5
煤油、溶剂油	100±1	180±5
润滑油	100 或更高温度±1	180±5

下面重点介绍石油产品的铜片腐蚀试验：

测定油品铜片腐蚀性试验，按照 GB/T 5096—2017《石油产品铜片腐蚀试验法》进行。该标准主要适用于测定车用汽油、航空汽油、喷气燃料、溶剂油、煤油、柴油、馏分燃料油、润滑油和天然汽油或在 37.8℃蒸气压不大于 124kPa 的其他烃类对铜的腐蚀性程度。

若试样的雷德蒸气压大于 124kPa，如天然汽油，则采用 SH/T 0232—92《液化石油气铜片腐蚀试验法》。

铜片腐蚀试验测定的基本原理是：将一块已磨光好的铜片浸没在一定体积试样中，根据试样的产品类别加热到规定的温度，并保持一定的时间。加热周期结束时，取出铜片，经洗涤后，将其与铜片腐蚀标准色板进行比较，评价铜片变色情况，确定腐蚀级别。

试验过程中铜片表面受待测试样的侵蚀程度，取决于试样中含有的腐蚀活性组分的多少，由此预测石油产品在使用环境下对金属设备及构件的腐蚀倾向。腐蚀标准共分为四级，见表 2-6。

通常用金属试片被待测油品腐蚀后的颜色变化或腐蚀迹象来判断腐蚀倾向。但有些腐蚀性试验既要观察受损金属试片的表观颜色变化，又要称其质量（如防锈油脂等）。燃料油品在运输、贮运和使用过程中，都面临同金属材料接触的问题，尤其是发动机气化和供油系统中的燃料油品与金属构件接触更为密切，故要求油品铜片腐蚀试验必须合格（见表 2-7）。铜片腐蚀试验是油品质量控制的重要检测指标。

表 2-6　铜片腐蚀标准色板的分级（GB/T 5096—2007）

级别(新磨光的铜片)	名称	说明①
1	轻度变色	a. 淡橙色，几乎与新磨光的铜片一样 b. 深橙色
2	中度变色	a. 紫红色 b. 淡紫色 c. 带有淡紫蓝色或银色，或两种都有，并分别覆盖在紫红色上的多彩色 d. 银色 e. 黄铜色或金黄色
3	深度变色	a. 洋红色覆盖在黄铜色上的多彩色 b. 有红和绿显示的多彩色(孔雀绿)，但不带灰色
4	腐蚀	a. 透明的黑色、深灰色或仅带有孔雀绿的棕色 b. 石墨黑色或无光泽的黑色 c. 有光泽的黑色或乌黑发亮的黑色

① 铜片腐蚀标准色板由表中说明的色板所组成。

表 2-7　部分油品腐蚀级别和试验条件及方法

油品名称及对应标准	铜片腐蚀级别	试验条件	试验方法标准
车用汽油(GB 17930)	≤1	50℃、3h	GB/T 5096
喷气燃料(3 号)(GB 6537)	≤1	100℃、2h	GB/T 5096
导轨油(SH/T 0361)	合格	100℃、3h	SH/T 0195①
通用锂基润滑脂(GB/T 7324)	无绿色或黑色	100℃、24h(乙法)	GB/T 7326②
	≤1	52℃、48h	GB/T 5018③

① SH/T 0195 标准试验方法名称为《润滑油腐蚀试验法》。

② GB/T 7326 标准试验方法名称为《润滑脂铜片腐蚀试验法》。

③ GB/T 5018 标准试验方法名称为《润滑脂防腐蚀性试验法》。

三、影响测定的主要因素

油品对金属材料的腐蚀性试验（润滑脂、防锈油脂除外），必须注意的是，不同种类的金属试片，绝不能同时放在同一盛样试管的油品中，以防止金属发生原电池反应，导致某一金属试片过度腐蚀，不能准确判断测试结果；同一盛有试样的试管中，也不允许放入多于标准中规定数量的同类金属试片，以防止油品中能促使金属材料腐蚀的活性组分有效浓度降低，使测定结果产生误差。

1. 试验条件的控制

铜片腐蚀试验为条件性试验，试样受热温度的高低和浸渍试片时间的长短都会影响测定结果。一般情况下，温度越高、时间越长，铜片就越容易被腐蚀。

2. 试片洁净程度

所用铜片一经磨光、擦净，绝不能用裸手直接触摸，应当使用镊子夹持，以免汗渍及污物等加速铜片的腐蚀。

3. 试剂与环境

试验中所用的试剂会对结果有较大的影响，因此应保证试剂对铜片无腐蚀作用；同时还要确保试验环境，没有含硫气体存在。

4. 取样

试验样品（尤其是用过的油）不允许预先用滤纸过滤，以防止具有腐蚀活性的物质损失。用未过滤的试样进行腐蚀性试验，除定性地检测试样中能引起金属腐蚀的游离硫和活性硫化物外，还包括可以引起腐蚀的水和溶于水中的酸、碱性物质等。

5. 腐蚀级别的确定方法

当一块铜片的腐蚀程度恰好处于两个相邻的标准色板之间时，则按变色或失去光泽严重的腐蚀级别给出测定结果。

任务实施

汽油铜片腐蚀性试验

1. 实施目的

① 熟悉 GB/T 5096—2017《石油产品铜片腐蚀试验法》原理与方法。

② 熟悉金属试片制备过程与技术。

③ 熟练进行汽油等油品铜片腐蚀试验。

2. 仪器材料

试验弹（图 2-6）；试管（长 150mm、外径 25mm、壁厚 1～2mm，在试管 30mL 处刻一环线）；水浴或其他液体浴（或铝块浴）；磨片夹钳或夹具；观察试管（扁平形，在试验结束时，供检验用或在贮存期间供盛放腐蚀的铜片用）；温度计（全浸型、最小分度 1℃或小于 1℃，供指示所需的试验温度用，所测温度点的水银线伸出浴介质表面应不大于 25mm）等。

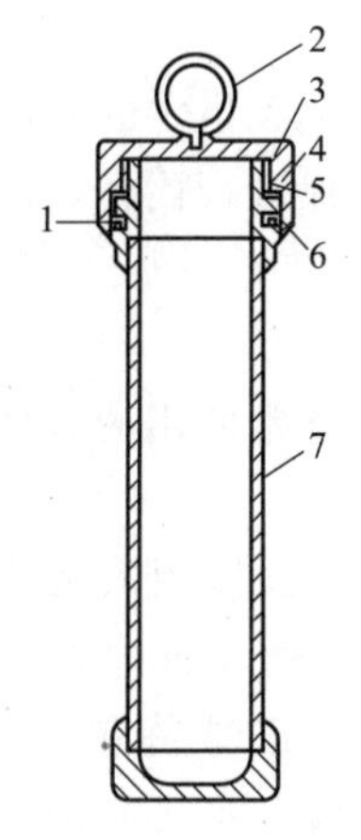

图 2-6　铜片腐蚀试验弹
1—“O”形密封圈；2—提环；3—压力释放槽；4—滚花帽；5—细牙螺纹；6—密封圈保护槽；7—无缝不锈钢管

3. 所用试剂

车用汽油；洗涤溶剂（异辛烷或分析纯的石油醚，90～120℃）；铜片；磨光材料（砂纸或砂布）。

4. 准备工作

（1）试片的制备

① 表面准备。为了有效地达到预期的结果，需先用碳化硅或氧化铝（刚玉）砂纸（或砂布）把铜片六个面上的瑕疵去掉。再用 65μm（240 粒度）的碳化硅或氧化铝（刚玉）砂纸（或砂布）处理，以除去在此以前用其他等级砂纸留下的打磨痕迹。用定量滤纸擦去铜片上的金属屑后，把铜片浸没在洗涤溶剂中。铜片从洗涤溶剂中取出后，可直接进行最后磨光，或贮存在洗涤溶剂中备用。表面准备的操作步骤：把一张砂纸放在平坦的表面上，用煤油或洗涤溶剂湿润砂纸，以旋转动作将铜片对着砂纸摩擦，用无灰滤纸或夹钳夹持，以防止铜片与手指接触。另一种方法是用粒度合适的干砂纸（或砂布）装在发动机上，通过驱动发动机来加工铜片表面。

② 最后磨光。从洗涤溶剂中取出铜片，用无灰滤纸保护手指来夹拿铜片。取一些 105μm（150 目）的碳化硅或氧化铝（刚玉）砂粒放在玻璃板上，用 1 滴洗涤溶剂湿润，并用一块脱脂棉，蘸取砂粒。用不锈钢镊子夹持铜片，千万不能接触手指。先摩擦铜片各端边，然后将铜片夹在夹钳上，用沾在脱脂棉上的碳化硅或氧化铝（刚玉）砂粒磨光主要表面。磨时要沿铜片的长轴方向，在返回来磨以前，使动程越出铜片的末端。用一块干净的脱脂棉使劲地摩擦铜片，以除去所有金属屑，直到用一块新的脱脂棉擦拭时不再留下污斑为止。当铜片擦净后，马上浸入已准备好的试样中。

注意：铜片的各个表面要均匀磨光，这是得到一个均匀的腐蚀色彩铜片的关键。如果边缘已出现磨损（表面呈椭圆形），则这些部位的腐蚀大多显得比中心严重得多。使用夹钳会有助于铜片表面的磨光。

（2）取样

对会使铜片造成轻度变暗的各种试样，应该贮放在干净的深色玻璃瓶、塑料瓶或其他不致影响到试样腐蚀性的合适的容器中。

容器要尽可能装满试样，取样后立即盖上。取样时要小心，防止试样暴露于直接的阳光下，甚至散射的日光下。试验室收到试样后，在打开容器后尽快进行试验。

如果在试样中看到有悬浮水（浑浊），则用一张中速定性滤纸把足够体积的试样过滤到一个清洁、干燥的试管中。此操作尽可能在暗室或避光的屏风下进行。

注意：镀锡容器会影响试样的腐蚀程度，因此，不能使用镀锡铁皮容器来贮存试样。在整个试验进行前、试验中或试验结束后，铜片与水接触会引起变色，使铜片评定造成困难。

5. 实施步骤

把一块已磨光的铜片浸没在一定量的试样中，并按产品标准要求加热到指定的温度，保持一定的时间。待试验周期结束后，取出铜片，经洗涤后与腐蚀标准色板进行比较，确定腐蚀级别。

（1）试验条件

不同的产品采用不同的试验条件，下面叙述的温度和时间大多数是通常使用的条件，现分述如下。

① 航空汽油、喷气燃料。把完全清澈和无任何悬浮水或无内含水的试样倒入清洁、干燥的试管中30mL刻线处，并将经过最后磨光的干净的铜片在1min内浸入该试管的试样中。把该试管小心地滑入试验弹中，并把弹盖旋紧。把试验弹完全浸入已维持在100℃±1℃的水浴中。在浴中放置120min±5min后，取出试验弹，并在自来水中冲几分钟。打开试验弹盖，取出试管，按下述步骤（2）检查铜片。

② 天然汽油。按上述步骤①进行试验，但温度控制为40℃±1℃，浸泡时间为180min±5min。

③ 柴油、燃料油、车用汽油。把完全清澈、无悬浮水或内含水的试样，倒入清洁、干燥的试管中30mL刻线处，并将经过最后磨光的干净的铜片在1min内浸入该试管的试样中。用一个有排气孔（打一个直径为2～3mm小孔）的软木塞塞住试管。把该试管放到已维持在50℃±1℃的水浴中。在试验过程中，试管的内容物要防止强烈的光线。在水浴中放置180min±5min后，按下述步骤（2）检查铜片。

④ 溶剂油、煤油。按上述步骤③进行试验，但温度控制为100℃±1℃。

⑤ 润滑油。按上述步骤③进行试验，但温度控制为100℃±1℃。此外，还可以在改变了的试验时间和温度下进行试验。为统一起见，建议从120℃起，以30℃为一个平均增量向上提高温度。

说明：某些产品类别很宽，可以用多于一组的条件进行试验。在这种情况下，对规定的某一个产品的铜片质量要求，将被限制在单一的一组条件下进行试验。

（2）铜片的检查

把试管的内容物倒入150mL高型烧杯中，倒时要让铜片轻轻地滑出，以避免碰破烧杯。用不锈钢镊子立即将铜片取出，浸入洗涤溶剂中，洗去试样。立即取出铜片，用定量滤纸吸干铜片上的洗涤溶剂。把铜片与腐蚀标准色板比较来检查变色或腐蚀迹象。比较时，把铜片和腐蚀标准色板对光线成45°角折射的方式拿持，进行观察。

如果把铜片放在扁平试管中，能避免夹持的铜片在检查和比较过程中留下斑迹和弄脏。扁平试管要用脱脂棉塞住。

6. 结果的表示与判断

（1）结果表示

当铜片是介于两种相邻的标准色阶之间的腐蚀级别时，则按其变色严重的腐蚀级判断试样。当铜片出现有比标准色板中1b还深的橙色时，则认为铜片仍属1级；但如果观察到有红颜色时，则所观察的铜片判断为2级。

2级中紫红色铜片可能被误认为黄铜色完全被洋红色的色彩所覆盖的3级。为了区别这两个级别，可以把铜片浸没在洗涤溶剂中。2级会出现一个深橙色，而3级不变色。

为了区别2级和3级中多种颜色的铜片，把铜片放入试管中，并把这支试管平躺在315～370℃的电热板上4～6min。另外用一支试管，放入一支高温蒸馏用温度计，观察这支温度计的温度来调节电炉的温度。如果铜片呈现银色，然后再呈现为金黄色，则认为铜片属2级。如果铜片出现如4级所述透明的黑色及其他各色，则认为铜片属3级。

在加热浸提过程中，如果发现手指印或任何颗粒或水滴而弄脏了铜片，则需重新进行试验。

如果沿铜片平面的边缘棱角出现一个比铜片大部分表面腐蚀级还要高的腐蚀级的话，则需重新进行试验。这种情况大多是在磨片时磨损了边缘而引起的。

（2）结果判断

如果重复测定的两个结果不相同，则重新进行试验。当重新试验的两个结果仍不相同时，则按变色严重的腐蚀级来判断试样。

7. 任务实施报告

① 按规范要求书写任务名称、实施目的、仪器材料、所用试剂、实施步骤和分析记录等。

② 按表2-6级别中的一个腐蚀级报告试样的腐蚀性，并报告试验时间和试验温度。

考核评价

汽油铜片腐蚀试验技能考核评价表

考核项目	汽油铜片腐蚀试验					
序号	评分要素	配分	评分标准	扣分	得分	备注
1	检查仪器及计量器具(铜片、砂纸、恒温装置等)	10	一项未检查扣2分			
2	检查温度计放置位置，仪器恒温至40℃±1℃	10	一项不符合规定扣2分			
3	准备铜片	20	一项不符合规定扣2分			
4	取样，装满，样品避免暴露在空气中	15	一项未按规定扣5分			
5	试样测定：恒温时间180min，检查铜片并与色板比对	25	一项未按规定扣5分			
6	正确记录腐蚀级别	10	结果超差扣5分，记录数据一项不符合规定扣1分			
7	操作完成后，仪器洗净，摆放好，台面整洁	5	每项操作不正确扣1分			
8	能正确使用各种仪器，正确使用劳动保护用具	5	每项操作不正确或不符合规定扣2分			
合计		100	得分			

数据记录单

汽油铜片腐蚀试验数据记录单

<table>
<tr><td>样品名称</td><td colspan="4"></td></tr>
<tr><td>仪器设备</td><td colspan="4"></td></tr>
<tr><td>执行标准</td><td colspan="4"></td></tr>
<tr><td>温度/℃</td><td colspan="2"></td><td>大气压力/kPa</td><td></td></tr>
<tr><td>平行次数</td><td colspan="2">1</td><td colspan="2">2</td></tr>
<tr><td>铜片腐蚀级别</td><td colspan="2"></td><td colspan="2"></td></tr>
<tr><td>铜片腐蚀级别报告值</td><td colspan="4"></td></tr>
<tr><td>分析人</td><td colspan="2"></td><td>分析时间</td><td></td></tr>
</table>

操作视频

视频：汽油铜片腐蚀试验

思考拓展

1. 测定金属腐蚀性试验时，在试样中放置（悬挂）的金属材料是作为催化剂用吗？你是如何理解这个试样浸渍金属试片作用的？

2. 影响铜片腐蚀试验测定结果的主要因素是什么？如何判断试样对铜片的腐蚀程度？

3. 在进行腐蚀试验操作过程中，有人为了节省时间或回避重复工作，或为了尽快获得多组平行试验数据，向同一盛有试样的试管内，同时放入多于标准试验方法规定的金属试片，这种方法是否妥当？请说出理由。

4. 拓展完成柴油铜片腐蚀试验。

测定汽油辛烷值

任务目标

1. 了解汽油机的爆震现象及产生爆震的原因；
2. 学习汽油抗爆性的测定方法及测定意义；
3. 能够进行汽油辛烷值的测定；
4. 熟悉汽油辛烷值测定的有关安全事项。

任务描述

1. 任务：学习汽油机的爆震现象及产生爆震的原因，掌握汽油抗爆性的测定方法及测定意义，在油品分析室进行汽油辛烷值的测定练习，学会汽油辛烷值的测定，熟悉汽油辛烷值测定的有关安全事项。

2. 教学场所：油品分析室。

储备知识

一、爆震和汽油的抗爆性

公路上行驶的各种汽车，汽油机或者柴油机在运转过程中，有时汽缸中可能发出一种尖锐的金属敲击声，这就是爆震。汽油中含自燃点低、容易氧化形成不稳定过氧化物的烃类，容易产生爆震。汽油在发动机中燃烧时抵抗爆震的能力称为抗爆性。汽油在汽油机中的燃烧分正常燃烧和不正常燃烧。正常燃烧的特征为可燃混合气被电火花点燃后，在火花塞附近形成火焰中心，火焰逐渐向未燃混合气扩散（传播速度约为 20～50m/s），汽缸内压力和温度上升均匀。不正常燃烧的特征为形成多个火焰中心，火焰传播速度快，汽缸内压力和温度上升急剧。其中爆燃是常见的不正常燃烧之一。影响爆燃的因素很多，汽油本身的抗爆性能是最根本的原因。

二、汽油机爆震现象的产生

1. 汽油机工作原理

汽油机又称点燃式发动机，它是用电火花点燃油气混合气而膨胀做功的机械。按燃料供给方式不同，汽油机又分为化油器按式（汽油在汽缸外与空气形成可燃混合气）发动机和电喷按式（由电子系统控制将燃料由喷油器喷入发动机进气系统中）发动机两种，目前新车多采用后一种。两种发动机除进气系统不同外，其工作过程相同，现仅以化油器式汽油机（如图 2-7 所示）为例说明其工作过程。其工作过程包括以下四个步骤，简称四行程。

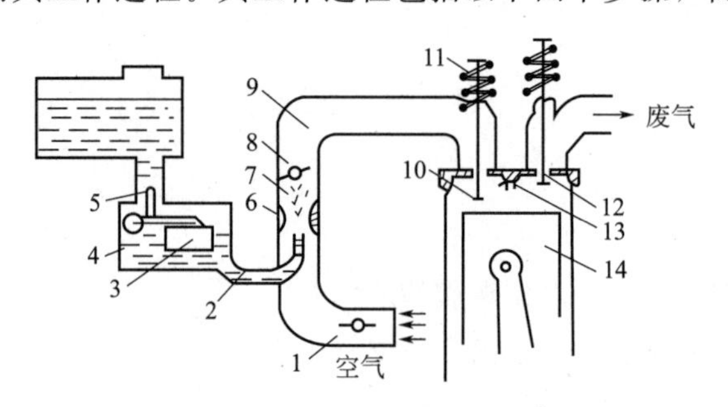

图 2-7　点燃式发动机原理构造

1，8—节气阀；2—导管；3—浮子；4—浮子室；5—针阀；6—喷嘴；7—喉管；9—混合室；10—进气阀；11—弹簧；12—排气塞；13—火花塞；14—活塞

① 吸气。进气阀打开，活塞自汽缸顶部的上止点向下运动，汽缸压力逐渐降至 70～90kPa，使空气由喉管以 70～120m/s 的高速吸入混合室，同时被吸入的汽油经过导管、喷嘴在喉管处与空气混合，进入混合室。在混合室中汽油开始气化，进入汽缸后吸收余热进一步气化。当活塞运行至下止点时，进气阀关闭。此时混合气温度为 80～130℃。

② 压缩。活塞自下止点向上运动，混合气被压缩，压力和温度随之升高。通常压缩终温可达 300～450℃，压力可达 0.7～1.5MPa。

③ 膨胀做功。当活塞运动接近上止点时，电火花塞开始打火，点燃油气与空气的混合气。火焰传播速度为 20～50m/s，压力可达 2.4～4.0MPa，最高温度为 2000～2500℃。高温高压燃气推动活塞向下运动，通过连杆带动曲轴旋转对外做功。

④ 排气。活塞运行到下止点，燃烧膨胀做功行程结束，活塞依靠惯性又向上运行，排气阀打开，排出燃烧废气。

以上四个行程构成汽油机的一个工作循环，如此周而复始，循环不止，工作不止。一般汽油机都有四个或六个汽缸，并按一定顺序组合进行连续工作。

2. 汽油机爆震现象的产生

当汽油的抗爆性不好，且自燃温度又低时，汽油和空气的混合物被压缩点燃后，温度和压力均比正常燃烧时剧增，在火焰尚未传播到的地方，就已经生成了大量不稳定的过氧化物，并形成了多个燃烧中心，同时自行猛烈爆炸燃烧，使火焰传播速度剧增至 1500～2500m/s。这样高速的爆炸燃烧，产生强大冲击波，猛烈撞击活塞头和汽缸，发出金属敲击声。由于瞬间掠过，使得燃料来不及充分燃烧便被排出汽缸，形成黑烟，因而造成功率下降，油耗增大。同时受高温高压的强烈冲击，发动机很容易损坏，可导致活塞顶或汽缸盖撞裂、汽缸剧烈磨损及汽缸门变形，甚至连杆折断，迫使发动机停止工作。产生的这种现象就是汽油机的爆震现象。

三、汽油抗爆性的评价指标

汽油抗爆性的评价指标是辛烷值和抗爆指数。

1. 辛烷值

辛烷值是在标准试验条件下，将汽油试样与已知辛烷值的标准燃料（或称参比燃料）在爆震试验机上进行比较，如果爆震强度相当，则标准燃料的辛烷值即为被测汽油的辛烷值。标准燃料是由抗爆性能很高的异辛烷（2,2,4-三甲基戊烷，其辛烷值规定为100）和抗爆性能很低的正庚烷（其辛烷值规定为0）按不同体积分数配制而成的。标准燃料的辛烷值就是燃料中所含异辛烷的体积分数。辛烷值通常用英文缩写ON表示。

辛烷值的测定都是在标准单缸发动机中进行的。在标准发动机试验中，由于规定条件不同，测得的辛烷值也不同。按照试验条件，辛烷值分为马达法辛烷值（MON）和研究法辛烷值（RON）两种。

① 马达法辛烷值：马达法辛烷值是在900r/min的发动机中测定的，用以表示载重大、车速快、野外行驶的大车用汽油的抗爆性能。

② 研究法辛烷值：研究法辛烷值是发动机在600r/min条件下测定的，它表示负载小、车速低、发动机汽缸温度低、在城市行驶的轿车用汽油的抗爆性能。测定研究法辛烷值时所用的辛烷值试验机与马达法辛烷值基本相同，只是进入汽缸的混合气未经预热，温度较低。

我国车用汽油抗爆性能采用研究法辛烷值来表示，研究法测定车用汽油辛烷值已被确定为国际标准方法。研究法和马达法测定的辛烷值可用式(2-6）来近似换算。

$$MON=RON\times 0.8+10 \tag{2-6}$$

2. 抗爆指数

从上面辛烷值的测定条件看，马达法辛烷值表示的是汽油在发动机重负荷条件下高速运转时的抗爆能力，研究法辛烷值表示的是汽油在发动机常有加速条件下低速运转时的抗爆能力，两者都不能全面反映车辆运行中汽油燃烧的抗爆性能。为能较全面地反映汽油在车辆运行中的抗爆能力，引入了抗爆指数这一指标。抗爆指数是一个反映车辆在行驶时的汽油抗爆性能指标，又称为平均试验辛烷值。

$$ONI=\frac{MON+RON}{2} \tag{2-7}$$

式中，ONI为抗爆指数。

目前，我国车用汽油已对抗爆指标提出了明确要求。

四、测定汽油抗爆性的意义

1. 划分车用汽油牌号

抗爆性能好的汽油，使用时不易发生爆震，其燃烧状态好。汽油的抗爆性用辛烷值来评定，辛烷值越高，汽油的抗爆性越好，使用时可允许发动机在更高的压缩比下工作，这样可以大大提高发动机功率，降低燃料消耗。

根据GB 17930—2016《车用汽油》标准，车用汽油（IV）按研究法辛烷值分为90号、93号和97号3个牌号，车用汽油（V）、车用汽油（VIA）和车用汽油（VIB）按研究法辛烷值分为89号、92号、95号和98号4个牌号。

2. 评价汽油质量，指导油品生产

辛烷值是汽油最重要的质量指标。为了满足汽油的使用要求，成品油必须严格按指标控制生产。实际上，由原油直接蒸馏得到的汽油远远满足不了使用要求，只能称为半成品。例如，直馏汽油特别是石蜡基原油的直馏汽油其辛烷值最低，一般为 40～60；催化裂化汽油的辛烷值较高，也仅为 78 左右。因此，要想达到成品油的规格标准，必须了解应该添加哪些理想组分。

五、汽油辛烷值测定方法概述

汽油辛烷值的测定方法很多。目前，我国车用汽油辛烷值的测定主要按照 GB/T 503—2016《汽油辛烷值的测定　马达法》和 GB/T 5487—2015《汽油辛烷值的测定　研究法》的规定进行。

马达法、研究法测定辛烷值的试验装置是一台连续压缩比（是指活塞在下止点时的汽缸容积 V_1 与在上止点时的汽缸容积 V_2 的比，见图 2-8）可在一定范围内变化的单缸发动机，附带相应的负载设备、辅助设备和仪表，它们都装在一个固定的底座上。测定某汽油辛烷值时，将被测汽油在试验机上按规定试验条件运转，逐渐调大压缩比，使试验机发生爆燃，直至达到规定的爆燃强度。爆燃强度可用电子爆燃表测量。然后，在相同条件下选择已知辛烷值的标准燃料进行对比试验。某标准燃料的爆燃强度恰好与试验汽油的爆燃强度相同时，测定过程结束。该号标准燃料的辛烷值即为所测汽油的辛烷值。

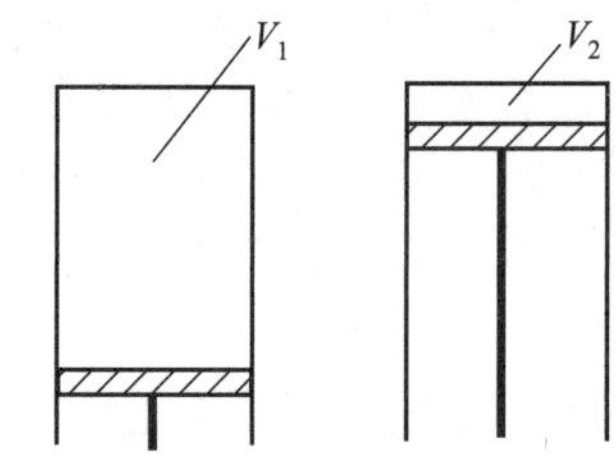

(a) 活塞至下止点　(b) 活塞至上止点

图 2-8　进气和压缩时汽缸的容积

马达法、研究法辛烷值测定法具有测试速度慢、测试费用高和有害污染物排放多等缺点，均无法满足生产过程中在线测试的要求。目前快速检测汽油辛烷值的方法有红外光谱法、气相色谱法和核磁共振光谱法等。其中，由于红外光谱法具有成本低廉、测试速度快、不产生污染排放和消耗被测燃料少等优点，已逐渐成为车用汽油辛烷值测定的主流技术。红外光谱法的基本原理是利用红外光谱测定车用汽油中各组分所占的比例，然后根据各组分对辛烷值的贡献情况，分析计算得出被测车用汽油的辛烷值。

六、影响汽油辛烷值的因素

汽油的辛烷值和汽油的化学组成，特别是汽油中烃类的分子结构有密切的关系。组成汽油的烃类化合物主要是含 5～11 个碳原子的烷烃、环烷烃、芳香烃和烯烃。在碳原子数相同的烃类中，正构烷烃的辛烷值最低，高度分支的烷烃和芳香烃辛烷值最高，环烷烃和烯烃介于它们之间。

同一原油加工出来的汽油其辛烷值按直馏汽油、催化裂化汽油、催化重整汽油、烷基化汽油的顺序依次升高。这是由于催化汽油含较多的烯烃、异构烷烃和芳烃，重整汽油含较多的芳烃，而烷基化汽油几乎是 100%的异构烷烃所致。为了适应发动机在不同转速下的抗爆要求，优质汽油应含有较多异构烷烃。异构烷烃不但辛烷值高，抗爆性能好，而且敏感性低，发动机运行稳定，因此是汽油中理想的高辛烷值组分。

任务实施

一、测定汽油马达法辛烷值

1. 实施目的

① 熟悉 GB/T 503—2016《汽油辛烷值的测定　马达法》的原理和方法。
② 能够用辛烷值机测定汽油辛烷值。
③ 熟悉辛烷值机使用时的注意事项和安全知识。

2. 仪器材料

测定汽油辛烷值的爆震试验装置包括一台连续可改变压缩比的单缸四行程发动机，合适的负载设备、辅助设施和仪表，它们都装在一个固定的底座上，即美国制造的 ASTM—CFR 试验机。机上装有测量爆震强度的仪器（包括信号发生器、爆震仪和爆震表），可以把被测试油的爆震强度准确指示出来（通过转换，得到试油的辛烷值）。概括地说，辛烷值机分为：发动机总成、气化器部分为、点火控制系统、电力设备、仪表系统五大部分。

3. 所用试剂

汽油等。

4. 准备工作

（1）发动机的启动

启动前将曲轴箱润滑油预热到（57±8.5)℃，检查发动机是否正常，是否缺少润滑油和冷却液，盘车 2～3 圈，打开冷却水，向各润滑点加润滑油，启动发动机，打开点火开关和加热开关，化油器从一个油罐中抽取燃料，点燃发动机。

（2）发动机的停车

先关闭燃料阀，再将所有的油罐中燃料放出，关闭加热、点火开关，用电动机拖动发动机运转 1min。关闭电动机，关闭冷却水开关。为了避免在两次运转之间发动机的进、排气阀和阀座造成腐蚀和扭曲，必须转动飞轮至压缩冲程的上止点，使两个气阀都处于关闭状态。

（3）爆震表零点的调整

在不供电情况下，调爆震表上的调整螺丝，使爆震表指针为零，这样的调整每月至少检查一次。

（4）爆震仪的零位调整

在爆震表的零位调好后，给爆震仪供电，把仪表调零开关放在“O”位置上，时间常数放在“1”上，检查爆震表指针是否为零，如不在零位，可调整爆震仪下方的电位器，调好后拧好防护帽，这样的调整每天试验前都应进行一次。

（5）调整时间常数

调整时间常数就是调整积分时间，即调仪表反应的灵敏度。位置“1”积分时间最短，反应的速度也最快，但仪表也最不稳定；位置“6”积分时间最长，反应的速度最慢，但仪表最稳定。通常应把时间常数放在“3”或“4”的位置上。

(6) 调展宽

即调仪表的区别能力。合适的仪表展宽水平要求是：当辛烷值为90时，调整到每个辛烷值的爆震指示的展宽为10～18分度。展宽的幅度会随辛烷值的大小而变化，如果在辛烷值为90的情况下调整好，大多数情况下，对评定80～102范围内的辛烷值就不必再作变动了。

以调整辛烷值为90时的展宽水平为例，具体调整如下：用辛烷值为90的参比燃料操作发动机，使发动机工况满足方法规定的要求。逆时针方向旋转“仪表读数”和“展宽”旋钮，将粗调旋钮调到底，细调旋钮调到中间位置上。顺时针方向调整“展宽”粗调旋钮，大致放在“3”的位置上。顺时针方向调整“仪表读数”粗调旋钮，使爆震表指针大致指在中间位置上，可用细调旋钮来调整精确的读数。检查化油器燃料液面位置，使获得最大爆震强度。

5. 用内插法评定试样

标准爆震强度是指在101.325kPa压力下，马达法辛烷值与测微计之间的关系符合“标准爆震强度测微计读数与马达法辛烷值对照表”的要求，此时发动机产生的爆震强度称为标准爆震强度。操作时先用试油调整燃料与空气的混合比，可获得最大爆震强度（爆震表指针接近50的位置上）；再调整压缩比（即调整汽缸高度，用测微计读数表示，通过“发动机测微计读数和压缩比换算表”换算为压缩比）使爆震表读数为50±3，确定试油产生标准爆震强度时的汽缸高度。记下此时的爆震表读数。由测微计读数按“标准爆震强度测微计读数与马达法辛烷值对照表”估算出试油的辛烷值。根据试油的估算辛烷值，配制两个不同辛烷值的参比燃料。

在同一压缩比下进行试验，试样的爆震表读数应在两个参比燃料的爆震表读数之间。

第一个内插参比燃料：确定试验产生标准爆震强度的汽缸高度，根据此时的汽缸高度，查表估算出试样的辛烷值。配制一个接近估算辛烷值的参比燃料，倒入化油器的一个油罐中，把燃料液面调到估计产生最大爆震强度的位置上，旋转选择阀，让发动机用这个参比燃料工作，再调整燃料液面高度，使之获得最大爆震强度液面和最大爆震表读数，并作记录。

第二个内插参比燃料：在进行第一个内插参比燃料试验后，可配制第二个参比燃料，预计上述两个参比燃料的爆震表读数应把试样的爆震表读数包括在内。即一个内插参比燃料的辛烷值略高于试油，另一个则略低于试油，这两个参比燃料的辛烷值差数不大于2个辛烷值单位。把调好的第二个参比燃料倒入化油器的第二个油罐中，调整燃料液面高度，使之获得最大爆震强度液面和最大爆震表读数，并作记录。

注意：用两个参比燃料分别在同一试验条件下试验，当压缩比保持不变时，测定其爆震强度，记下爆震表的读数。

第三个内插参比燃料：如果第一、第二两个参比燃料的爆震表读数不能把试样的读数包括在内，就应根据已测数据预算结果，选择第三个参比燃料，以替换前两者中一个，并与另一个相配合，以达到把试样的爆震表读数包括在内的目的。

读数规则：在取得一系列试样与参比燃料爆震表读数以后，再检查一次燃料液面，是否是最大爆震强度液面，按试样、第二个参比燃料、第一个参比燃料顺序测量并记录每种燃料的爆震表读数：重复测量时，参比燃料的顺序可对换一下。每次测量，都必须让爆震表指针稳定后再作记录。

完成一次测试至少需要两组数据或三组数据测试记录次数。需要两组数据的情况：第一组数据和第二组数据计算出的辛烷值之差，不大于0.3个辛烷值单位；试样的平均爆震表读数在50±5范围内。需要三组数据的情况：第一组数据和第二组数据计算出的辛烷值之差，不大于0.5个辛烷值单位；第三组数据计算结果在两者之间；试样的平均爆震表读数在50±5范围内。

如果第一组数据和第二组数据计算的辛烷值之差大于0.5个辛烷值单位，或者第三组数据计算的辛烷值不在前面两组数据的中间，这些数据都不能用，必须重新试验。

检查标准爆震强度的一致性。如果上述要求能够达到，应确信与样品相匹配的第一参比燃料辛烷值的补偿汽缸高度；对于辛烷值低于85时，应在±0.51mm（0.020in）测微计读数或±28计数器单位之内；对于辛烷值高于85时，应在±0.64mm（0.025in）测微计读数或±35计数器单位之内。如果不在这些限值内，标准爆震强度应调整到50的读数上，而试样应重新测定。

对随后进行的试样的测定，首先要调整好最大爆震强度燃料液面，必要时调整汽缸高度，使爆震表读数为50±3。各次测试完成后，检查标准爆震强度的一致性。

试验结果的计算：将各种燃料的爆震表读数的平均值代入式(2-8)，计算出试样的辛烷值，精确到两位小数。

$$X=\frac{b-c}{b-a}(A-B)+B \tag{2-8}$$

式中　X——试样的辛烷值；

A——高辛烷值参比燃料的辛烷值；

B——低辛烷值参比燃料的辛烷值；

a——高辛烷值参比燃料的平均爆震表读数；

b——低辛烷值参比燃料的平均爆震表读数；

c——试样的平均爆震表读数。

6. 用压缩比法评定试样

压缩比法测定试油辛烷值的原理是根据试油在标准爆震强度下所需的汽缸高度（用测微计读数表示），从“标准爆震强度测微计读数与马达法辛烷值对照表”即可查出其辛烷值。参比燃料只是用来标定标准爆震强度的。取得标准爆震强度的方法是用参比燃料为试样，先把辛烷值试验机调整到标准运转条件，再调节试样与空气的混合比，使其达到最大爆震强度。然后调整压缩比，使参比燃料的辛烷值与汽缸高度之间的关系符合“发动机测微计读数和压缩比换算表”的要求。继续调整爆震表，直到指针指向50。

标准爆震强度标定好以后，就可用试油进行操作，试验条件完全与标定时一样，调整压缩比使爆震表读数为50。记录汽缸高度，由“标准爆震强度测微计读数与马达法辛烷值对照表”查得试油的辛烷值。

7. 结果报告

上述评定结果，按GB/T 8170—2008《数值修约规则与极限数值的表示和判定》进行数值修约，修约到一位小数。辛烷值报告为马达法辛烷值，简写为：××.×/MON。

8. 方法重复性（95%置信水平）

在同一试验室，由同一操作人员，用同一仪器和设备，对同一试样连续做两次重复试验，所测结果对平均辛烷值85.0～90.0水平的试样，其差值不大于0.3辛烷值。

9. 测定注意事项

① 在启动辛烷值机之前，应根据该机说明书和试验方法对工作状况及试验条件的要求做好各项准备正作。

② 采用压缩比法测定汽油辛烷值时，根据测微计读数调得的压缩比，应与所测试样辛烷值的大小相适应。当开始测定未知试样的辛烷值时，要估计出辛烷值的大约数值，逐步进行调整。注意不要使压缩比调得过大，否则，发动机爆震倾向也增大。因为随着压缩比增大，混合气在压缩行程之末，压力和温度都较高。压缩压力高，则燃烧时的最高压力增加，已燃部分对未燃部分的压缩加强，易使发动机产生爆震；压缩温度高，则连锁反应加强，未燃部分气体，容易达到自燃温度，也易产生爆震。

③ 马达法辛烷值试验机的点火提前角，一般是随着压缩比的变动而自动地调整。但往往在新的试验机上，点火通常是不正常的，故必须对点火提前角事先进行必要的调整。否则，点火提前角对爆震影响很大，往往由于点火提前角加大，使燃烧时压力和温度增高，爆震加强；点火提前角减小时，则发动机功率降低，爆震减弱。

④混合气成分应调整至最大爆震，以达到试验条件所规定的最佳混合比。因为混合气的成分对爆燃的发生有显著的影响，在发生爆燃时，不论将混合气变浓或变稀，都对爆燃有抑制的作用，从而影响测定结果。

⑤ 气化后混合气温度要符合规定。若吸入汽缸之混合气温度升高，则最后未燃部分连锁反应加强，着火准备时间缩短，较易爆震。

⑥ 发动机应保持试验条件所规定的转速。若混合气情况不变而转速增加时，爆燃便减弱。这是因为转速增加时，火焰传播到了。同时，转速高，汽缸内残余废气量增加，末端混合气的焰前反应减弱。相反，转速低时，爆燃倾向就大。

二、测定汽油研究法辛烷值

1. 实施目的

① 熟悉 GB/T 5487—2015《汽油辛烷值的测定　研究法》的原理和方法。

② 能够用辛烷值机测定汽油研究法辛烷值。

③ 熟悉辛烷值机使用时的注意事项和安全知识。

2. 仪器材料

汽油辛烷值测定机，由发动机、气化器、点火控制系统、电力设备、仪表系统五大部分组成。

3. 所用试剂

正标准燃料（也叫参比燃料，是异辛烷、正庚烷按体积比混合的混合物，本实验选用 92 号正标准燃料和 94 号正标准燃料），甲苯标准燃料（本实验选用 93.4 号甲苯标准燃料），92 号汽油试样。

4. 方法概要

使用标准的试验发动机在规定的运转条件下，用专用的电子爆震仪器系统进行测量，将试样燃料与已知辛烷值的正标准混合燃料的爆震特性进行比较，调整发动机的压缩比和试样的燃空比使其产生标准爆震强度。在标准爆震强度操作表中列出了压缩比和辛烷值的对应关系。试样和正标准燃料的最大爆震强度均通过调节燃空比得出。最大爆震强度下的燃空比可通过下述方法得到：

① 逐步增加或减少混合气浓度，观察每步的平衡爆震强度值，然后选择达到最大爆震值时的燃空比。

② 以恒定的速度将混合气浓度从贫油状态调整到富油状态或从富油状态调整到贫油状态，选择最大爆震强度。

5. 实验步骤

（1）开机前的准备工作

① 盘车：用摇手柄转动飞轮 2～3 圈，并将飞轮摇至手感重的那一圈的上止点。与飞轮上止点红色箭头平齐。

② 检查：进气门 0.2mm，进气门 0.25mm 塞尺进不去；排气门 0.25mm，排气门 0.30mm 塞尺进不去；加润滑油 8 个点。

③ 加入冷却水达到水位计的 60%～70%，打开循环水和冰塔。

④ 打开电源，检查点火角度，用手柄转动飞轮检查，观察点火指示灯，点火指示灯从亮到不亮的点即为点火角，检查完后还要调到上止点。

⑤ 启动机器，观察飞轮转向。打开加热开关。打开点火开关、打开仪表开关，观察机油压力表是否有指示（示值应在 0.1～0.4MPa 之间）。

（2）预热

① 将热机汽油加入 4 号盛油器油杯。

② 接通 4 号桶开始燃烧，每次燃烧时间不得超过 5min，录入基本信息。转四通阀把对应桶号刻线移开，即断开燃烧。

③ 关闭 4 号桶，等数字复零，再次燃烧。

④ 如此反复烧油 30min，预热结束，这时可以开始标定甲苯，放出预热的汽油。

（3）标定甲苯

① 将 92 号正标准燃料加入 1 号盛油器，94 号正标准燃料加入 2 号盛油器，按 1～2 的顺序燃烧 1 号和 2 号盛油器油杯中的参比燃料，并记录读数，反复燃烧 2 次。

② 将 93.4 号甲苯标准燃料加入 3 号盛油器油杯，调整最佳液面，以声音为判断，目的是调出最大爆震读数，最大爆震读数降时停止。烧出最大爆震读数，按 1.2.3. 的顺序燃烧 3 个桶，记录读数，如此反复 3 次，第一次数字不作为计算。

（4）评油

① 将 93.4 号甲苯标准燃料放出，92 号汽油试样加入 4 号盛油器油杯。

② 接通 4 号盛油器油杯中的汽油，开始燃烧，寻找最佳液面，记录最大爆震读数，机器自动计算出辛烷值。

（5）关闭机器

① 将盛油器里的油全部放出。

② 关闭点火开关、加热开关，机器运行 2～3min，按下停止按钮，关闭电源。

③ 关闭循环水、冷塔。

④ 放出冷却塔内蒸馏水。

⑤ 将飞轮摇至手感重的那一圈的上止点。

6. 注意事项

① 机油温度达到 38～45℃标定甲苯。

② 93.4 号甲苯标准燃料的误差范围为 93.4±0.3。

③ 冷却塔内冷却水温度降至 80℃以下才可以放出。

④ 试样比重大，液面就高。

⑤ 92 号正标准燃料爆震表读数不超过 150。爆震读数调整为爆震仪表处放大旋钮。

⑥ 辛烷值机一次开机时间不超过 3h。

⑦ 压缩比降低，则爆震读数降低，可以设置合适的压缩比。

⑧ 甲苯标定值的影响因素：进气温度、压缩比、点火角。进气温度降低，则甲苯标定值升高；压缩比增大，则甲苯标定值增大；点火角减小，则甲苯标定值增大。

考核评价

测定汽油辛烷值技能考核评价表

考核项目	测定汽油辛烷值					
序号	评分要素	配分	评分标准	扣分	得分	备注
1	检查发动机运转条件，确保与使用特定燃料在接近标准爆震强度下运行时情况一致	20	试验前检查发动机运转条件，无此操作扣 10 分			
2	用待测试样辛烷值范围内的甲苯标准燃料进行发动机适用性试验。如进行甲苯标准燃料温度调节，需确定合适的进气温度	20	试验前要对标准燃料甲苯进行标定，无此操作扣 15 分			
3	将试样注入燃料罐中，清洁燃料系统	25	必要时重复开关排液阀若干次，确定浮式燃料罐与观察窗之间的透明塑料管内无气泡出现			
4	正确应用公式计算试样的辛烷值	25	公式正确，计算结果不对，扣 15 分；公式不正确，计算结果不对，扣 25 分			
5	台面整洁，摆放有序	5	操作不正确，每处扣 2 分			
6	劳保用具齐全并使用正确	5	劳保用具不全或使用不正确，每项扣 2 分			
合计		100	得分			

数据记录单

测定汽油辛烷值数据记录单

样品名称	
仪器设备	
执行标准	

续表

平行次数	1	2	3
高辛烷值标准燃料的辛烷值			
低辛烷值标准燃料的辛烷值			
高辛烷值标准燃料的平均爆震表读数			
低辛烷值标准燃料的平均爆震表读数			
汽油试样的平均爆震表读数			
汽油的平均辛烷值水平			
分析人		分析时间	

操作视频

视频：测定汽油辛烷值（上）

视频：测定汽油辛烷值（下）

思考拓展

1. 汽油机的四行程是哪几步？为什么称汽油机是点燃式发动机？
2. 查阅资料，了解提高汽油辛烷值的方法。
3. 能够用作汽油抗爆剂的物质有哪些？举例说明其优缺点。

拓展阅读

油品检测岗位要求

岗位要求，又叫岗位标准或岗位规范，是对在岗人员所规定的工作要求和任职条件，是对不同岗位人员应具有素质的综合要求，是衡量职工是否具备上岗任职资格的依据，包含安全职责和岗位操作要求。油品检测的岗位要求主要包含以下内容。

1. 严格遵守化验室各项规章制度，服从管理，听从指挥，对本岗位安全工作全面负责。

2. 熟悉本岗位的安全生产风险，熟练掌握应急逃生知识和应急处置措施，提高互救、自救能力，发现直接危及人身安全的紧急情况时，有权停止作业或者在采取可能的应急措施后，撤离作业现场。

3. 掌握本岗位职业卫生危害因素及防护措施，建立个人职业健康档案，定期参加单位组织的职业卫生体检，保障个人职业健康。

4. 有权对单位生产工作中存在的安全问题提出批评、检举、控告，有权拒绝违章指挥和强令冒险作业。

5. 工作期间必须穿工作服，戴防毒口罩及乳胶手套等，并规范正确使用。

6. 严禁将化验室的化学试剂、玻璃仪器及分析仪器等带出实验室；熟知所涉及试剂及样品的危险特性、个体防护措施和泄漏处理措施等。

7. 严格按照化验分析程序进行规范操作，做到无污染、无错误、出现事故及时按流程上报。

8. 准时上班，不迟到、不早退，讲究卫生，爱护公物。

9. 上班时间不准做与工作无关的事，不得阅读非业务类的书刊等。

10. 按时完成本岗位工作及临时接到的其他事情。

11. 认真填写原始记录，及时准确的报出分析结果，对出具的检验记录、报告的准确性负责。

12. 持续学习本专业知识，在实践中提高自己的技术水平。

13. 发扬集体主义精神，善于团队合作。

14. 发扬工匠精神、劳模精神，用心专注、精益求精、乐于奉献。

模块二　考核试题

一、填空题

1. 水溶性酸通常为能溶于水中的酸，主要为______、______、______及分子量较低的______。

2. 影响测定水溶性酸、碱的主要因素有________、________、________和________。

3. 硫及其化合物对石油炼制、油品质量及其应用的危害，主要包括______、______、______和______。

4. 博士试验法主要适用于检测芳烃和轻质石油产品中__________，也可检测其中的__________。

5. 氨-硫酸铜法主要适用于测定________中硫醇性硫的含量。

6. 测定石油产品中含硫化合物或硫含量，将试样中的待测物质先转化为可以检测的成分后再进行间接测定的方法为__________、__________。

7. 油品对金属材料的腐蚀性试验用以判断________或其他石油产品在炼制过程中或其他使用环境下对机械、设备等的________。

8. 影响铜片腐蚀试验测定的主要因素有______、______、______、______和腐蚀级别的确定方法。

9. 车用汽油的馏程常用______、______、______蒸发温度和______等来评价，其中______蒸发温度和______反映车用汽油在汽缸中的蒸发完全程度。

10. 测定汽油馏程时，应控制从初馏点到5%回收体积的时间是______ s；从5%回收体积到蒸馏烧瓶中5mL，残留物的冷凝平均速率是______ mL/min。

11. 蒸馏结束后，以装入试样量为100%减去馏出体积和残留物的体积分数，所得之差值称为______。

12. 汽油机是用电火花点燃油气混合气而膨胀做功的机械，所以又称为________发动机。

13. 汽油机的工作过程包括________、________、________和________四个行程。

14. 我国车用汽油一般是按________________划分牌号的。

15. 标准燃料的辛烷值就是燃料中所含________的体积分数。

二、单项选择题

1. 下列操作中，不属于汽油铜片腐蚀测定步骤的是（　　）。

A. 试样倒入试管 30mL 处　　B. 在浴中放置 2h±5min

C. 用软木塞塞住试管　　D. 把试管滑入试验弹中

2. 电位滴定法测馏分燃料中硫醇硫含量中，为使硝酸银在试样中更好地溶解及减少硫醇银沉淀对硝酸银的吸附，试验中采取用大量的（　　）作溶剂。

A. 石油醚　　B. 乙醇　　C. 乙醚　　D. 异丙醇

3. 下列不属于影响燃灯法测定硫含量的是（　　）。

A. 硫黄粉及其用量　B. 试样完全燃烧程度 C. 吸收液用量　　D. 终点判断

4. 含硫化合物按其化学性质可分为“活性硫”和“非活性硫”两大类，下列不属于“活性硫”的是（　　）。

A. 硫化氢　　B. 硫醚　　C. 磺酸　　D. 低级硫醇

5. 表示车用无铅汽油的平均蒸发性，直接影响发动机的加速性和工作平稳性的指标是（　　）。

A. 50%蒸发温度　　B. 10%蒸发温度　　C. 终馏点　　D. 残留量

6. 测定汽油馏程时，量取试样、馏出物和残留液体积的温度均要保持在（　　）℃。

A. 13～18　　B. 0～1　　C. 1～4　　D. 0～10

7. 测定汽油馏程时，为保证油气全部冷凝，减少蒸馏损失，必须控制冷浴温度为（　　）。

A. 0～10℃　　B. 13～18℃　　C. 0～5℃　　D. 不高于室温

8. GB/T 6536—2010 规定，从 5% 或 10% 回收体积到蒸馏烧瓶中 5mL，残留物的冷凝平均速率是（　　）mL/min。

A. 4　　B. 5　　C. 4～5　　D. 4～6

9. 初馏点对应的温度是（　　）时，烧瓶内的气相温度。

A. 形成第一滴回流液

B. 冷凝器入口形成第一滴馏出物

C. 冷凝器末端流出口滴出第一滴液体馏出液

D. 量筒底部接收到第一滴馏出液

10. 下列关于馏程测定原理的理解，正确的是（　　）。

A. 是一种条件性试验　　B. 纯化合物的沸点在一定条件下为一个沸点范围

C. 是一种非条件性试验　　D. 纯化合物的沸点在一定条件下为一个恒定值

11. 辛烷值是表示汽油（　　）的重要指标。

A. 挥发性　　B. 安定性　　C. 抗爆性　　D. 腐蚀性

12. 马达法和研究法的测定原理基本一样，研究法测定时发动机的转速为（　　）r/min。

A. 900　　B. 800　　C. 600　　D. 500

三、判断题

1. 测定汽油馏程时，量筒的口部要用吸水纸或脱脂棉塞住。（　　）

2. 测定汽油馏程时，如果加热速率过快，会使测定结果偏高。（　　）

3. 减压蒸馏测定过程中，系统的容积过大不会导致系统的真空度不够。（　　）

4. 馏程测定用冷凝器和冷凝管都要用缠在铜丝上的软布擦拭内壁。（　　）

5. 铜片腐蚀用试验弹在每次使用前都应该试漏。（　　）

6. 油品中的元素硫、硫化氢和硫醚常温下就能直接腐蚀金属，故统称为活性硫。（　　）

7. 燃灯法测定硫含量的灯及灯芯要用石油醚（60～90℃）洗涤并干燥。（　　）

8. 测定铜片腐蚀，比较铜片要求铜片和腐蚀标准色板对光线成 45°角折射。（　　）

9. 油品中水溶性酸、碱的测定主要检测的是石油产品中的亲水性物质。（　　）

10. 研究法辛烷值和马达法辛烷值的测定原理基本一样，但测定时所用的辛烷值机不同。（　　）

11. 汽油的抗爆性用辛烷值来评定。（　　）

12. 同一原油加工出来的汽油其辛烷值直馏汽油最高。（　　）

模块三 喷气燃料分析

内容概述

喷气燃料是喷气式发动机的主要能源燃料，喷气式发动机没有汽缸，燃料连续喷入燃烧室燃烧做功，只需在启动时用电火花点火即可。这类发动机质量轻、功率大，能达到很高速度，广泛用于航空方面。喷气式发动机工作原理的特殊性决定了其所用燃料质量要求方面的特殊性。主要要求有：良好的燃烧性能；适当的蒸发性；较高的热值和密度；良好的安定性；良好的低温性；无腐蚀性；良好的洁净性；较小的起电性和着火危险性；适当的润滑性等。该模块主要认识喷气燃料的规格，学习喷气燃料的密度、酸度（酸值）、烟点、颜色等性能指标的测定。

任务3-1 认识喷气燃料的种类、牌号和规格

任务目标

1. 熟悉喷气燃料的种类、牌号；
2. 认识喷气燃料的规格标准；
3. 联系实际理解喷气燃料的主要性能要求及用途。

任务描述

1. 任务：认识喷气燃料的种类牌号，学习喷气燃料的规格标准，掌握喷气燃料的主要性能要求和用途。

2. 教学场所：油品分析室。

储备知识

喷气燃料是馏程范围在130～280℃之间的石油馏分。主要用于喷气式发动机，如军用飞机、民航飞机等。喷气燃料以原油直馏分或加氢产品为原料，经精制水洗并加适量抗烧蚀剂、抗磨剂或其他允许加入的添加剂制成。

一、喷气燃料种类

喷气燃料按性质分为煤油型、宽馏分型和重煤油型，见表3-1，其中RP为rocket propellant的缩写。具体分为煤油型的RP-1号（馏程135～250℃，结晶点不高于－60℃）、RP-2号（馏程135～250℃，结晶点不高于－50℃）、RP-3号喷气燃料（馏程140～300℃，闪点不低于38℃），宽馏分型的RP-4号喷气燃料（馏程60～280℃，结晶点不高于－40℃），高闪点重煤油型的RP-5号喷气燃料（馏程180～300℃，闪点高于60℃），大密度重煤油型的RP-6号喷气燃料（馏程195～320℃）。

二、喷气燃料牌号及用途

喷气燃料牌号是按馏分馏程来划分的，喷气燃料的牌号、代号、类型和主要用途，如表3-1。

表3-1　喷气燃料的牌号、代号、类型和主要用途

牌号	代号	类型	主要用途
1号喷气燃料	RP-1	煤油型	民航机、军用机通用
2号喷气燃料	RP-2	煤油型	民航机、军用机通用
3号喷气燃料	RP-3	煤油型	民航机、军用机通用
4号喷气燃料	RP-4	宽馏分型	备用燃料、平时不生产
5号喷气燃料	RP-5	重煤油型	舰载飞机用
6号喷气燃料	RP-6	重煤油型	军用喷气燃料

其中，1号喷气燃料的结晶点不高于－60℃，通常在严寒地区冬季使用，由于其生产成本高且产量有限，目前已停止生产。2号喷气燃料曾是我国大量使用的一种喷气燃料，可在国内一般地区常年使用，但因其闪点为28℃，不适应国际标准要求，国内现已停止生产。3号喷气燃料是20世纪70年代末为适应国际通航和出口而开始研制，20世纪80年代初得到完善并投入大量生产的产品，具有闪点较高、且馏分较宽、燃烧性能良好等优点，广泛用于出口、民航飞机和军用飞机。4号馏分馏程宽，用于亚音速飞机，属于备用燃料，平时不生产；5号闪点高，专供舰载飞机使用；6号密度大，主要用作军用喷气燃料。

三、喷气燃料规格

我国目前使用的喷气燃料95%是3号喷气燃料。3号喷气燃料的规格标准是GB 6537—2018《3号喷气燃料》。其主要指标有外观（室温下）清澈透明，目视无不溶解水及固体物质，颜色不小于＋25[a]，密度在775～830kg/m^{3}之间等。

喷气燃料是喷气发动机的主要燃料，喷气发动机的燃烧过程是在高速气流中连续进行

的，为保证火焰连续燃烧，要求喷气燃料燃烧速度要快，火焰传播速度必须大于燃烧室内的气流速度，否则就会造成火焰中断而产生严重事故。因此，对喷气燃料的质量要求远远高于汽油和柴油。喷气燃料的主要性能要求有：良好的燃烧性能，适当的蒸发性能，较高的热值和密度，良好的安定性，良好的低温性，对机件腐蚀性小，良好的洁净性，较小的起电性和着火危险性，适当的润滑性等。

任务实施

分组进行线上线下资料查阅，学习喷气燃料的性质、种类牌号、用途和规格标准等内容，讨论我国现行喷气燃料标准的主要性能要求，归纳整理好相关内容，以小组为单位展示学习成果，并进行小组学习效果评价和成绩记录。

思考拓展

1. 喷气燃料是一种什么样的石油产品？我国的喷气燃料有哪些种类和牌号？
2. 你认为喷气燃料的主要性能要求有哪些？联系实际举例说明。

测定喷气燃料密度

任务目标

1. 掌握石油产品密度的概念及其测定的方法；
2. 理解影响油品密度测定的主要因素；
3. 能熟练进行喷气燃料密度的测定；
4. 能拓展测定汽油、柴油等油品的密度；
5. 熟悉石油产品密度测定的安全知识。

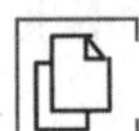

任务描述

1. 任务：认识喷气燃料及其规格，掌握石油产品密度的概念及其测定的方法，了解影响油品密度测定的主要因素，在油品分析室测定喷气燃料、汽油等油品的密度，掌握油品密度测定的操作技能和安全事项。

2. 教学场所：油品分析室。

储备知识

一、石油产品的密度及相对密度

1. 密度

单位体积内所含物质在真空中的质量称为该物质的密度，符号为 ρ，单位是 g/mL 或 kg/m^3。由于油品的体积会随温度而变化，在不同温度下，同一油品的密度是不相同的，所以应标明温度，通常用ρ_t 表示温度 t 时油品的密度。

我们国家规定 101.325kPa、20℃时，物质的密度为标准密度，用ρ_{20} 表示。其他温度下的密度为视密度。当测量温度与 20℃相差较大时，可根据 GB/T 1885《石油计量表》，由测得的温度 t 时油品的密度换算成标准密度。当测量温度在（20±5)℃范围内时，油品密度随温度的变化可近似地看作直线关系，由按式(3-1）换算。

$$\rho_{20}=\rho_t+\gamma(t-20℃) \tag{3-1}$$

式中 ρ_{20}——油品在 20℃时的密度，g/mL；

ρ_t——油品在温度 t 时的密度，g/mL；

γ——油品密度的平均温度系数，即油品密度随温度的变化率，g/(mL·℃)；

t——测量密度时油品的温度，℃。

油品密度的平均温度系数 γ 见表 3-2。

表 3-2 油品密度的平均温度系数（部分）

密度ρ_{20} /(g/mL)	平均温度系数 γ /[g/(mL·℃)]	密度ρ_{20} /(g/mL)	平均温度系数 γ /[g/(mL·℃)]
0.700～0.710	0.000897	0.850～0.860	0.000699
0.710～0.720	0.000884	0.860～0.870	0.000686
0.720～0.730	0.000870	0.870～0.880	0.000673
0.730～0.740	0.000857	0.880～0.890	0.000660
0.740～0.750	0.000844	0.890～0.900	0.000647
0.750～0.760	0.000831	0.900～0.910	0.000633
0.760～0.770	0.000813	0.910～0.920	0.000620
0.770～0.780	0.000805	0.920～0.930	0.000607
0.780～0.790	0.000792	0.930～0.940	0.000594
0.790～0.800	0.000778	0.940～0.950	0.000581
0.800～0.810	0.000765	0.950～0.960	0.000568
0.810～0.820	0.000752	0.960～0.970	0.000555
0.820～0.830	0.000738	0.970～0.980	0.000542
0.830～0.840	0.000725	0.980～0.990	0.000529
0.840～0.850	0.000712	0.990～1.000	0.000518

2. 相对密度

油品的相对密度是指液体油品在给定温度下的密度与规定温度下标准物质的密度之比，无量纲。液体石油产品以纯水为标准物质，我国与东欧各国习惯用 20℃时油品的密度与 4℃

时纯水的密度之比表示油品的相对密度，其符号用 d_4^{20} 表示。由于水在4℃时的密度等于1g/mL，因此液体石油产品的相对密度与密度在数值上相等。欧美其他国家则常以15.6℃作为油品和纯水的规定温度，用 $d_{15.6}^{15.6}$ 或用 $d_{60°F}^{60°F}$（60 ℉=15.6℃）表示油品的相对密度。利用表3-3可以进行 $d_{15.6}^{15.6}$ 与 d_4^{20} 间的换算，换算关系为：

$$d_4^{20}=d_{15.6}^{15.6}+\Delta d \tag{3-2}$$

式中 d_4^{20}——油品在20℃时的相对密度；

$d_{15.6}^{15.6}$——油品在15.6℃时的相对密度；

Δd——油品相对密度校正值。

表3-3 相对密度 $d_{15.6}^{15.6}$ 与 d_4^{20} 的换算数据

相对密度 $d_{15.6}^{15.6}$ 或 d_4^{20}	校正值 Δd	相对密度 $d_{15.6}^{15.6}$ 或 d_4^{20}	校正值 Δd
0.7000～0.7100	0.0051	0.8400～0.8500	0.0043
0.7100～0.7300	0.0050	0.8500～0.8700	0.0042
0.7300～0.7500	0.0049	0.8700～0.8900	0.0041
0.7500～0.7700	0.0048	0.8900～0.9100	0.0040
0.7700～0.7800	0.0047	0.9100～0.9200	0.0039
0.7800～0.8000	0.0046	0.9200～0.9400	0.0038
0.8000～0.8200	0.0045	0.9400～0.9500	0.0037
0.8200～0.8400	0.0044		

另外，美国石油协会还常用液体相对密度指数（API°）表示，API°与 $d_{15.6}^{15.6}$ 的关系见式（3-3），由此可以进行相互换算。

$$API°=\frac{141.5}{d_{15.6}^{15.6}}-131.5 \tag{3-3}$$

二、油品密度与化学组成的关系

油品的密度与化学组成和结构有关。几种烃类的相对密度如表3-4所示。在碳原子数相同的情况下，不同烃类密度大小顺序为：芳烃＞环烷烃＞烷烃。同种烃类，密度随沸点升高而增大。当沸点范围相同时，含芳烃越多，其密度越大；含烷烃越多，其密度越小。胶质的相对密度较大，其范围是1.01～1.07，因此石油及石油产品中，胶质含量越高，其相对密度就越大。

表3-4 几种烃类的相对密度

烃类名称	相对密度 d_4^{20}	烃类名称	相对密度 d_4^{20}
苯	0.8789	甲苯	0.8670
环己烷	0.7785	甲基环己烷	0.7694
正己烷	0.6594	3-甲基己烷	0.6871
2-甲基戊烷	0.6531	正庚烷	0.6837

三、测定油品密度的意义

1. 用于油品体积和质量的换算

对容器中的油品，测出容积和密度，就可以计算其质量。利用喷气燃料的密度和质量热值，可以计算其体积热值。

2. 判断油品种类

由于油品的密度与化学组成密切相关，因此根据相对密度可初步确定油品品种，例如，汽油相对密度为0.70～0.77，煤油相对密度为0.75～0.83，柴油相对密度为0.80～0.86，润滑油相对密度为0.85～0.89，重油相对密度为0.91～0.97。

3. 判断油品品质

在油品生产、贮运和使用过程中，根据密度的增大或减小，可以判断是否混入重油或轻油，或者是轻质馏分蒸发损失的程度如何。

4. 判断喷气燃料使用性能

喷气燃料的能量特性用质量热值（MJ/kg）和体积热值（MJ/m^3）表示。燃料的密度越小，其质量热值越高，对续航时间不长的歼击机，为了尽可能减少飞机载荷，应使用质量热值高的燃料。相反，燃料的密度越大，其质量热值越小，但体积热值大，适用于作远程飞行燃料，这样可减小油箱体积，降低飞行阻力。通常，在保证燃烧性能不变坏的条件下，喷气燃料的密度大一些较好。

四、油品密度的测定方法

测定液体石油产品密度的方法通常有密度计法、比重（或密度）瓶法和密度测定仪法三种。生产实际中主要用密度计法。

1. 密度计法

密度计法测定液体石油产品密度按GB/T 1884—2000《原油和液体石油产品密度实验室测定法（密度计法）》进行。测定时将密度计垂直放入液体中，当密度计排开液体的质量等于其本身的质量时，处于平衡状态，漂浮于液体中。密度大的液体浮力较大，密度计露出液面较多；相反，液体密度小，浮力也小，密度计露出液面部分较少。根据GB/T 1884的规定，密度计应符合SH/T 0316—1998《石油密度计技术条件》和表3-5中给出的技术要求。

表3-5 密度计的技术要求

型号	单位	密度范围	每支单位	刻度间隔	最大刻度误差	弯月面修正值
SY-02	kg/m^3(20℃)	600～1100	20	0.2	±0.2	+0.3
SY-05		600～1100	50	0.5	±0.3	+0.7
SY-10		600～1100	50	1.0	±0.6	+1.4
SY-02	g/cm^3(20℃)	0.600～1.100	0.02	0.0002	±0.0002	+0.0003
SY-05		0.600～1.100	0.05	0.0005	±0.0003	+0.0007
SY-10		0.600～1.100	0.05	0.0010	±0.0006	+0.0014

测量液体石油产品密度常用的密度计，见图3-1(a)，它主要由干管、躯体和压载室组成。在密度计干管上，是以纯水在4℃时的密度为1g/mL作为标准刻制标度的，因此在其他温度下的测量值仅是密度计读数，并不是该温度下的密度，故称为视密度。测定后，要用

GB/T 1885—1998《石油计量表》把修正后的密度计读数（视密度）换算成标准密度。

按国际通行的方法：测定透明液体，如图 3-1(b) 所示，以读取液体下弯月面（即液体主液面）与密度计干管相切的刻度作为测定结果；对不透明液体，如图 3-1(c) 所示，要读取液体上弯月面（即弯月面上缘）与密度计干管相切的刻度，读数值加上弯月面修正值（查表 3-5)，作为测定结果。

密度测量也可以使用 SY-Ⅰ型或 SY-Ⅱ型石油密度汁，其测量范围见表 3-6。SY-Ⅰ型精度比较高，适用于油罐的计量，SY-Ⅱ型则适用于油品生产的控制与分析。无论何种试样，这两种密度计一律读取液体上弯月面（或称弯月面上缘）与密度计干管相切的刻度，不作弯月面的修正。

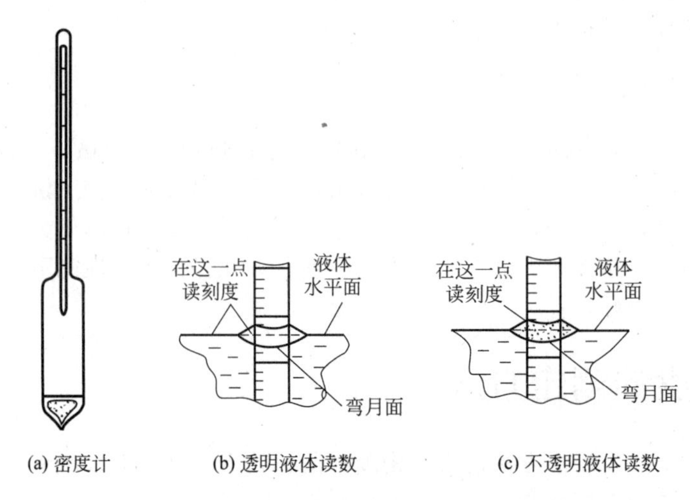

图 3-1　密度计读数方法

表 3-6　两种类型石油密度计的测量范围

型号			SY-Ⅰ	SY-Ⅱ
最小分度值/(g/mL)			0.005	0.001
支号	1	测量范围/(g/mL)	0.6500～0.6900	0.650～0.710
	2		0.6900～0.7300	0.710～0.770
	3		0.7300～0.7700	0.770～0.830
	4		0.7700～0.8100	0.830～0.890
	5		0.8100～0.8500	0.890～0.950
	6		0.8500～0.8900	0.950～1.010
	7		0.8900～0.9300	
	8		0.9300～0.9700	
	9		0.9700～1.0100	

密度计要用可溯源于国家标准的标准密度计或可溯源的标准物质密度作定期检定，至少每 5 年复检 1 次。密度计法简便、迅速，但准确度受最小分度值及测试人员的视力限制，不可能太高。

2. 比重瓶法（或密度瓶法）

该法按 GB/T 13377—2010《原油和液体或固体石油产品　密度或相对密度的测定　毛细管塞比重瓶和带刻度双毛细管比重瓶法》进行的。毛细管塞密度瓶是一种瓶颈上刻有标线及塞子上带有毛细管的瓶子，共有三个型号，见图 3-2(a)～(c)。各种型号的容量及用途如下：防护帽（磨口帽）型密度瓶推荐用于除黏稠或固体产品外的所有试样，通常适用于挥发性产品。磨口帽或防护帽有效地减少了膨胀和挥发的损失，这种密度瓶可用于测定温度低于实验室室温的情况。盖-卢塞克型密度瓶，适用于除高黏度外的非挥发性液体。广口型密度瓶，适用于较黏稠液体或固体。盖-卢塞克型和广口型密度瓶没有“防护帽”或膨胀室，这两种密度瓶均不适用于测定温度远低于实验室温度的情况，因为称重时样品通过毛细管的膨胀可造成试样损失。

图 3-2(d) 为带刻度双毛细管密度瓶，有 1mL、2mL、5mL 和 10mL 四种规格，它适用于测定高挥发性及试样量较少的液体密度。

使用各种密度瓶时，首先要测定其水值。在恒定 20℃ 的条件下，分别对装满纯水前后的密度瓶准确称量，注意瓶体保持清洁、干燥，则后者与前者的质量之差称为密度瓶的水值。至少测定五次，取其平均值作为密度瓶的水值。

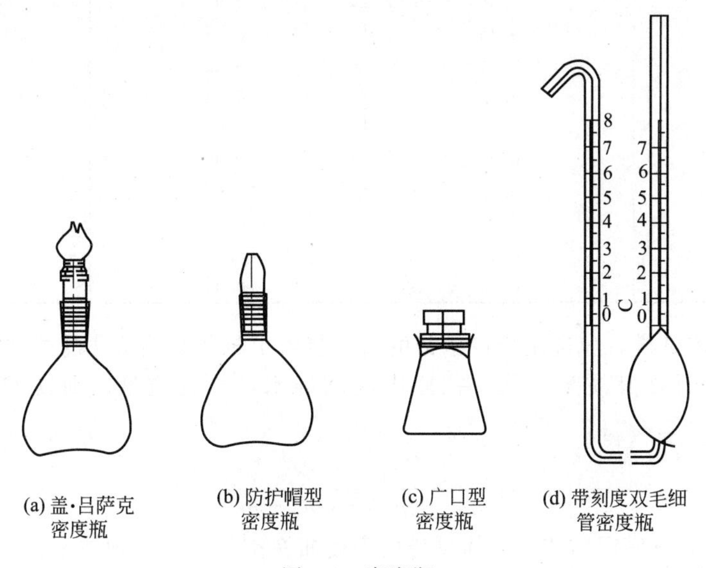

图 3-2 密度瓶

液体试样一般选择 25mL 和 50mL 的密度瓶，在恒定温度下注满试样，称其质量。当测定温度为 20℃时，密度及相对密度分别按式(3-4) 和式(3-5) 计算。

$$\rho_{20}=\frac{(m_{20}-m_0)\rho_c}{m_c-m_0}+C \tag{3-4}$$

$$d_4^{20}=\frac{\rho_{20}}{0.99820} \tag{3-5}$$

式中 ρ_{20}——20℃时试样的密度，g/mL；

ρ_c——20℃时纯水的密度，g/mL；

m_{20}——20℃时盛试样密度瓶在空气中的表观质量，g；

m_c——20℃时盛水密度瓶在空气中的表观质量，g；

m_0——空密度瓶在空气中的质量，g；

m_c-m_0——密度瓶的水值，g；

d_4^{20}——20℃时试样的相对密度；

0.99820——20℃时水的密度，g/mL；

C——空气浮力修正值（见表 3-7），kg/m^3。

表 3-7 空气浮力修正值

$\frac{m_{20}-m_0}{m_c-m_0}$	修正值 $C/(kg/m^3)$	$\frac{m_{20}-m_0}{m_c-m_0}$	修正值 $C/(kg/m^3)$
0.60	0.48	0.80	0.24
0.61	0.47	0.81	0.23
0.62	0.46	0.82	0.22
0.63	0.44	0.83	0.20
0.64	0.43	0.84	0.19
0.65	0.42	0.85	0.18
0.66	0.41	0.86	0.17
0.67	0.40	0.87	0.16
0.68	0.38	0.88	0.14
0.69	0.37	0.89	0.13
0.70	0.36	0.90	0.12
0.71	0.35	0.91	0.11
0.72	0.34	0.92	0.10
0.73	0.32	0.93	0.08
0.74	0.31	0.94	0.07
0.75	0.30	0.95	0.06
0.76	0.29	0.96	0.05
0.77	0.28	0.97	0.04
0.78	0.26	0.98	0.02
0.79	0.25	0.99	0.01

固体或半固体试样，应选用广口型密度瓶，装入半瓶剪碎或熔化的试样后，置于干燥器中，冷却至 20℃时称其质量，然后往瓶中注满纯水，称其质量。则其密度可按式(3-6)计算。

$$\rho_{20}=\frac{(m_1-m_0)\rho_c}{(m_c-m_0)-(m_2-m_1)}+C \tag{3-6}$$

式中 m_1——20℃时盛固体或半固体试样的密度瓶在空气中的表观质量，g；

m_2——20℃时盛固体或半固体试样和水的密度瓶在空气中的表观质量，g。

其他符号意义同前。相对密度仍按式(3-5) 计算。

比重瓶法（或密度瓶法）是以测量一定体积产品质量为基础的，称量用的分析天平的最小分度值（感量）仅为 0.1mg，测量温度也易控制，所以是测量石油产品密度的最精确方法之一，应用比较广泛，缺点是测定时间比较长。

3. 密度测定仪法

密度测定仪法测定油品密度是按 SH/T 0604—2000《原油和石油产品密度测定法（U 形振动管法）》的试验方法进行的，该标准规定了使用 U 形振动管密度计测定原油和石油产品密度的方法。此标准适用于在试验温度和压力下可处理成单相液体，其密度范围为 600～1100kg/m^3 的原油和石油产品。

用密度测定仪测定密度，实际上是通过对频率的测定来获得样品的相对密度。因为在温度恒定的条件下，检测器中液体的总质量和自由频率存在一定的对应关系。测定时，首先应该设定测定温度。当闪烁指示结束时，说明温度已恒定。把少量样品缓慢注入检测池，进样快或测定温度高于进入液体样品的温度时会产生气泡。

使用密度仪测定样品密度时，密度仪应定期测定水密度，以进行仪器校正。仪器不暴露在直射阳光下；干燥泵应连接干燥器。密度测定仪的洗涤一般采用丙酮；仪器吹扫使用干燥空气。为保证测定结果准确，必须保证样品在测定条件下性质稳定。

造成仪器不稳定的原因有：进样快造成检测池内有气泡，检测池内的气泡使得仪器不稳定；检测温度不适合使得仪器不稳定。因此若10min仪器仍不稳定，应仔细干燥检测池、清除检测池内的气泡或适当调整检测的温度。

五、影响密度测定的主要因素及注意事项

温度及体积的合理控制和正确测定是影响油品密度测定的主要因素，另外仪器的选用及不当操作也会影响测定的结果。

1. 密度计法测定密度的注意事项

在接近或等于标准温度20℃时最准确，在整个试验期间，若环境温度变化大于2℃，要使用恒温浴，以保证试验结束与开始的温度相差不超过0.5℃。测定温度前，必须搅拌试样，保证试样混合均匀，记录要准确到0.1℃。放开密度计时应轻轻转动一下，要有充分时间静止，让气泡升到表面，并用滤纸除去。塑料量筒易产生静电，妨碍密度计自由漂浮，使用时要用湿布擦拭量筒外壁，消除静电。要根据试样选用不同的密度计，且读数操作要规范。

2. 密度瓶法测定密度的注意事项

保持密度瓶及塞子清洁干燥。清除密度瓶和塞子的油污，应先经铬酸洗液彻底清洗，用自来水清洗后，再用蒸馏水冲洗并干燥。测定密度瓶20℃的水值，密度瓶在恒温浴中至少保持30min。用密度瓶法测定样品的密度，密度瓶在恒温浴中应至少保持20min。密度瓶浸入恒温浴应直到顶部，注意不要浸没密度瓶塞或毛细管上端，待温度达到平衡，没有气泡，试样液面不再变动后，将毛细管顶部过剩的液体用滤纸吸去，再取出密度瓶，擦干外壁后进行称量，以保证体积稳定。所有称量过程，环境温差不应超过5℃，以控制空气密度的变化，使之获得最大的准确性。测水值及固体和半固体试样时，为确保体积的稳定，要注入无空气水，试验中使用新煮沸并冷却至18℃左右的纯水。密度瓶水值至少两年测定一次。对含水和机械杂质的试样，应除去水和机械杂质后再行测定，固体和半固体试样还需做剪碎或熔化等预处理。

3. 密度测定仪测定密度的注意事项

样品应缓慢注入检测池，避免产生气泡，使仪器不稳定。一定要在温度恒定后再进行测定。密度仪应定期进行校正。

任务实施

测定喷气燃料密度（密度计法）

1. 实施目的

① 理解GB/T 1884—2000《原油和液体石油产品密度实验室测定法（密度计法）》的原

理和方法。

② 学会密度计法测定油品密度的操作技能。

③ 掌握液体油品密度测定的注意事项和安全知识。

2. 仪器材料

密度计（符合 SH/T 0316 和表 3-5 给出的技术要求）；量筒（250mL 或 500mL，2 支）；移液管（25mL，1 支）；温度计（－1～38℃，最小分度值为 0.1℃，1 支；－20～102℃，最小分度值为 0.2℃，1 支）；恒温浴（能容纳量筒，使试样完全浸没在恒温浴液面以下，可控制试验温度变化在±0.25℃以内）；玻璃或塑料搅拌棒（约 450mm 长）等。

3. 所用试剂

喷气燃料或其他液体石油产品。

4. 方法概要

将处于规定温度的试样，倒入温度大致相同的量筒中，放入合适的密度计，静止，当温度达到平衡后，读取密度计读数和试样温度。用 GB/T 1885《石油计量表》把观察到的密度计读数（视密度）换算成标准密度。必要时，可以将盛有试样的量筒放在恒温浴中，以避免测定温度变化过大。

5. 实施步骤

① 试样的准备。对黏稠或含蜡的试样，要先加热到能够充分流动的温度，保证既无蜡析出，又不致引起轻组分损失。

将调好温度的试样小心地沿管壁倾入到洁净的量筒中，注入量为量筒容积的 70%左右。

若试样表面有气泡聚集时，要用清洁的滤纸除去气泡。将盛有试样的量筒放在没有空气流动并保持平稳的试验台上。

② 测量密度范围。将干燥、清洁的密度计小心地放入搅拌均匀的试样中。密度计底部与量筒底部的间距至少保持 25mm，否则应向量筒注入试样或用移液管吸出适量试样。

③ 测定试样密度。选择合适的密度计慢慢地放入试样中，达到平衡时，轻轻转动后放开，使其离开量筒壁（注意密度计不能与量筒的任何部位接触），自由漂浮至静止状态。对不透明黏稠试样，按图 3-1(c) 所示方法读数。对透明低黏度试样，要将密度计再压入液体中约两个刻度，放开，待其稳定后按图 3-1(b) 所示方法读数。记录读数后，立即小心地取出密度计，并用温度计垂直地搅拌试样，记录温度，准确到 0.1℃。若与开始试验温度相差大于 0.5℃，应重新读取密度和温度，直到温度变化稳定在 0.5℃以内。

如果不能得到稳定温度，把盛有试样的量筒放在恒温浴中，再按步骤（3）重新操作。

记录连续两次测定的温度和视密度。

④ 数据处理。对记录的视密度需进行修正与换算。由于密度计读数是按读取液体下弯月面作为检定标准的，所以对不透明试样，需按表 3-5 加以修正（SH 型或 SY-Ⅱ型石油密度计除外），记录到 0.0001g/mL。根据不同的油品试样，用《石油计量表》把修正后的密度计读数换算成标准密度。

6. 注意事项

① 用密度计法测定密度时，在接近或等于标准温度 20℃时最准确；当密度值用于散装

石油计量时，需在近散装石油温度3℃以内测定密度，这样可以减小石油体积修正误差。

② 在整个试验期间，若环境温度变化大于2℃时，要使用恒温浴，以避免测定温度变化过大，保证量筒、试样、温度计、密度计处于相同温度下。

③ 密度计是易损的玻璃制品，使用时要轻拿轻放，要用脱脂棉或其他质软的物品擦拭，取出和放入时可用手拿密度计的上部，清洗时应拿其下部，以防折断。

7. 精密度

① 重复性。在温度范围为−2～24.5℃时，同一操作者用同一仪器在恒定的操作条件下，对同一试样重复测定两次，结果之差要求为：透明低黏度试样，不应超过0.0005g/mL；不透明试样，不应超过0.0006g/mL。

② 再现性。在温度范围为−2～24.5℃时，由不同试验室提出的两个结果之差要求为：透明低黏度试样，不应超过0.0012g/mL；不透明试样，不应超过0.0015g/mL。

8. 任务实施报告

① 按规范要求写好任务名称、实施目的、仪器材料、所用试剂、实施步骤和分析记录等。

② 取重复测定两次结果的算术平均值，作为试样的密度。密度最终结果报告到0.0001g/mL或0.1kg/m^3，20℃。

考核评价

测定喷气燃料密度技能考核评价表

考核项目	测定喷气燃料密度					
序号	评分要素	配分	评分标准	扣分	得分	备注
1	必要时，将试样置于恒温浴中，使试样与用于测定的量筒和温度计处于相同的温度	5	若试样与量筒、温度计的温度相差过大，扣5分			
2	将均匀的适量试样沿量筒壁倾入清洁的量筒内	25	取样前应充分摇匀，否则扣5分；沿量筒壁倾入，否则扣5分；避免飞溅，否则扣5分；用滤纸除去试样表面的空气泡，否则扣5分；试样应适量，一般为量筒体积的70%左右，否则扣5分			
3	搅拌试样，使整个量筒中试样密度和温度均匀，记录温度，取出温度计和搅拌棒	10	应充分搅拌试样，否则扣5分；温度应读准至0.1℃，否则扣5分			
4	把合适的密度计放入液体中，达到平衡位置时放开，将密度计按到平衡点下1～2mm，轻轻转动一下再放开，让密度计自由漂浮，并距量筒底部至少25mm，否则需更换密度计，直至达到要求	20	密度计没压入平衡点下1～2mm，扣5分；没轻轻转动一下后放开，扣5分；若密度计与量筒内壁接触，扣5分；若密度计距量筒底部少于25mm，扣5分			
5	当密度计自由漂浮且静止时读数，同时读取温度计读数	10	当密度计自由漂浮没有静止时读数，扣5分；密度计读数应读准至0.0001g/mL，否则扣5分			

续表

考核项目	测定喷气燃料密度					
序号	评分要素	配分	评分标准	扣分	得分	备注
6	计算试样的标准密度公式为 $\rho_{20}=\rho_t+\gamma(t-20℃)$ 式中 ρ_{20}—标准密度,g/mL; ρ_t—视密度,g/mL; t—试样温度; γ—试样密度平均温度系数,g/(mL·℃)	20	不熟悉或不会应用公式,扣10分;计算结果不对,扣10分			
7	台面整洁,摆放有序,废液、废纸处理得当,仪器刷洗干净	5	操作不正确,每处扣2分			
8	劳保用具齐全,试验记录完善	5	劳保用具不全,试验记录不完善,每项扣2.5分			
合计		100	得分			

数据记录单

测定喷气燃料密度数据记录单

样品名称			
仪器设备			
执行标准			
计算公式			
平行次数		1	2
测量温度 t/℃			
油品的视密度ρ_t/(g/mL)			
油品密度的平均温度系数 γ/[g/(mL·℃)]			
油品的标准密度ρ_{20}/(g/mL)			
油品的平均标准密度ρ_{20}/(g/mL)			
分析人		分析时间	

操作视频

视频：测定喷气燃料密度

视频：测定汽油密度

思考拓展

1. 石油产品的密度有几种表达方式？相互之间如何换算？
2. 飞机中的战斗机和运输机所需喷气燃料的密度有何区别？为什么？
3. 拓展完成汽油密度的测定。

测定喷气燃料酸度、酸值

任务目标

1. 学习石油产品的酸度、酸值的概念；
2. 掌握石油产品的酸度、酸值测定原理和方法；
3. 了解影响酸度、酸值测定结果的主要因素；
4. 能够熟练测定喷气燃料总酸值；
5. 能够拓展完成柴油酸度或酸值测定。

任务描述

1. 任务：学习石油产品酸度、酸值的概念，了解影响酸度测定结果的主要因素，掌握石油产品的酸度、酸值测定方法，在油品分析室进行喷气燃料酸值的测定。

2. 教学场所：油品分析室。

储备知识

一、酸度、酸值

1. 酸度、酸值的概念

石油产品的酸度、酸值都是用来衡量油品中酸性物质数量的指标。中和 100mL 石油产品中的酸性物质，所需氢氧化钾的质量，称为酸度，以 mg/100mL 表示；中和 1g 石油产品中的酸性物质，所需氢氧化钾的质量，称为酸值，以 mg/g 表示。

由于油品中的酸性物质不是单一化合物，而是由不同酸性物质构成的集合，所以用碱性溶液来滴定试样抽出溶液时，无法根据酸、碱反应的物质的量比例关系直接求出具体某种酸的含量，只能以中和100mL（或1g）试样中的各类酸性物质所消耗的氢氧化钾质量来表示。使用水和有机试剂复合萃取剂来抽提试样中的酸性物质，主要运用的是相似相溶原理，使试样中的无机酸、有机酸同时被抽提出来。

2. 酸性物质的来源

油品中的酸性物质主要为无机酸、有机酸、酚类化合物、酯类、内酯、树脂以及重金属盐类、铵盐和其他弱碱的盐类、多元酸的酸式盐和某些抗氧及清净添加剂等。无机酸在油品中的残留量极少，若酸洗精制工艺条件控制得当，油品中几乎不存在无机酸；油品中的有机酸，主要为环烷酸和脂肪酸，它们大部分是原油中固有的且在石油炼制过程中没有完全脱尽的，部分是石油炼制或油品运输、贮存过程中被氧化而生成的。另外，油品中还含有少量酚类化合物，苯酚等主要存在于轻质油品中，萘酚等主要存在于重质油中。这些化合物虽然含量较少，但其危害性很大。馏分油或油品中酸性物质的存在，无疑对炼油装置、贮存设备和使用机械等产生严重的腐蚀性，酸性物质还能与金属接触生成具有催化功能的有机酸盐。对石油产品中酸性物质的测定，所得的酸度（值）一般为有机酸、无机酸以及其他酸性物质的总值，但主要是有机酸性物质（环烷酸、脂肪酸、酚类、硫醇等）的中和值。

二、测定石油产品酸度、酸值的意义

1. 判断油品中所含酸性物质的数量

油品中酸性物质的数量随原油组成及其馏分油精制程度而变化，酸度（值）越高，说明油品中所含的酸性物质就越多。柴油、喷气燃料对酸度（值）都有具体要求。

2. 判断油品对金属材料的腐蚀性

油品中有机酸含量少，在无水分和温度较低时，一般对金属不会产生腐蚀作用，但当含量增多且存在水分时，就能严重腐蚀金属。有机酸的分子量越小，它的腐蚀能力就越强。油品中的环烷酸、脂肪酸等有机酸与某些有色金属（如铅和锌等）作用，所生成的腐蚀产物为金属皂类，还会促使燃料油品和润滑油加速氧化。同时，皂类物质逐渐聚集在油中形成沉积物，破坏机器的正常工作。汽油在贮存时氧化所生成的酸性物质，比环烷酸的腐蚀性还要强，它们的一部分能溶于水中，当油品中有水分落入时，便会增加其腐蚀金属容器的能力。柴油中的酸性物质对柴油发动机工作状况也有很大的影响，酸度大的柴油会使发动机内的积炭增加，这种积炭是造成活塞磨损、喷嘴结焦的主要原因。

3. 判断润滑油的变质程度

对使用中的润滑油而言，在运行机械内持续使用较长一段时间后，由于机件间的摩擦、受热以及其他外在因素的作用，油品将受到氧化而逐渐变质，出现酸性物质增加的倾向。因此，可从使用环境中的酸值是否超出换油指标，来确定是否应当更换机油。例如，柴油机油酸值大于2.0mgKOH/g时，必须更换机油。

三、酸度、酸值测定方法概述

测定石油产品酸度或酸值的标准方法较多，如GB/T 258—2016《轻质石油产品酸度测定法》、GB/T 12574—90《喷气燃料总酸值测定法》、GB/T 264—83《石油产品酸值测定法》、GB/T 7304—2014《石油产品酸值的测定　电位滴定法》、SH/T 0688—2000《石油产品和润滑剂碱值测定法（电位滴定法）》、GB/T 4945—2002《石油产品和润滑剂酸值或碱值测定法（颜色指示剂法）》等，通常是先采用乙醇或甲苯异丙醇等有机溶剂的水溶液抽提试样中的待测酸性物质，再进行化学滴定分析或电位滴定分析，相应的终点确定既可用指示剂颜色变化显示，也可用电位计电位显示。

1. 轻质油品酸度的测定

测定轻质石油产品，如汽油、石脑油、煤油、柴油及喷气燃料等油品的酸度，按 GB/T 258—2016《轻质石油产品酸度测定法》进行。部分油品酸度（值）的质量指标见表 3-8。

表 3-8　部分油品酸度（值）的质量指标

油品名称	酸值/(mg/g)	酸度/(mg/100mL)
3 号喷气燃料(GB 6537—2018)	≤0.015	
车用柴油(GB 19147—2016)		≤7
航空喷气机润滑油(GB 439—90)	≤0.04	
20 号航空润滑油(GB 440—77)	≤0.03	
变压器油(GB 2536—2011)	≤0.01	

测定轻质油品酸度的基本原理是：用乙醇将轻质石油产品中的酸性物抽出，在有颜色指示剂条件下，用氢氧化钾乙醇标准滴定溶液滴定。以 mg/100mL 为单位表示酸度。其化学反应如下：

$$RCOOH + KOH \longrightarrow RCOOK + H_2O$$
$$H^+ + OH^- \longrightarrow H_2O$$

试样的酸度按式(3-7) 计算。

$$X = \frac{56.1cV}{V_1} \times 100 \tag{3-7}$$

式中　X——试样的酸度，mg/100mL；
V——滴定时所消耗氢氧化钾乙醇溶液的体积，mL；
V_1——试样的体积，mL；
56.1——氢氧化钾的摩尔质量，g/mol；
c——氢氧化钾乙醇溶液的物质的量浓度，mol/L；
100——酸度换算为 100mL 的常数。

能够用于测定油品酸度（值）的酸碱指示剂有酚酞、甲酚红、碱性蓝 6B、溴麝香草酚蓝（溴百里酚蓝）等。不同标准试验方法依据待测试样的馏分轻重与取样多少，滴定时选用的指示剂也不尽相同，关键在于抽出溶液的颜色必须能够与酸碱指示剂所改变的颜色区分开来。油品酸度（值）测定的终点确定，除可利用上述酸碱指示剂外，还可以使用电位计检测。

2. 石油产品、润滑剂、生物柴油以及生物柴油调和燃料酸值的测定（电位滴定法）

测定石油产品、润滑剂、生物柴油以及生物柴油调和燃料的酸值，按 GB/T 7304—2014《石油产品酸值的测定　电位滴定法》进行，主要适用于测定能够溶解和基本溶解于甲苯和无水异丙醇混合溶剂的石油产品和润滑剂中的酸性物质以及测定具有低酸性和溶解性差异较大的生物柴油和生物柴油调和燃料中的酸性物质，试验过程中使用的主要仪器设备为电位滴定装置（见图 3-3）。

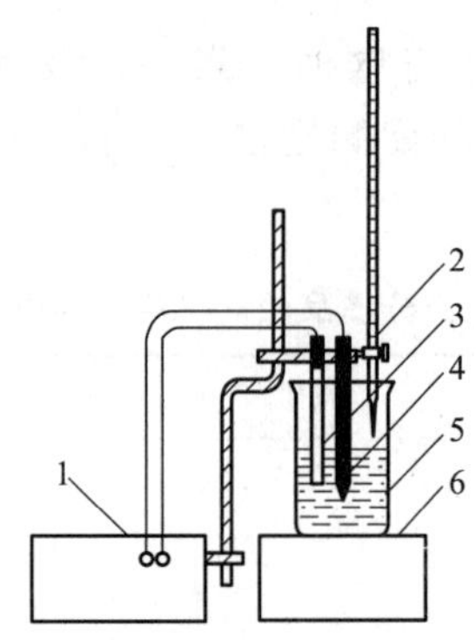

图 3-3　电位滴定装置图

1—电位计；2—滴定管；3,4—电极；5—滴定池；6—电磁搅拌器

电位滴定法测定石油产品、润滑剂、生物柴油以及生物柴油调和燃料酸值的基本原理是：准确称取一定量的试样于滴定池中，用甲苯-异丙醇（内含少量水）混合溶剂（亦称滴定溶剂）溶解试样，将玻璃指示电极-甘汞参比电极固定在滴定池内，调整电位计至测量状态，充分搅拌混合溶液使试样中的酸性物质溶出、分布均匀，以氢氧化钾的异丙醇溶液直接滴定试样与滴定溶剂的混合试液，在手绘或自动绘制的电位-滴定剂用量的曲线上（也称 *E*-*V* 图）仅把明显突跃点作为终点。如果没有明显突跃点，则以相应的新配水性酸和碱缓冲溶液的电位值作为终点。

其化学反应如下：

$$\mathrm{RCOOH+KOH \longrightarrow RCOOK+H_2O}$$

试样的酸值按式(3-8) 计算。

$$X=\frac{56.1\mathrm{g/mol}\times(A-B)c}{m} \tag{3-8}$$

式中　X——试样的酸值，mg/g；

A——滴定混合试液至终点所消耗氢氧化钾异丙醇溶液的体积，mL；

B——相当于 A 的空白值，mL；

56.1——氢氧化钾的摩尔质量，g/mol；

c——氢氧化钾乙醇溶液的物质的量浓度，mol/L；

m——试样的质量，g。

测定时，根据预测试样的酸值，按标准中规定的要求准确称取试样，加入滴定池中。向盛有试样的滴定池内加入一定量的滴定溶剂，启动磁力搅拌装置，在不引起混合试液飞溅和产生气泡的情况下，尽可能提高搅拌速度，以便于试样中的酸性物质均匀释放出来。安装电极（也可在搅拌前就固定好），记录滴定管中氢氧化钾异丙醇溶液的初始体积及混合溶液的电位值，按一定的滴定速度进行滴定操作，记录滴定过程中消耗氢氧化钾异丙醇溶液的体积和滴定池内混合溶液的电位变化值。将电位变化突跃点作为滴定终点，计算试样的酸值。

电位滴定法是利用滴定时抽出溶液中氢离子浓度的改变，通过电位检测、显示氢离子浓度的变化来确定终点的，不像用酸碱指示剂法存在肉眼观察颜色变化可能带来的测量误差，能够在有色或浑浊的抽出溶液中进行滴定分析，对测定轻、重石油产品中的酸、碱含量皆适用。

3. 喷气燃料总酸值测定法

测定喷气燃料总酸值，可以按 GB/T 12574—90《喷气燃料总酸值测定法》进行，本标准适用于总酸值范围为 0.000～0.100mg/g 的喷气燃料。试验过程中使用的主要仪器有滴定管和滴定瓶，其中滴定瓶是烧制或由 500mL 三角烧瓶改制而成，穿过瓶壁烧接一根旁支管，旁支管在三角烧瓶壁上的开口应该高于滴定瓶中内容物 500mL 的液面，具体要求见图 3-4。

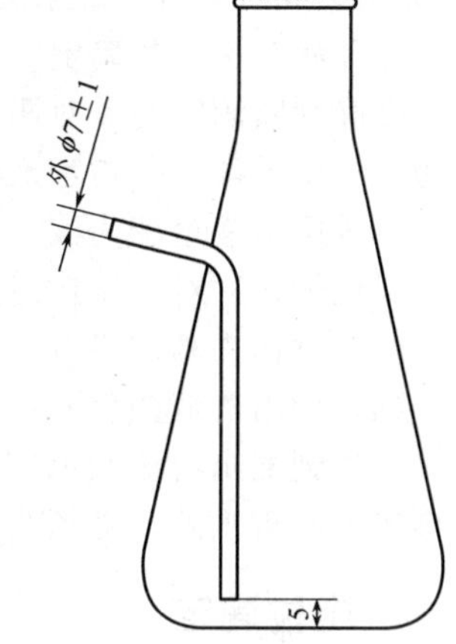

图 3-4　滴定瓶（单位：mm）

测定喷气燃料总酸值的基本原理是：将试样溶解在含有少量水的甲苯和异丙醇混合物中，以氢氧化钾异丙醇标准溶液为滴定剂进行电位滴定。以对-萘酚苯指示剂的颜色变化（在酸性溶液中显橙色，在碱性溶液中显绿色）确定终点。

试样的总酸值 X（mg/g）按式(3-9) 计算。

$$X=\frac{56.1\times(V-V_0)C}{m} \tag{3-9}$$

式中　X——试样的总酸值，mg/g；

V——滴定时所消耗氢氧化钾异丙醇标准滴定溶液的体积，mL；

V_0——滴定空白所消耗的氢氧化钾异丙醇标准滴定溶液的体积，mL；

C——氢氧化钾异丙醇标准滴定溶液的实际浓度，mol/L；

56.1——氢氧化钾的摩尔质量，g/mol；

m——试样的质量，g。

测定时，称取一定量试样放入滴定瓶中。加入一定量滴定溶剂和对-萘酚苯指示剂。在适当通风的条件下，由旁支管以一定流速通入氮气。在不断旋动下对混合液体鼓气泡（注意：蒸发气体易燃、有毒，最好在通风橱中进行）。持续通入氮气，在 30℃以下，不断旋动滴定瓶，用氢氧化钾异丙醇标准滴定溶液进行滴定，直至出现亮绿色，并能保持 15s，即为终点。

四、影响测定的主要因素

1. 化学滴定法

（1）指示剂用量

每次测定所加的指示剂要按标准中规定的用量加入，以免引起滴定误差，通常用于测定试样酸度（值）的指示剂多为弱酸性有机化合物，本身会消耗碱性溶液，如果指示剂用量多于标准中规定的要求，测定结果将可能偏高。

（2）煮沸条件的控制

试验过程中，待测试液要按标准规定的温度和时间煮沸并迅速进行滴定，以提高抽提效率和减少 CO_2 对测定结果的影响。标准中规定将抽提溶剂预煮沸 5min 后再中和，以及抽提过程中煮沸 5min 并要求滴定操作在 3min 内完成，除了应达到有效抽提试样中酸性物质和有利于油、液两相分层外（第二次煮沸），都是为了驱除 CO_2 并防止 CO_2 溶于乙醇溶液中（CO_2 在乙醇中的溶解度比在水中的高 3 倍）。CO_2 的存在，将使测定结果偏高。

（3）滴定终点的确定

准确判断滴定终点对测定结果有很大的影响。用酚酞作指示剂滴定至乙醇层显浅玫瑰红色为止；用甲酚红作指示剂滴定至乙醇层由黄色变为紫红色为止；用碱性蓝 6B 作指示剂滴定至乙醇层由蓝色变为浅红色为止；用溴麝香草酚蓝作指示剂滴定至乙醇层由黄色变为绿色或蓝绿色为止。对于滴定终点颜色变化不明显的试样，可滴定到混合溶液的原有颜色开始明显地改变时作为滴定终点。

（4）抽出溶液颜色的变化

当遇到抽出溶液颜色较深时，利用颜色指示剂-化学滴定分析法测定试样的酸度（值）时会产生严重误差，必须改用电位测定法测定。

2. 电位滴定

（1）电极维护与保养

所用的电极应做到及时维护与保养，用后应插入滴定剂中漂洗，再分别用蒸馏水和异丙醇清洗。暂时不用时，玻璃指示电极浸泡在蒸馏水中，甘汞参比电极存放在饱和氯化钾-异丙醇溶液中。

（2）已使用油品试样的预处理

使用过的油品中的沉积物常呈酸性或碱性，或沉淀物易吸附油中的酸、碱性物质，因此应保证所取的试样具有代表性。为使试样中的沉淀物能均匀分散开来，可将试样加热到 60℃±5℃并搅拌，必要时用孔径为 154μm 的筛网进行过滤。

（3）难溶解试样的处理

遇有难溶解的重质沥青、残渣物时，试样的溶解可采用三氯甲烷代替甲苯。

（4）终点确定

对于使用过的油品酸值的测定，其电位滴定突跃点可能不清楚甚至没有突跃点。如果没有明显突跃点，则以相应的新配制的酸性或碱性非水缓冲溶液的电位值作为滴定终点。

任务实施

测定喷气燃料总酸值（自动法）

1. 实施目的

① 熟悉油品总酸值的测定原理与试验方法。

② 能熟练应用自动电位滴定仪测定喷气燃料总酸值。

2. 仪器材料

888 Titrando 型自动电位滴定仪（图 3-5）；电极；量筒（100mL）；天平。

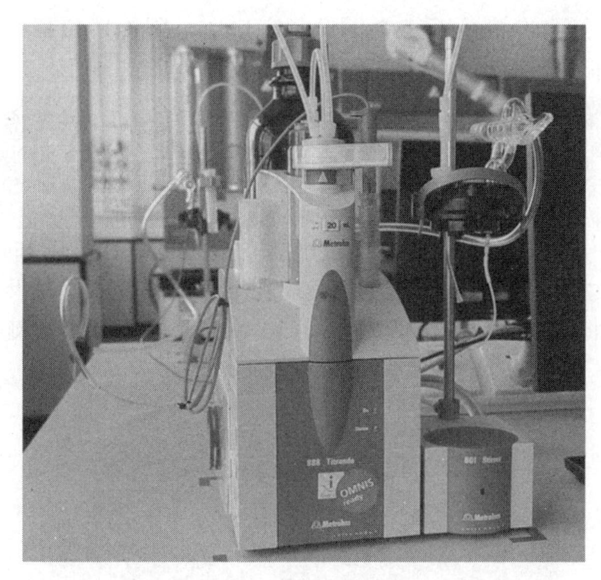

图 3-5　自动电位滴定仪

3. 所用试剂

3 号喷气燃料，0.01mol/L 氢氧化钾异丙醇标准溶液；滴定溶剂（甲苯-异丙醇）。

4. 方法概要

试样溶解在含有少量水的甲苯异丙醇混合溶剂中，以氢氧化钾异丙醇标准溶液为滴定剂进行电位滴定，所用的电极对为玻璃指示电极和甘汞参比电极，在自动绘制的电位滴定曲线上把明显突跃点作为终点，仪器根据标准滴定溶液的消耗量自动计算总酸值。

5. 实施步骤

① 将仪器主机电源和电脑连接线连接好，双击桌面上的 tiamo 图标，单击左侧下方按钮切换到配置界面，此界面分为 4 个子窗口分别为设备、滴定剂/溶液、传感器、公共变量。

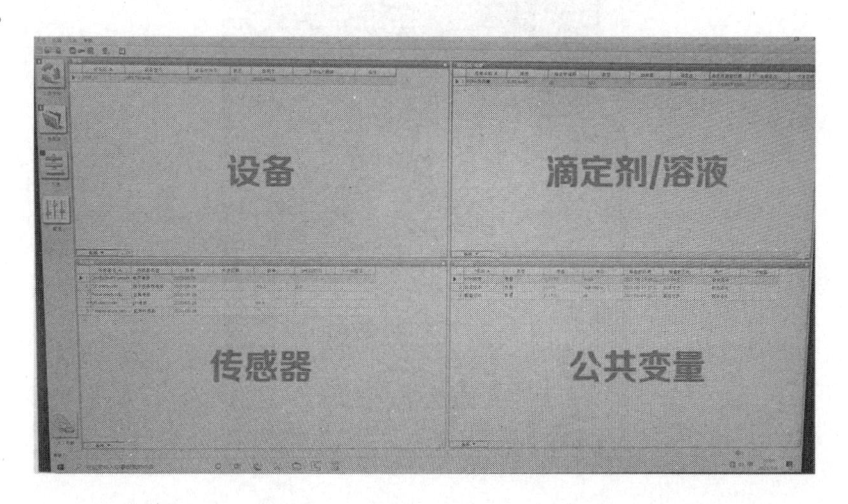

② 检查设备中的仪器连接是否正常，设备窗口中，所连接仪器一行，例如“888 _ 1”状态栏指示为绿色字体“OK”。

设备

	设备名 ▲	设备型号	设备序列号	状态	启用于	下次GLP测试	备注
▶ 1	888_1	888 Titrando	25973	OK	2020-08-26		

③ 点击屏幕左下方人工控制图标。通过准备功能，可对计量管和计量管单元的管路进行清洗，并在计量管中排出气泡、充满试剂。应在第一次测量前或每天一次执行该功能。选择相应的加液设备。将滴定头放入废液杯中，点击准备，点击开始按键，将执行准备过程。

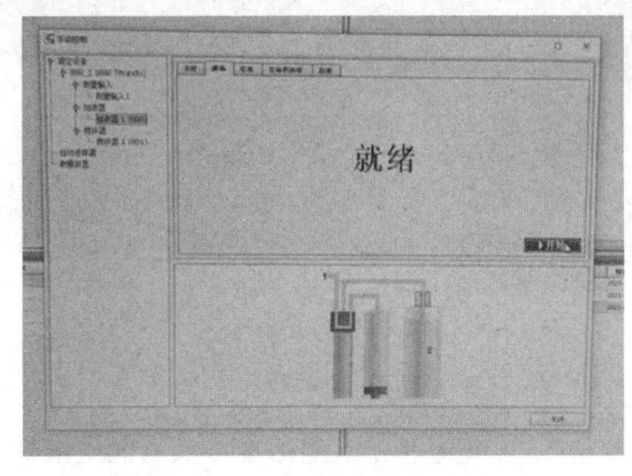

④ 单击按钮，切换到工作平台界面。

⑤ 在右上角的执行子窗口中，单击方法右侧的下拉箭头，在出现的方法中选择本次实验要使用的方法。此时所选中的方法会出现在左侧的方法子窗口中。

⑥ 做样之前先做空白，空白样品为 100mL 的滴定溶剂。量取 100mL 滴定溶剂，放入转子，清洗电极。将烧杯放置于滴定台上，调节滴定台位置，使电极被浸没。然后，选取方法中的“酸值空白”，输入名称，打开氮气，点击开始按键。

⑦ 称取 100g±5g（精确至 0.5g）试样，加入装有 100mL 合适滴定溶剂的具有适当大小的滴定杯中，放入转子，清洗电极，将烧杯放置于滴定台上，调节滴定台位置，使电极被浸没。

⑧ 选取方法中的“样品酸值”，打开氮气。输入样品编号、样品量等信息，单击 ▶开始 ，实验开始，等待实验完成。

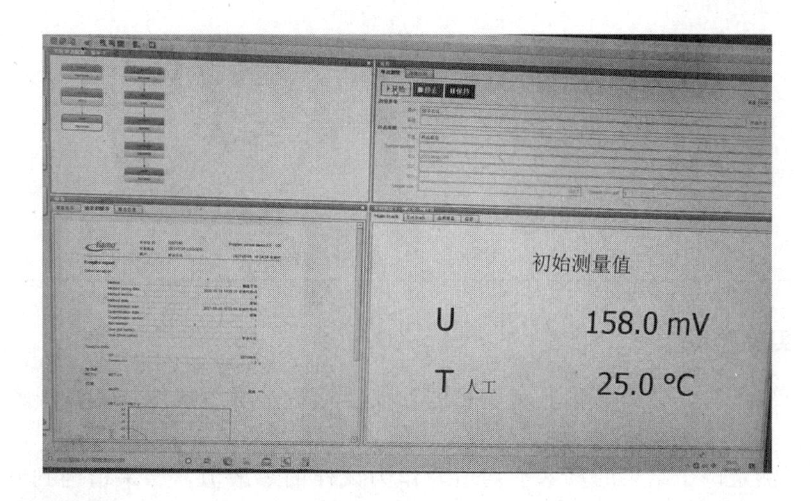

⑨ 单击 数据库 ，切换到数据库界面，单击文件中的“打开”。在出现的对话框中选择对应的数据库，单击打开，可以查看结果。

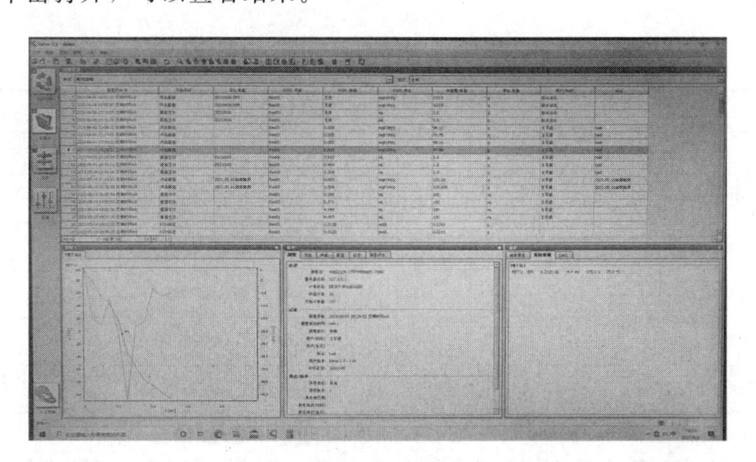

6. 注意事项

① 做样前，检查标准溶液的量是否充足。
② 样品分析完成后要及时将电极清理干净。
③ 电极不能干放，要放置于一级水中保存。
④ 滴定架滑竿要涂抹凡士林或润滑脂，保持其润滑性。
⑤ 调整电极高度使之与搅拌子保持一定距离，防止电极受损。

7. 精密度

按表 3-9 来判断试验结果的可靠性（95%置信水平）。
重复性：同一操作者重复测定的两个结果之差不应大于下表数值。

表 3-9 平行试验总酸值重复性要求

平均值	重复性/(mg/100mL)
0.001	0.0004
0.002	0.000 6
0.005	0.0009
0.010	0.0013
0.020	0.0019
0.050	0.0030
0.100	0.0042

8. 任务实施报告

① 按规范要求写好任务名称、实施目的、仪器材料、所用试剂、实施步骤、注意事项和分析记录等。

② 取重复测定两个结果的算术平均值，作为试样的总酸值，结果精确到 0.001mg /g，平均值小于 0.0005mg/g 时，报告为 0mg/g。

考核评价

测定喷气燃料总酸值技能考核评价表

考核项目	测定喷气燃料总酸值					
序号	评分要素	配分	评分标准	扣分	得分	备注
1	检查量筒、电极、天平等合格	5	一项未检查，扣 2 分			
2	取样前，应摇匀试样	5	未摇匀，扣 5 分			
3	标准溶液的量要充足	5	不符合要求，扣 5 分			
4	仪器连接正确	10	不符合要求，扣 10 分			
5	正确清洗计量管及管路	5	不符合要求，扣 5 分			
6	正确选择实验方法	10	选取错误，扣 10 分			
7	空白样品量取正确	10	量取不准，扣 10 分			
8	试样称量正确	10	称量不准，扣 5 分			
9	合理使用记录纸	1	作废记录纸一张。扣 1 分			
10	记录要及时无涂改、无漏写	4	一处不符，扣 1 分			
11	实验结束后，正确拆卸仪器并洗刷干净	10	不按规定操作，每处扣 2 分			
12	实验台面应整洁	5	不整洁，扣 5 分			
13	正确使用仪器	10	试验中打破仪器，每个扣 5 分			
14	结果应准确可靠	10	不符合要求，扣 5～10 分			
合计		100	得分			

数据记录单

测定喷气燃料总酸值数据记录单

样品名称			
仪器设备			
执行标准			
计算公式			
平行次数		1	2
油样体积/mL			
氢氧化钾异丙醇溶液初始读数/mL			
氢氧化钾异丙醇溶液终读数/mL			
氢氧化钾异丙醇溶液消耗体积/mL			
氢氧化钾异丙醇溶液浓度/(mol/L)			
油品总酸值 X/(mgKOH/100mL)			
油品总酸值平均值/(mgKOH/100mL)			
分析人		分析时间	

操作视频

视频：测定喷气燃料总酸值

视频：测定柴油酸度

思考拓展

1. 何谓酸度和酸值？油品中通常含有哪些酸性物质？

2. GB/T 258—2016《轻质石油产品酸度测定法》中，为什么规定两次煮沸 5min 并要求滴定操作在 3min 内完成。

3. 拓展完成柴油酸度的测定。

测定喷气燃料烟点

任务目标

1. 了解喷气燃料燃烧性能的指标；
2. 掌握油品烟点的概念、测定原理和方法；
3. 了解烟点与油品组成的关系；
4. 能够熟练测定喷气燃料烟点；
5. 熟悉烟点测定的安全知识。

任务描述

1. 任务：学习烟点的概念、与油品组成的关系以及测定烟点的意义，在油品分析室进行实践操作，能熟练进行喷气燃料烟点的测定。

2. 教学场所：油品分析室。

储备知识

一、评定喷气燃料燃烧性能的指标

喷气式发动机对燃料的要求非常严格，要求燃料在任何情况下进行连续、平稳、迅速和完全燃烧。因此，要求喷气燃料热值高、燃烧速度快、能充分燃烧、不生成积炭和腐蚀性产物等。同时，喷气燃料还起到冷却航空液压油、航空润滑油和喷嘴及润滑柱塞式高压泵的作用。为了保证发动机工作正常，要求喷气燃料具有良好的燃烧性能，即热值高、密度大、燃烧快而充分、不生成积炭等。所以，在喷气燃料的产品规格中规定有热值、密度、烟点、萘系芳烃含量等燃烧性能质量指标，见表 3-10。

表 3-10　喷气燃料中与燃烧性能有关的质量指标

项目		燃料代号及质量指标		试验方法
		2 号 (GB 1788)	3 号 (GB 6537)	
密度(20℃)/(kg/cm^3)	不小于	775	775～830	GB/T 1884—2000,GB/T 1885—98
净热值/(MJ/kg)	不小于	42.9	42.8	GB/T 384—81,GB/T 2429—88
烟点/mm	不小于	25	25	GB/T 382—2017
烟点最小值为 20mm 时,萘系芳烃含量 φ/%	不大于	3.0	3.0	SH/T 0181—2005

二、烟点的概念及测定意义

1. 烟点的概念

烟点又称无烟火焰高度，指试样在一个标准灯具内，在规定条件下进行点灯试验，灯芯燃烧时所能达到的无烟火焰的最大高度，以毫米表示，单位 mm，烟点是衡量喷气燃料和灯用煤油燃烧是否完全和生成积炭倾向的重要指标之一。

2. 烟点的测定意义

烟点是评定喷气燃料燃烧时生成积炭倾向的重要指标，同时也是控制燃料中有适当的化学组成，以保证燃料正常燃烧的主要质量指标。积炭的生成对发动机的正常运行有着极大的危害。若喷嘴上生成积炭，则能破坏燃料雾化效果，使燃烧状况恶化，加速火焰筒壁生成更多的积炭，而产生局部过热，导致筒壁变形甚至破裂；若点火器电极生成积炭，则会出现电极间“连桥”而无法点火启动；积炭如果脱落下来，随燃气进入燃气涡轮，会损伤涡轮叶片。上述情况都会给发动机造成严重事故。喷气燃料的烟点与喷气式发动机燃烧室中生成的积炭有密切的关系。燃料的烟点越低，生成的积炭量越多，当烟点高度超过 25～30mm 以后，其积炭生成量会降到很小的值，因此，喷气燃料规格中要求严格控制烟点不小于 25mm。烟点也是煤油的规格指标，烟点高，燃烧完全，生成积炭倾向小，不容易冒黑烟，指标中要求烟点不小于 20mm。

三、烟点与油品组成的关系

喷气燃料烟点的高低与积炭的多少密切相关，烟点越高，积炭越少，如表 3-11 所示。航空煤油在燃烧过程中，在高温部位形成的积炭是燃料高温缩聚的产物，质地脆而硬，H/C 比较低，称为硬积炭。在低温部位形成的积炭，质地松软，H/C 比较高，称为软积炭，这种 H/C 比相对较高的软积炭是炭黑以及燃料中高沸点馏分在燃烧过程缩聚生成的重质烃类混合物。积炭的生成与燃料的烃类组成有关，H/C 比越小的烃类生成积炭的倾向越大。各种烃类生成积炭的倾向为：双环芳烃＞单环芳烃＞带侧链芳烃＞环烷烃＞烯烃＞烷烃。

表 3-11　喷气燃料烟点与积炭的关系

烟点/mm	积炭/g	烟点/mm	积炭/g
12	7.5	26	1.6
18	4.8	30	0.5
21	3.2	43	0.4
23	1.8		

要使烟点合格，就要控制燃料的烃类组成和馏分组成。芳烃特别是双环及多环芳烃及胶质的含量，对烟点影响最大，见表 3-12。

表 3-12　喷气燃料中芳香烃含量对发动机生成积炭的影响

试样编号	含芳香烃体积分数/%		积炭质量分数/%
	总量	205℃以上高沸点芳烃含量	
1	3	2	0.36

续表

试样编号	含芳香烃体积分数/%		积炭质量分数/%
	总量	205℃以上高沸点芳烃含量	
2	19	2	1.11
3	27	4	1.71
4	26	9	4.65

不饱和烃含量增加、油料变重都会使烟点值变小。因此，喷气燃料规格中除限制烟点外还限制芳烃含量，要求其不大于 20%，但煤油中允许保留少量芳烃，因芳烃燃烧后产生的炭粒可增加灯焰的亮度，故对其含量未另加指标限制。

四、烟点测定方法概述

烟点的测定方法采用 GB/T 382—2017《煤油和喷气燃料烟点测定法》进行，该方法适用于测定煤油和喷气燃料的烟点。

测定时先取一定量的试样注入贮油器中，点燃灯芯。试油在标准灯内燃烧，火焰高度的变化反映在毫米刻度尺背景上。测量时把灯芯升高到出现有烟的火焰，然后再降低到烟尾刚刚消失的一点，这点的火焰高度即为试样的烟点。

由于这是条件性试验，测定值和测定仪器、灯芯与测定时的大气压力有关，因此需加以校正才能得到要求的烟点，校正按公式(3-10) 进行。

$$H = fH_c \tag{3-10}$$

式中 H——试样的烟点，mm；

f——仪器校正系数；

H_c——试样烟点的测定值，mm。

仪器校正系数的测定：

(1) 配制及选择标准燃料

用滴定管配制一系列不同体积分数的甲苯和异辛烷标准燃料混合物。测定时，根据试样的烟点尽量选取烟点测定值与试样测定值相近（一个比试样烟点测定值略高，另一个则略低）的标准燃料。

(2) 计算仪器校正系数

仪器的校正系数是指标准燃料于标准压力（101.325kPa）下在该仪器中测定的烟点（标准值），与标准燃料于实际压力下在该仪器中测定的烟点（实测值）之比。标准燃料采用异辛烷和甲苯的混合物，表 3-13 中给出一系列标准燃料在 101.325kPa 下的烟点值。使用时根据试样的实测烟点，选取两个标准燃料，其中一个烟点比试样略高，另一个略低，然后分别测定这两个标准燃料在实际压力下的烟点，按下式计算仪器的校正系数。

$$f = \frac{1}{2}\left(\frac{H_{A,b}}{H_{A,c}} + \frac{H_{B,b}}{H_{B,c}}\right) \tag{3-11}$$

式中 $H_{A,b}$、$H_{A,c}$——第一种标准燃料烟点的标准值、实测值，mm；

$H_{B,b}$、$H_{B,c}$——第二种标准燃料烟点的标准值、实测值，mm。

表 3-13 标准燃料的烟点值

异辛烷的体积分数/%	甲苯的体积分数/%	101.325kPa 下的烟点/mm
60	40	14.7

续表

异辛烷的体积分数/%	甲苯的体积分数/%	101.325kPa下的烟点/mm
75	25	20.2
85	15	25.8
90	10	30.2
95	5	35.4
100	0	42.8

仪器校正系数要定期测定，若调换使用人员或大气压力变化超过706.6Pa时，必须重新测定。

任务实施

测定喷气燃料烟点（自动法）

1. 实施目的

① 理解喷气燃料烟点测定的原理和方法；
② 学会喷气燃料烟点测定的操作技能；
③ 掌握喷气燃料烟点测定的注意事项和安全知识。

2. 仪器材料

自动烟点测定仪（图3-6）；灯芯（用普通等级的棉纱编织成密实的圆条）；气压计（精度为±0.5kPa）；量筒（1支，25mL）；灯芯管；尖爪钳；灯芯剪固定器；贮油器（图3-7）等。

图3-6　自动烟点测定仪

自动烟点测定仪工作原理：如图3-8所示，自动仪器配备了一个数码相机与计算机连接，用来分析和记录火焰高度；烛台位移系统用来调整火焰高度；大气压采集系统与校准数据库相关联，用来选择正确的校正值，以便自动计算校正系数。

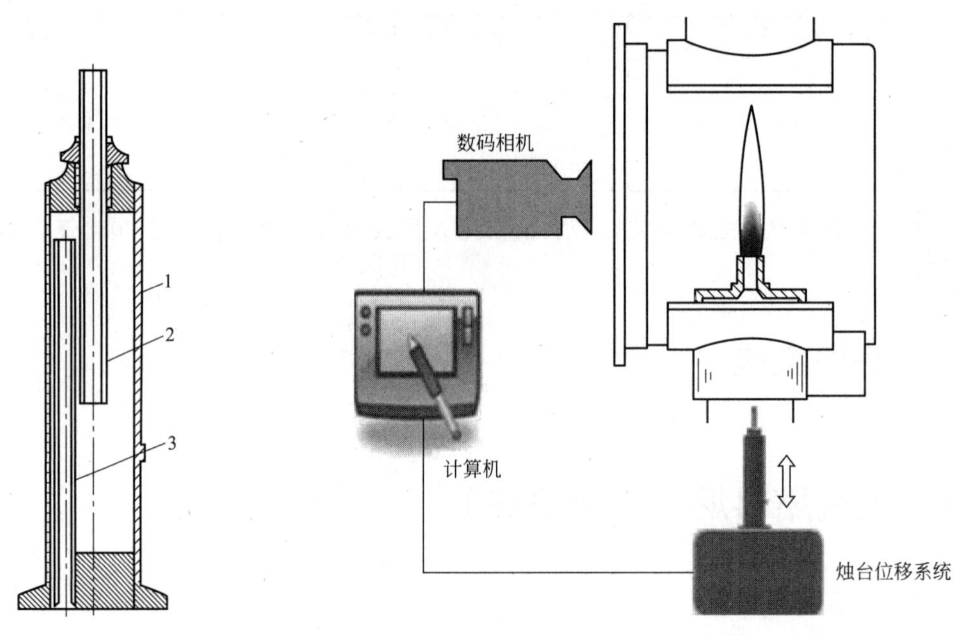

图 3-7 贮油器
1—贮油器主体；2—灯芯管；3—空气导管

图 3-8 自动烟点测定仪原理示意图

3. 所用试剂

3 号喷气燃料、甲苯（分析纯）；异辛烷（分析纯）；无水甲醇（分析纯）；正庚烷（分析纯）。

4. 方法概要

试样在一个封闭灯芯灯中燃烧，此灯用已知烟点的纯烃混合物进行校正。被测试样的最大无烟火焰高度，手动仪器可以精确到 0.5mm，自动仪器可以精确到 0.1mm。

5. 实施步骤

（1）灯芯处理

将灯芯放入萃取器内，并用等体积的甲苯和无水甲醇混合物进行萃取，由注满到倒空至少循环 25 次。萃取结束后取出灯芯放在吸水纸上，先在通风橱中干燥。然后将灯芯放在烘箱中于 105℃±5℃下干燥 30min，并在使用前保存在干燥器中备用。

（2）贮油器的组装

① 选取一根长度不小于 125mm 的干燥过的灯芯（图 3-9）。在室温 20℃±5℃下，量取约 20mL（但不少于 10mL）准备好的试样，将灯芯润湿。

② 将灯芯剪（图 3-10）固定器插在灯芯管的顶部，然后把长的尖爪钳从灯芯管中穿过，用尖爪钳抓住灯芯拉出。

③ 将拉出的灯芯用清洁、锋利的刀片剪平，移走固定器后灯芯需在灯芯管中突出 6mm。

④ 将第一步浸润后剩余的试样倒入清洁、干燥的贮油器中（倒入时贮油器底部口朝上，防止试样洒出）。

⑤ 把灯芯管放入贮油器中并拧紧，注意勿使试样落入贮油器的通气孔中（图 3-11）。

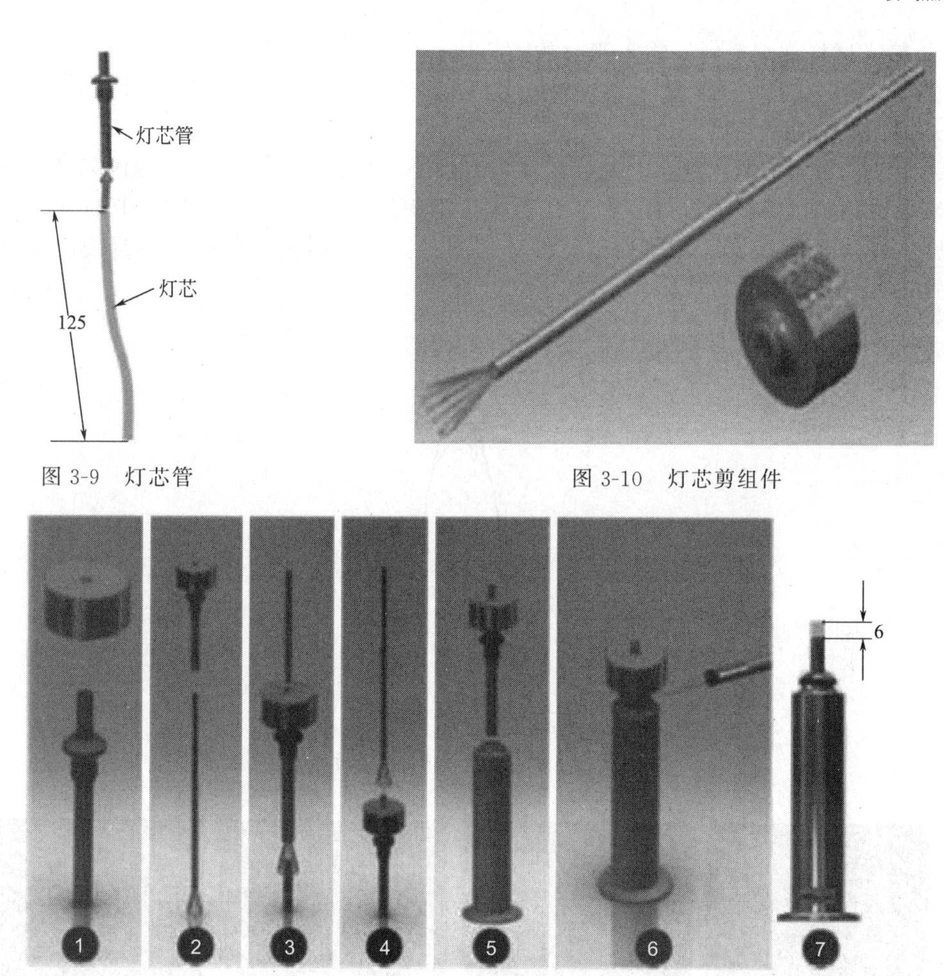

图 3-9 灯芯管

图 3-10 灯芯剪组件

图 3-11 灯芯安装步骤

(3) 样品测定

① 将贮油器放在仪器的输送台上。见图 3-12 中步骤 1、2 和 3。

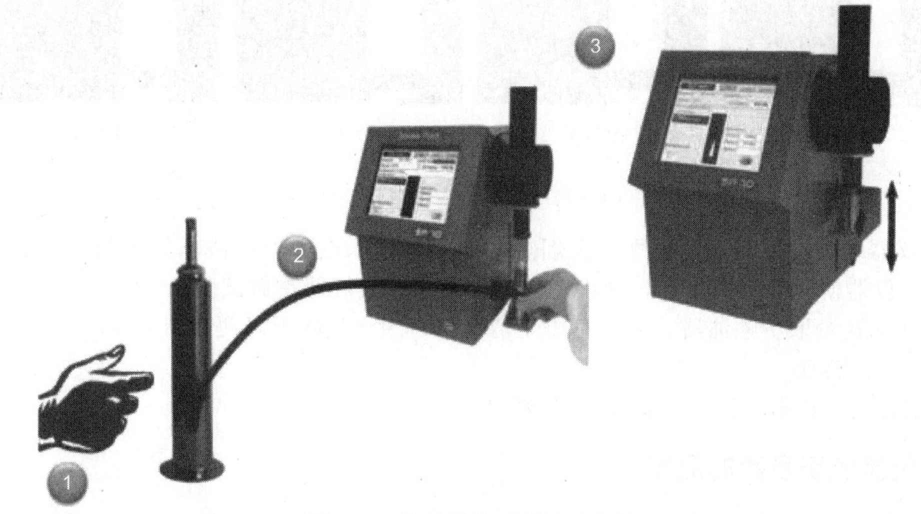

图 3-12 贮油器放置及输送步骤

② 输入试样详细资料，输入当时的大气压，然后开始试验。

③ 贮油器可自动升入灯中并点燃。自动调节贮油器直到火焰（图 3-13）高度约为 10mm，燃烧 5min。

④ 经过 5min 的燃烧稳定时间后贮油器自动升高至呈现白烟，然后慢慢降低。仪器的软件对来自数码相机的图像进行分析。自动寻找正确的火焰形状［图 3-14 中的（b）］和火焰的高度，并读至 0.1mm，记录所观察的火焰高度。贮油器输送台将贮油器慢慢降下直到初始位置，火焰会自动熄灭。

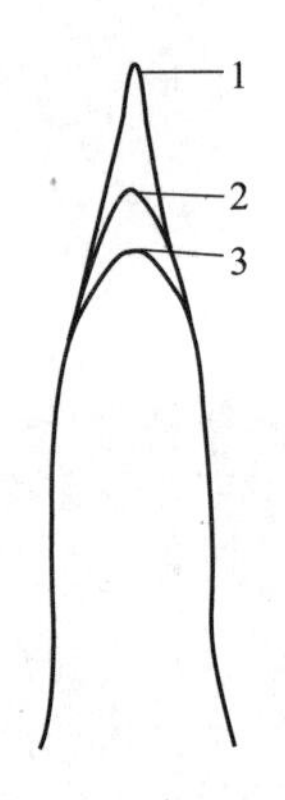

图 3-13　典型的火焰形状

1—火焰过高；2—火焰正常；3—火焰过低

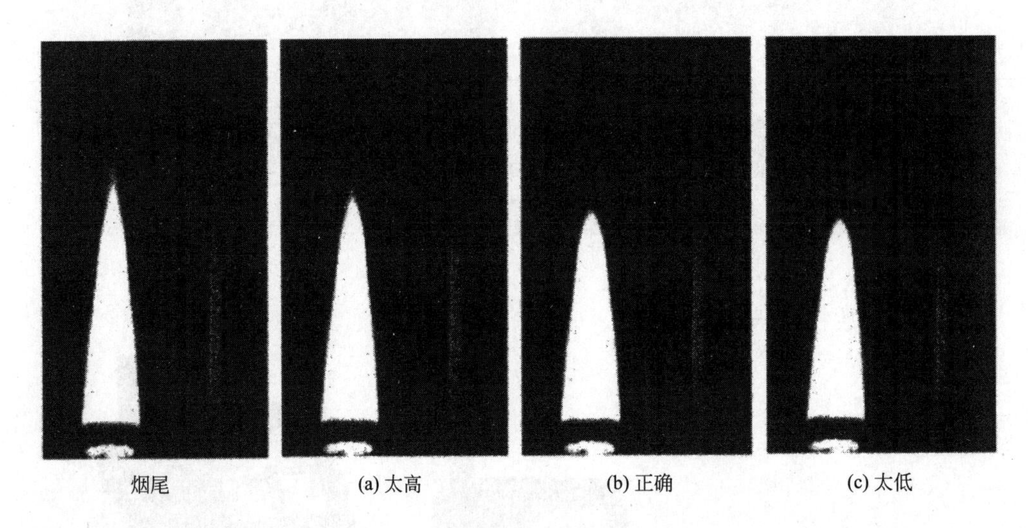

图 3-14　典型的火焰形状示例

⑤ 仪器对火焰外形重复观测三次烟点，作为试样烟点的测定值。如果测定值变化超过 1.0mm，仪器便会提示操作者，须用新的试样并换一根灯芯重做试验。

⑥ 从输送台取下贮油器，先用正庚烷清洗，再用空气吹干以便重新使用。

（4）数据整理

记录并处理数据，整理实验台，实验完毕。

6. 仪器校正系数的测定

按储备知识中“仪器校正系数的测定”方法，测定仪器校正系数。

7. 结果计算

仪器自动按照公式(3-9)计算出烟点值。计算结果准确至0.1mm。取重复测定的三个结果的算术平均值作为试样的烟点。

8. 测定注意事项

① 仪器关闭后不要立刻打开，等1min再开。
② 移动仪器时请施加作用力于仪器蓝色外壳。
③ 仪器运行时贮油器托架下面不要放置任何物品。
④ 开机时直接按仪器背后开关，关机时需要先按主菜单关机键，屏幕关后再关仪器背后电源开关。
⑤ 切平整露出的6mm长灯芯部分必须为平直圆柱体，保持紧致不散开。
⑥ 做校正时配制的混合液必须要摇匀。
⑦ 精密度符合GB/T 382—2017《煤油和喷气燃料烟点测定法》中自动仪器要求。

9. 任务实施报告

按规范要求写好任务名称、实施目的、仪器材料、所用试剂、实施步骤、分析结果等。

考核评价

测定喷气燃料烟点技能考核评价表

考核项目	测定喷气燃料烟点(自动法)					
序号	评分要素	配分	评分标准	扣分	得分	备注
1	灯芯处理(萃取、干燥、烘干)	10	一项未做到，扣4分			
2	取样前，应摇匀试样	5	未摇匀，扣5分			
3	润湿灯芯	5	未润湿，扣5分			
4	安装灯芯	5	灯芯在灯芯管中突出高度不符合要求，扣2～5分			
5	贮油器组装	5	不符合要求，扣2～5分			
6	正确放置贮油器	5	不符合要求，扣5分			
7	点燃灯芯，正确调节火焰高度	5	火焰高度调节不准，扣2～5分			
8	正确记录火焰高度	6	火焰高度记录不正确，每次扣2分			
9	数据记录要及时	3	记录不及时，每次扣1分			
10	记录结果正确	15	结果不正确，扣15分			
11	有效数字保留位数正确	3	不正确，每次扣1分			
12	原始记录无涂改、漏写	3	一处不符，扣1分			
13	实验台面应整洁	5	不整洁，扣5分			
14	仪器使用	10	试验中打破仪器，每次扣5分			
15	实验结束，安全拆卸装置	5	拆卸不规范，每次扣2分			
16	实验结束，清洗仪器，整理好实验台	5	不清洗仪器，不整理实验台，扣2～5分			
17	废纸、废液处理得当	5	处理不当，扣2～5分			
合计		100	得分			

数据记录单

测定喷气燃料烟点数据记录单

样品名称			
仪器设备			
执行标准			
计算公式			
大气压力/kPa			
油温/℃			
第一种标准燃料烟点的标准值 $H_{A,b}$/mm			
第一种标准燃料烟点的实测值 $H_{A,c}$/mm			
第二种标准燃料烟点的标准值 $H_{B,b}$/mm			
第二种标准燃料烟点的实测值 $H_{B,c}$/mm			
仪器校正系数 f			
平行次数	1	2	3
试样烟点的测定值 H_c/mm			
试样的烟点值 H/mm			
试样烟点的平均值/mm			
分析人		分析时间	

操作视频

视频：测定喷气燃料烟点

思考拓展

1. 喷气燃料烟点的高低与其燃烧时在发动机内生成积炭的倾向有何关系？
2. 查阅资料，了解评定喷气燃料燃烧性能的指标有哪些？
3. 喷气式发动机对燃料有哪些要求？

测定喷气燃料颜色

任务目标

1. 了解石油产品颜色测定的意义；
2. 掌握石油产品颜色测定的原理和方法；
3. 能够熟练测定喷气燃料等油品的颜色。

任务描述

1. 任务：学习石油产品颜色测定的意义、方法，掌握测定石油产品颜色的原理和步骤，能够熟练进行喷气燃料等油品的颜色测定。

2. 教学场所：油品分析室。

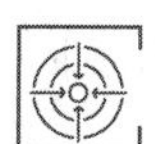

储备知识

一、石油产品的颜色及其测定意义

石油产品的颜色与原油性质、加工工艺、精制程度等因素有密切关系。直馏石油产品有颜色，主要是因为含有强染色能力的中性胶质。汽油中含有0.005%的中性胶质，就可以显示草黄色。裂化的石油产品因其中含有不饱和烃类和非烃类，性质不安定，在空气中能氧化聚合生成胶质，使油品颜色变深。所以在生产过程中测定油品颜色可以判断油品的精制程度，控制产品质量；在储运过程中测定油品颜色可以衡量油品的安定性。用同一原油加工生产的馏分相同的产品，其颜色可作为精制程度和安定性的评价标准之一；而对于不同原油生产的产品，则不能单纯用颜色的深浅来评定油品质量的优劣。

二、油品颜色的测定方法

测定油品颜色的方法分为目视比色法和分光光度法两类。通常在测定条件下，把最接近于油品颜色的某一号标准色板（标准比色液）的颜色称为油品的色度。所以石油产品颜色的测定即为色度的测定。

① 未染色的车用机油、航空汽油、喷气燃料、石脑油、煤油、白油及石油蜡等精制石油产品的测定采用GB/T 3555—92《石油产品赛波特颜色测定法（赛波特比色计法）》。

方法要点：指当透过试样液柱与标准色板观测对比时，测得与三种标准色板之一最接近时的液柱高度数值，按“赛波特颜色号与试样的液柱高度对照表”查出赛波特颜色号。赛波特颜色号规定为－16（最深）～＋30（最浅）。

② 用目测法测定各种润滑油、煤油、柴油、石油蜡等石油产品的颜色采用 GB/T 6540—86《石油产品颜色测定法》。深于赛波特颜色－16 的石油产品可用该法测定。

方法要点：将试样注入试样容器中，用一个标准光源从 0.5～8.0 值排列的颜色玻璃圆片进行比较，以相等的色号作为该试样的色号。如果试样颜色找不到确切匹配的颜色，而是落在两个标准颜色之间，则报告较高颜色的色号作为试样的色号。

任务实施

一、赛波特色度测定仪测定喷气燃料颜色

1. 实施目的

① 掌握美国标准 ASTMD 156—2015《石油产品赛氏色度试验方法（赛波特比色计法）》的原理和方法。

② 能用赛波特色度测定仪测定喷气燃料的颜色。

2. 方法概要

取试样于比色皿中，开机、清零后先用仪器配备的滤光片和证书进行仪器校正，再在同样条件下测试比色皿中样品的色度。

3. 仪器材料

赛波特色度测定仪（型号：PFXi 880/P）；100mm 比色皿；擦镜纸；数据记录单等，如图 3-15 所示。

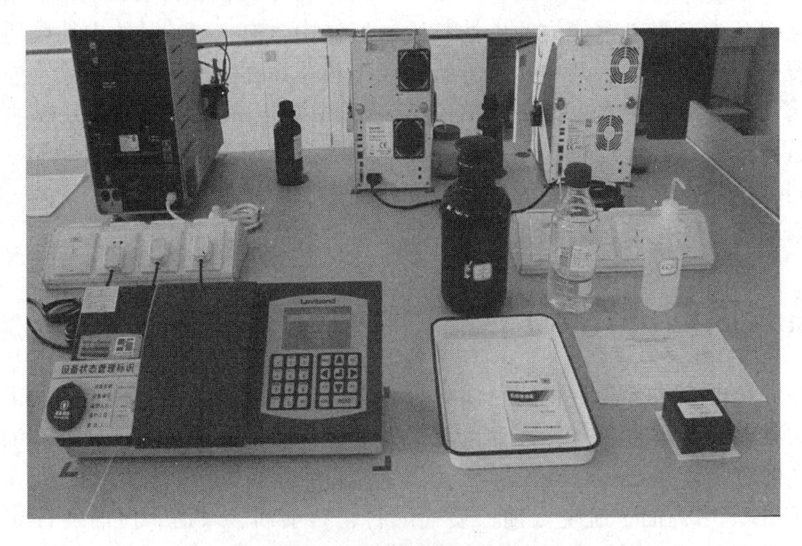

图 3-15　实验仪器与试剂

4. 试剂

3 号喷气燃料，蒸馏水。

5. 实验步骤

（1）样品制备

取试样倒入比色皿中 2/3 处，比色皿两侧透明处干净无污染。

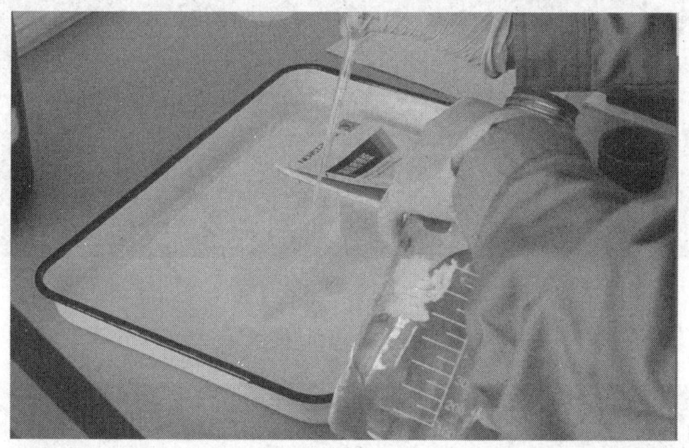

（2）开机

打开仪器电源，屏幕常亮，按任意键即可。

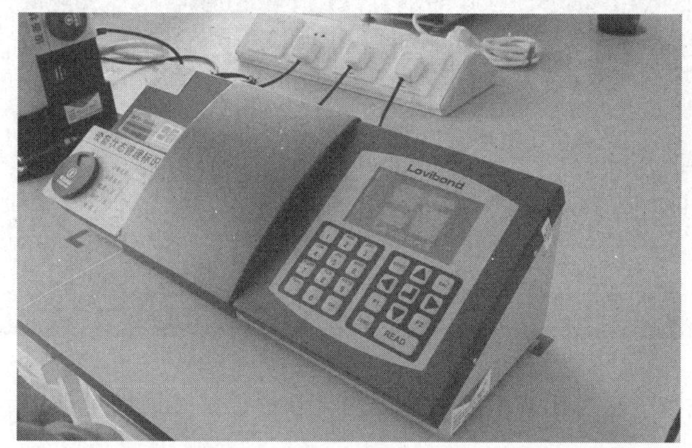

（3）仪器校正。

① 点 ZERO 清零。

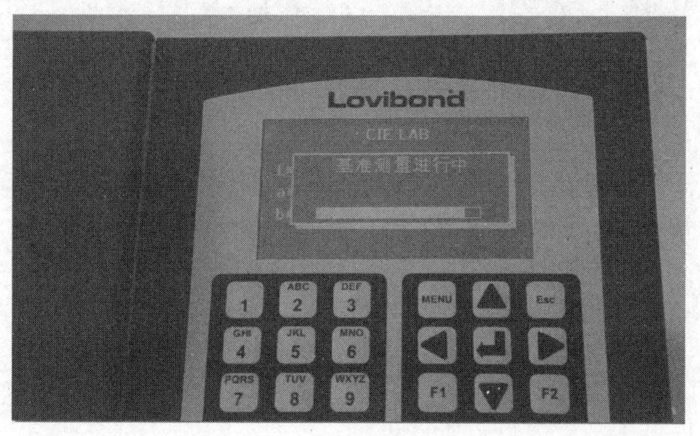

② 把仪器配备的滤光片放入到仪器内点 READ。

③ 查看 CIE LAB 内的结果 $L^*a^*b^*$。

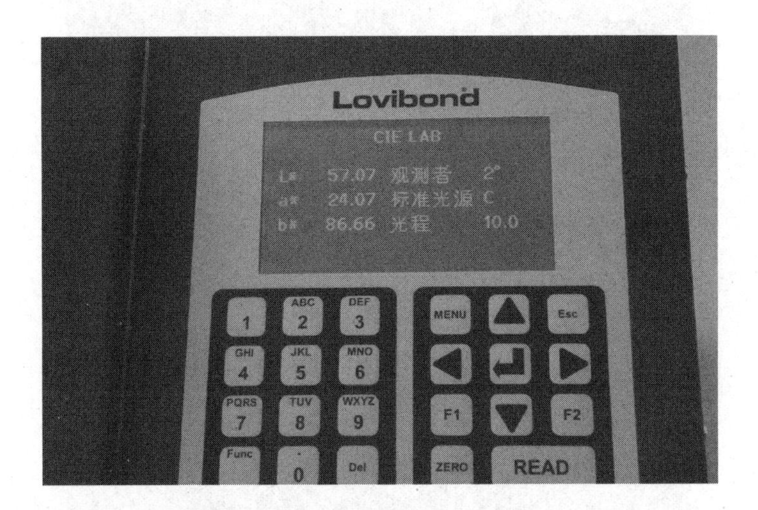

④ 与证书上数据进行对比看是否在范围内，在误差范围内即可做样。

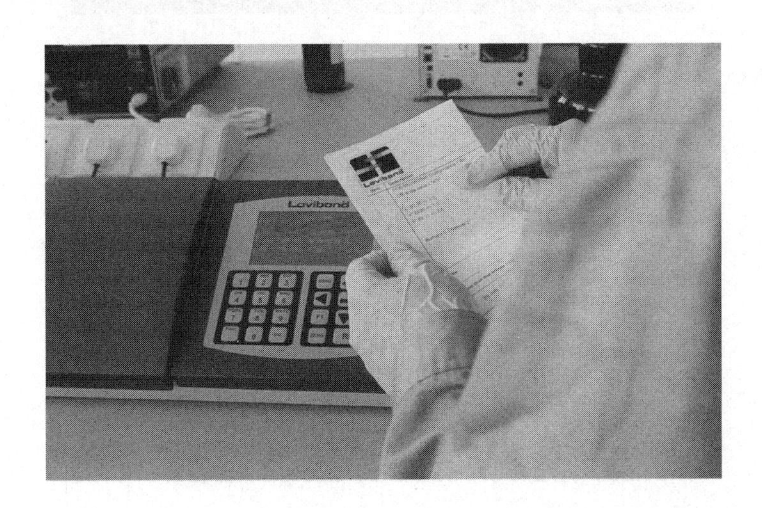

（4）样品测试。

① 点击 ZERO 校零。

② 完成后放入样品。

③ 点 READ 样品，开始进行检测。

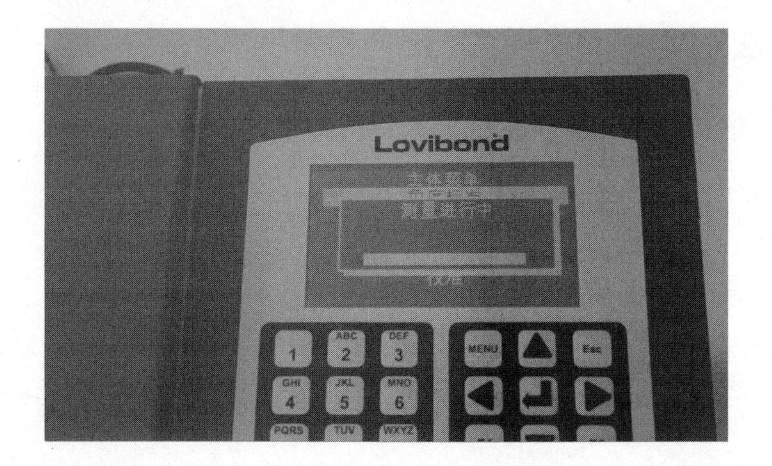

(5) 数据处理

记录 Saybolt 样品数据，例，赛波特颜色号>30。

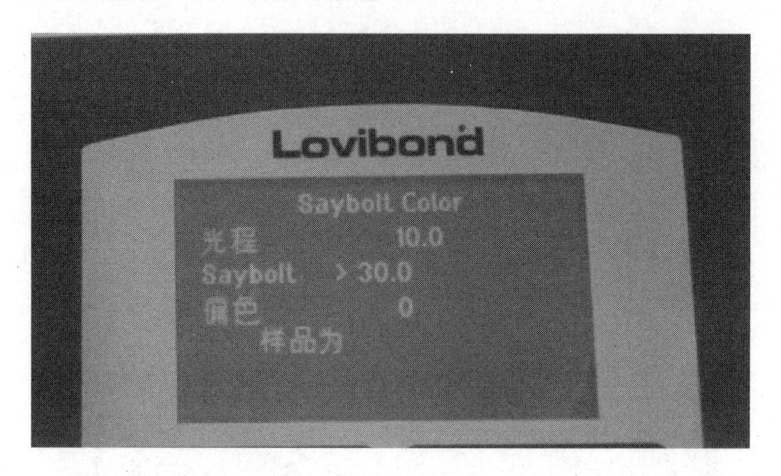

6. 报告

报告所记录的颜色号应注明“赛波特颜色号××”。如果试样经过滤，需写明“试样过滤”字样。

按下述规定判断试验结果的可靠性（95%置信水平）。

(1) 重复性

同一操作者重复测定的两个结果之差，不应大于 1 个赛波特颜色号。

(2) 再现性

由不同实验室各自提出的两个结果之差，不应大于 2 个赛波特颜色号。

7. 注意事项

① 取用试样前应充分摇匀。

② 取样量要精确。

③ 比色皿外壁干净无污染。

④ 比色皿易碎，注意轻拿轻放。

⑤ 每次开机后测第一个样品前做一遍仪器校正。

二、目测法测定石油产品的颜色

1. 实施目的

① 掌握 GB/T 6540—86《石油产品颜色测定法》的原理和方法。

② 能利用目测法评定油品的颜色。

2. 方法概要

将试样注入试样容器中，用一个标准光源通过 0.5～8.0 值排列的颜色玻璃圆片进行比较，以相等的色号作为该试样的色号。如果试样颜色找不到确切匹配的颜色，而是落在两个标准颜色之间，则报告较高颜色的色号作为试样的色号。

3. 仪器材料

比色仪：由光源、玻璃颜色标准板、带盖的试样容器和观察目镜组成。

比色仪是用一种能照亮的，并能通过直接目测或用光学目镜同时观察试样和任一颜色标准比色板的仪器，它应有两个大小和形状相等的照亮面，其一为透过颜色标准比色板的照亮面，另一为透过试样的照亮面。这两个照亮面对称地分布在垂直中线两边，在水平方向最近部分分开的距离对观察者眼睛的视角不小于 2°，也不得大于 3.6°。每个照亮面的直径对视角至少 2.2°的圆周，并能将照亮面扩展到任意大小和形状，只要在视野内没有分开距离对视角大于 10°的两个光点。

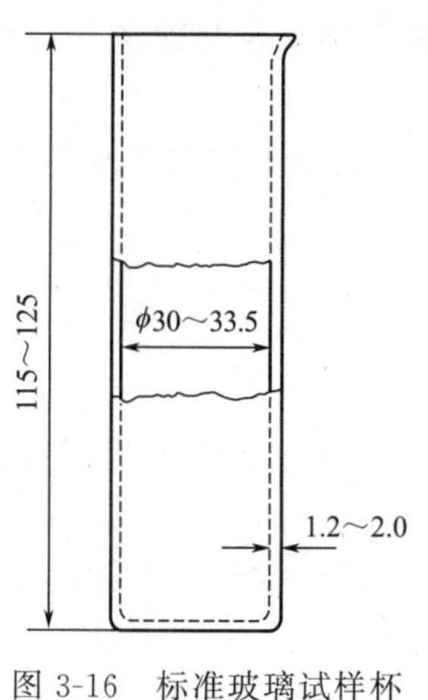

图 3-16　标准玻璃试样杯（单位：mm）

人造光源：光源可单独分开或做成比色计整体一部分。光源是由温度 2856K 的颜色灯、日光滤光玻璃和一个闪光的半透明乳白的玻璃组成。组合元件具有的光谱特性类似于北窗光提供一个照亮度为 900m±100m 烛光的半透明背景，对着它可观察标准比色板和试样颜色。照亮的半透明乳白玻璃背景应无闪光和阴影，设计的光源必须使观察没有外来光的干扰。

试样容器：由透明无色玻璃制成。仲裁试验用如图 3-16 所示的玻璃试样杯，常规试验允许用内径为 30～33.5mm，高为 115～125mm 的透明平底玻璃试管。

试样容器盖：可由任何适当材料制成，盖的内面是暗黑色，盖子要能完全防护外来光。

4. 试剂

稀释剂：煤油，用于试验时稀释深色样品。要求煤油的颜色比在 1L 蒸馏水中溶解 4.8mg 重铬酸钾配成的溶液颜色要浅。

5. 准备工作

将液体石油产品（如润滑油）倒入试样容器至 50mm 以上的深度，观察颜色。如果试样不清晰，可以把样品加热到高于浊点 6℃以上或浑浊消失，然后在该温度下测其颜色。如果样品的颜色比 8 号标准颜色更深，则将 15 份样品（按体积）加入 85 份体积的稀释剂混合后，测定混合物的颜色。

石油蜡包括软蜡，将样品加热到高于蜡熔点 11～17℃，并在此温度下测定其颜色。如果样品颜色深于 8 号，则把 15 份熔融的样品（按体积）与同一温度的 85 份体积的稀释剂混合，并测定此温度下混合物的颜色。

6. 实施步骤

把蒸馏水注入试样容器至 50mm 以上的高度，将该试样容器放在比色计的格室内，通过该格室可观测到标准玻璃比色板，再将装试样的另一个试样容器放进另一格室。盖上盖子，以隔绝一切外来光线。

接通光源，比较试样和标准玻璃比色板的颜色，确定和试样颜色相同的标准玻璃比色板号，当不能完全相同时，就采用相邻颜色较深的标准玻璃比色板号。

7. 报告

与试样颜色相同的标准玻璃比色板号作为试样颜色的色号。例如 3.0、7.5。

如果试样的颜色居于两个标准比色板之间，则报告较深的玻璃比色板号，并在色号前面加“小于”，例如小于 3.0 号，小于 7.5 号。绝不能报告为颜色深于给出的标准，例如大于 2.5 号，大于 7.5 号，除非颜色比 8 号深，可报告为大于 8 号。

如果试样用煤油稀释，则在报告混合物颜色的色号后面加上“稀释”两字。

用下列规定来判断试验结果的可靠性（95%置信水平）。

① 重复性。同一操作者，同一台仪器，对同一试样测定的两个结果色号之差不能大于 0.5 号。

② 再现性。两个试验室，对同一试样测定的两个结果，色号之差也不能大于 0.5 号。

8. 注意事项

① 取用试样前应充分摇匀。

② 溶剂油和洗涤用试剂使用前应过滤。

③ 空白滤纸不能和带沉淀物的滤纸在同一烘箱里一起干燥，以免空滤纸吸附溶剂及油类的蒸气，影响滤纸的恒重。

④ 到规定冷却时间时，应立即迅速称量。以免时间拖长后，由于滤纸的吸湿作用而影响恒重。

⑤ 所用的溶剂应根据试油的具体情况及技术标准有关规定去选用，不得乱用。否则，所测得结果无法比较。

考核评价

赛波特比色计法测定喷气燃料颜色技能考核评价表

考核项目	赛波特比色计法测定喷气燃料颜色					
序号	评分要素	配分	评分标准	扣分	得分	备注
1	比色皿干净无污染	5	清洗不干净扣 2 分，最多扣 5 分			
2	取样前，应摇匀试样	5	试样未摇匀，扣 5 分			
3	注入试样至比色皿合适位置	10	试样位于试样比色皿中三分之二处，不符合条件扣 2 分，最多扣 5 分；试样注入完成后不准有气泡，否则扣 5 分。			
4	正确打开仪器	5	不符合条件，扣 5 分。			
5	正确进行仪器校正。	20	未清零，扣 5 分；记录结果错误，扣 5 分；数据不在范围内，扣 10 分。			
6	正确进行样品测试	5	未校零扣 5 分。			
7	平行两次，正确报告测定结果，符合精密度要求	20	不符合精密度要求，超出 2 个赛波特颜色号扣 10 分；超出 3 个赛波特颜色号扣 20 分			
8	正确书写记录	10	不符合记录要求，每项扣 2 分			
9	操作完成后，仪器洗净，摆放好，台面整洁	10	操作不正确每项扣 2 分			

续表

考核项目	赛波特比色计法测定喷气燃料颜色					
序号	评分要素	配分	评分标准	扣分	得分	备注
10	能正确使用各种仪器，正确使用劳动保护用品	10	操作不正确或不符合规定每项扣 2 分			
合计		100	得分			

数据记录单

测定石油产品颜色数据记录单

样品名称			
仪器设备			
执行标准			
大气压力/kPa			
测量温度 t/℃			
平行次数		1	2
油品色度			
油品的平均色度			
分析人		分析时间	

操作视频

视频：测定石油产品颜色

视频：测定喷气燃料颜色

思考拓展

1. 油品的颜色不同，能否说明油品的好坏？
2. 油品颜色可以衡量油品的什么性能？如何衡量？

拓展阅读

油品化验员与工匠精神

油品化验员应具备工匠精神。

工匠精神，是一种职业精神，它是职业道德、职业能力、职业品质的体现，是从业者的一种职业价值取向和行为表现。工匠精神的基本内涵包括敬业、精益、专注、创新等方面的内容。

1. 敬业。

敬业是从业者基于对职业的敬畏和热爱而产生的一种全身心投入的认认真真、尽职尽责的职业精神状态。中华民族历来有“敬业乐群”“忠于职守”的传统，敬业是中国人的传统美德，也是当今社会主义核心价值观的基本要求之一。早在春秋时期，孔子就主张人在一生中始终要“执事敬”“事思敬”“修己以敬”。“执事敬”是指行事要严肃认真不怠慢；“事思敬”是指临事要专心致志不懈怠；“修己以敬”是指加强自身修养保持恭敬谦逊的态度。

2. 精益。

精益就是精益求精，是从业者对每件产品、每道工序都凝神聚力、精益求精、追求极致的职业品质。所谓精益求精，是指已经做得很好了，还要求做得更好。正如老子所说，“天下大事，必作于细”。能基业长青的企业，无不是精益求精才获得成功的。

3. 专注。

专注就是内心笃定而着眼于细节的耐心、执着、坚持的精神，这是“大国工匠”所必须具备的精神特质。从实践经验来看，工匠精神都意味着一种执着，即一种几十年如一日的坚持与韧性。“术业有专攻”，一旦选定行业，就一门心思扎根下去，心无旁骛，在一个细分行业上不断积累优势，在各自领域成为“领头羊”。在中国早就有“艺痴者技必良”的说法，例如《庄子》中记载的游刃有余的庖丁解牛等。

4. 创新。

是指追求突破、追求革新。古往今来，热衷于创新和发明的工匠们一直是世界科技进步的重要推动力量。新中国成立初期，我国涌现出一大批优秀的工匠，如倪志福、郝建秀等，他们为社会主义建设事业做出了突出贡献。改革开放以来，“汉字激光照排系统之父”王选、“中国第一、全球第二的充电电池制造商”王传福、从事高铁研制生产的铁路工人和从事特高压、智能电网研究运行的电力工人等都是“工匠精神”的优秀传承者，他们让中国创新重新影响了世界。

模块三　考核试题

一、填空题

1. 我国与东欧各国习惯用20℃时油品的密度与4℃时纯水的密度之比表示油品的相对密度，其符号用______表示。

2. 相同条件下，同种烃类，密度随沸点升高而______。

3. 喷气燃料是馏程范围在____________之间的石油馏分。

4. 喷气燃料按其性质分为________型、________型和__________型。

5. 石油产品酸度是指____，石油产品酸值是

指____。

6. 用化学滴定法测定油品酸度（值），影响其测定的主要因素包括______、______、______和______。

7. 烟点是指试样在一个标准灯具内，在规定条件下进行点灯试验，灯芯燃烧时所能达到的____________________。

8. 烟点是评定喷气燃料燃烧时生成______倾向的重要指标。

9. 赛波特颜色号规定为－16（____）～＋30（____）。

10. 测定油品颜色的方法分为__________和__________两类。

二、单项选择题

1. 用同一支密度计测定石油产品密度时，下列说法正确的是（　　）。

A. 油品密度越大，密度计浸入越多　　B. 油品密度越大，密度计浸入越少

C. 相同条件下，密度越大浸入越多　　D. 相同条件下，密度越大浸入越少

2. 碳原子数相同的烃类物质，其密度大小顺序为（　　）。

A. 烷烃＜芳香烃＜环烷烃　　B. 烷烃＜环烷烃＜芳香烃

C. 环烷烃＜烷烃＜芳香烃　　D. 芳香烃＜环烷烃＜烷烃

3. 喷气燃料主要应用于（　　）发动机。

A. 点燃式　　B. 压燃式　　C. 喷气式　　D. 电动式

4. 煤油的相对密度为（　　）。

A. 0.70～0.77　　B. 0.80～0.86　　C. 0.85～0.89　　D. 0.75～0.83

5. 规定中和（　　）油品所需的KOH毫克数为酸度。

A. 1mL　　B. 1g　　C. 100g　　D. 100mL

6. 测定石油产品酸值，所用的标准滴定溶液是（　　）。

A. 氢氧化钠水溶液　　B. 氢氧化钠乙醇溶液

C. 氢氧化钾水溶液　　D. 氢氧化钾乙醇溶液

7. 喷气燃料烟点的高低与积炭的关系是：烟点越高，积炭（　　）。

A. 越少　　B. 越多　　C. 不变　　D. 无影响

8. 测定喷气燃料烟点时，量取一定量试样注入贮油器中，点燃灯芯，按规定调节火焰高度至（　　）燃烧5min，再调节灯芯火焰高度。

A. 10mm　　B. 15mm　　C. 20mm　　D. 5mm

9. 深于赛波特颜色（　　）的石油产品可用目视法测定。

A. 16　　B. －16　　C. 30　　D. －30

10. 目测法评定油品颜色时作为稀释剂的煤油，要求其颜色比在1L蒸馏水中溶解（　　）重铬酸钾配成的溶液颜色要浅。

A. 2.4g　　B. 2.4mg　　C. 4.8g　　D. 4.8mg

三、判断题

1. 我们国家规定101.325kPa、20℃时，物质的密度为标准密度，用ρ_{20}表示。（　　）

2. 当沸点范围相同时，含芳烃越多，其密度越大；含烷烃越多，其密度越小。（　　）

3. 喷气燃料是具有喷气式发动机的军用飞机、民航飞机等交通工具的主要燃料。（　　）

4. 油品的密度与化学组成密切相关，可根据相对密度初步确定油品品种。（　　）

5. 可根据酸、碱反应的物质的量比例关系直接求出油品中具体某种酸的含量。（　　）

6. 测定酸值时，将乙醇煮沸5min的目的是除去溶液中的二氧化碳。（　　）

7. H/C比越小的烃类生成积炭的倾向越小。（　　）

8. 不饱和烃含量增加、油料变重都会使烟点值变大。（　　）

9. 目视比色法中，试样的颜色居于两个标准比色板之间，例如：在2.5号和3.0号之间，则报告大于2.5号。（　　）

10. 如果试样颜色落在两个标准颜色之间，则报告较高颜色的色号作为试样的色号。（　　）

模块四 柴油分析

内容概述

柴油是重要的石油产品之一，是压燃式发动机（简称柴油机）的燃料。该模块主要认识柴油的规格，学习柴油运动黏度、浊点、倾点、凝点、冷滤点、十六烷值等性能指标的分析。柴油的性能指标是组成它的各种化合物性质的综合表现，这些性质的测定对评定柴油产品质量、控制石油炼制过程和进行工艺设计都有着重要的意义，是控制石油炼制过程和评定产品质量的重要指标，也是石油炼制工艺装置设计与计算的依据。

任务 4-1 认识柴油的种类、牌号和规格

任务目标

1. 熟悉柴油的种类牌号；
2. 认识柴油的规格标准；
3. 联系实际理解柴油的主要性能要求及应用。

任务描述

1. 任务：认识柴油的种类牌号，学习柴油的规格标准，掌握柴油的主要性能要求及应用。
2. 教学场所：油品分析室。

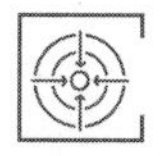

储备知识

柴油是由复杂烃类混合物组成的液态石油产品，易燃易挥发，不溶于水，易溶于醇和其他有机溶剂，沸点范围介于汽油和煤油之间。柴油主要由原油蒸馏、催化裂化、热裂化、加氢裂化、石油焦化等过程生产的柴油馏分经调配精制而成，也可由页岩油加工和煤液化制取，是压燃式发动机（简称柴油机）燃料，广泛用于大型车辆、铁路机车、船舰等。

一、柴油的种类

柴油根据密度不同，一般分为轻柴油（沸点范围 180～370℃）和重柴油（沸点范围 350～410℃）两大类。轻柴油适用于高速柴油机，重柴油适用于中速柴油机和低速柴油机。

根据适用范围不同，我国柴油曾经分为普通柴油、车用柴油和船用柴油等。其中，普通柴油适用于拖拉机、内燃机车、工程机械、内河船舶和发电机组等压燃式发动机，也可用于低速货车；车用柴油主要适用于压燃式发动机轿车、汽车等；船用柴油适用于水上船舶发动机，该类发动机转速较车用发动机低，所需柴油在黏度、十六烷值、密度等指标上与车用油均有区别。目前，随着国家保护生态环境措施的加强，我国实行“车用柴油、普通柴油、部分船舶用油”三油并轨，取消了普通柴油类别。

二、柴油的牌号

柴油牌号是按凝点划分的。目前，我国柴油按凝点分为 6 个牌号，即 5 号、0 号、－10 号、－20 号、－35 号和－50 号，分别适用于最低气温在 8℃、4℃、－5℃、－14℃、－29℃和－44℃以上的地区使用。选用柴油的牌号如果高于上述温度所对应的牌号，发动机中的燃油系统就可能结蜡，堵塞油路，影响发动机的正常工作。

三、柴油的规格

目前，我国车用柴油的规格标准是 GB 19147—2016《车用柴油》。针对船用柴油机的标准比较多，例如 GB/T 36885—2018《船用柴油机硫氧化物排放测量方法》、GB 8840—2009《船用柴油机排气烟度限值》等。另外，各地还制定有相应的地方性标准，例如，北京市地方标准 DB 11/239—2016《车用柴油》、海南省地方标准 DB46 128—2008《车用汽油》、甘肃省地方标准 DB 62/1467—2008《新型轻柴油》等。

柴油的主要性能要求有：良好的蒸发性、着火性、低温流动性、安定性和较小的腐蚀性等。蒸发性要求柴油能在短时间内完全蒸发，并迅速与空气形成均匀的可燃性混合气，以保证发动机正常运转，其评定指标有馏程和闪点等。着火性是指柴油的自燃能力，用十六烷值表示。自燃点低、十六烷值适宜的柴油着火性好，发动机工作稳定，不发生粗暴现象。低温流动性是指柴油在低温使用时能维持正常流动、顺利输送的能力，其评定指标主要是凝点和冷滤点。安定性要求柴油在储存中生成胶质和燃烧时生成积炭的倾向小，常用总不溶物和10％蒸余物残炭评定。腐蚀性要求柴油硫含量低、酸度小，在存储、运输、使用过程中对储罐、管线、发动机等设备的腐蚀性小。

任务实施

分组进行线上线下资料查阅，学习柴油的性质、用途、种类牌号和规格标准等内容，讨论我国现行柴油标准的主要性能要求，归纳整理好相关内容，以小组为单位展示学习成果，并进行小组学习效果评价和成绩记录。

思考拓展

1. 柴油是一种什么样的石油产品？我国的柴油有哪些种类和牌号？
2. 你认为柴油的主要性能要求有哪些？联系实际举例说明。

测定柴油运动黏度

任务目标

1. 认识石油产品黏度测定的意义；
2. 了解油品黏度的表示方法及其相互关系；
3. 理解影响油品黏度的主要因素；
4. 学会石油产品黏度的测定方法和有关计算；
5. 能熟练进行柴油运动黏度的测定；
6. 能拓展测定润滑油的运动黏度；
7. 熟悉石油产品黏度测定的安全事项。

任务描述

1. 任务：在油品分析室测定原油或成品油的黏度，认识石油产品黏度的概念、表示方法及其测定意义，理解影响油品黏度的主要因素，掌握油品黏度的测定方法和有关计算，注意安全事项。

2. 教学场所：油品分析室。

储备知识

一、黏度的表示方法

1. 动力黏度

动力黏度又称为绝对黏度，简称黏度，它是流体的理化性质之一，是衡量物质黏性大小的物理量，其物理意义是：当两个面积为 $1m^2$、垂直距离为 1m 的相邻流体层，以 1m/s 的速度作相对运动时所产生的内摩擦力。当流体在外力作用下运动时，相邻两层流体分子间存在的内摩擦力将阻滞流体的流动，这种特性称为流体的黏性。根据牛顿黏性定律：

$$F=\mu S\frac{dv}{dx} \tag{4-1}$$

式中 F——相邻两层流体作相对运动时产生的内摩擦力，N；

S——相邻两层流体的接触面积，m^2；

dv——相邻两层流体的相对运动速度，m/s；

dx——相邻两层流体的距离，m；

$\frac{dv}{dx}$——在与流动方向垂直方向上的流体速度变化率，称为速度梯度，s^{-1}；

μ——流体的黏滞系数，又称动力黏度，简称黏度，Pa·s。

上式表明，相邻两层流体作相对运动时，其内摩擦力的大小与摩擦面积和速度梯度成正比。黏滞系数（μ）是与流体性质有关的常数，流体的黏性越大，μ 值越大。因此，黏滞系数是衡量流体黏性大小的指标，称为动力黏度，简称黏度。

符合牛顿黏性定律的流体称为牛顿型流体。大多数石油产品在浊点温度以上都属于牛顿型流体，均可由式(4-1) 求取其黏度。当液体石油产品在低温下有蜡析出时，流体性能变差，则变为非牛顿型流体。此外，润滑油中加入由高分子聚合物添加剂制成的稠化油、含沥青质较多的重质燃料（沥青质在油品中呈悬浮粒状存在）时，都转变为非牛顿型流体。非牛顿型流体在流动时不处于层流状态，不符合牛顿黏性定律，因此不能用式(4-1) 求取黏度。

2. 运动黏度

某流体的动力黏度与该流体在同一温度和压力下的密度之比，称为该流体的运动黏度。

$$\nu_t=\frac{\mu_t}{\rho_t} \tag{4-2}$$

式中 ν_t——油品在温度 t 时的运动黏度，m^2/s；

μ_t——油品在温度 t 时的动力黏度，Pa·s；

ρ_t——油品在温度 t 时的密度，kg/m^3。

实际生产中常用 mm^2/s 作为油品质量指标中的运动黏度单位，$1m^2/s=10^6mm^2/s$。

3. 恩氏黏度

试样在规定温度下，从恩氏黏度计中流出 200mL 所需要的时间与该黏度计的水值之比称为恩氏黏度。其中水值是指 20℃时从同一黏度计流出 200mL 蒸馏水所需的时间。恩氏黏度的单位为条件度，用符号°E 表示。

运动黏度与恩氏黏度可通过表 4-1 换算。更高的运动黏度需按式(4-3) 换算。

$$E_t = 0.315\nu_t \tag{4-3}$$

式中　E_t——油品在温度 t 时的恩氏黏度,°E;

ν_t——油品在温度 t 时的运动黏度，mm^2/s。

表 4-1　运动黏度与恩氏黏度换算表

ν_t /(mm^2/s)	E_t /°E	ν_t /(mm^2/s)	E_t /°E	ν_t /(mm^2/s)	E_t /°E	ν_t /(mm^2/s)	E_t /°E	ν_t /(mm^2/s)	E_t /°E	ν_t /(mm^2/s)	E_t /°E
1.00	1.00	4.40	1.33	7.80	1.65	11.4	2.00	18.2	2.74	25.0	3.56
1.10	1.01	4.50	1.34	7.90	1.66	11.6	2.01	18.4	2.76	25.2	3.58
1.20	1.02	4.60	1.35	8.00	1.67	11.8	2.03	18.6	2.79	25.4	3.61
1.30	1.03	4.70	1.36	8.10	1.68	12.0	2.05	18.8	2.81	25.6	3.63
1.40	1.04	4.80	1.37	8.20	1.69	12.2	2.07	19.0	2.83	25.8	3.65
1.50	1.05	4.90	1.38	8.30	1.70	12.4	2.09	19.2	2.86	26.0	3.68
1.60	1.06	5.00	1.39	8.40	1.71	12.6	2.11	19.4	2.88	26.2	3.70
1.70	1.07	5.10	1.40	8.50	1.72	12.8	2.13	19.6	2.90	26.4	3.73
1.80	1.08	5.20	1.41	8.60	1.73	13.0	2.15	19.8	2.92	26.6	3.76
1.90	1.09	5.30	1.42	8.70	1.73	13.2	2.17	20.0	2.95	26.8	3.78
2.00	1.10	5.40	1.42	8.80	1.74	13.4	2.19	20.2	2.97	27.0	3.81
2.10	1.11	5.50	1.43	8.90	1.75	13.6	2.21	20.4	2.99	27.2	3.83
2.20	1.12	5.60	1.44	9.00	1.76	13.8	2.24	20.6	3.02	27.4	3.86
2.30	1.13	5.70	1.45	9.10	1.77	14.0	2.26	20.8	3.04	27.6	3.89
2.40	1.14	5.80	1.46	9.20	1.78	14.2	2.28	21.0	3.07	27.8	3.92
2.50	1.15	5.90	1.47	9.30	1.79	14.4	2.30	21.2	3.09	28.0	3.95
2.60	1.16	6.00	1.48	9.40	1.80	14.6	2.33	21.4	3.12	28.2	3.97
2.70	1.17	6.10	1.49	9.50	1.81	14.8	2.35	21.6	3.14	28.4	4.00
2.80	1.18	6.20	1.50	9.60	1.82	15.0	2.37	21.8	3.17	28.6	4.02
2.90	1.19	6.30	1.51	9.70	1.83	15.2	2.39	22.0	3.19	28.8	4.05
3.00	1.20	6.40	1.52	9.80	1.84	15.4	2.42	22.2	3.22	29.0	4.07
3.10	1.21	6.50	1.53	9.90	1.85	15.6	2.44	22.4	3.24	29.2	4.10
3.20	1.21	6.60	1.54	10.0	1.86	15.8	2.46	22.6	3.27	29.4	4.12
3.30	1.22	6.70	1.55	10.1	1.87	16.0	2.48	22.8	3.29	29.6	4.15
3.40	1.23	6.80	1.56	10.2	1.88	16.2	2.51	23.0	3.31	29.8	4.17
3.50	1.24	6.90	1.56	10.3	1.89	16.4	2.53	23.2	3.34	30.0	4.20
3.60	1.25	7.00	1.57	10.4	1.90	16.6	2.55	23.4	3.36	30.2	4.22
3.70	1.26	7.10	1.58	10.5	1.91	16.8	2.58	23.6	3.39	30.4	4.25
3.80	1.27	7.20	1.59	10.6	1.92	17.0	2.60	23.8	3.41	30.6	4.27
3.90	1.28	7.30	1.60	10.7	1.93	17.2	2.62	24.0	3.43	30.8	4.30
4.00	1.29	7.40	1.61	10.8	1.94	17.4	2.65	24.2	3.46	31.0	4.33
4.10	1.30	7.50	1.62	10.9	1.95	17.6	2.67	24.4	3.48	31.2	4.35
4.20	1.31	7.60	1.63	11.0	1.96	17.8	2.69	24.6	3.51	31.4	4.38
4.30	1.32	7.70	1.64	11.2	1.98	18.0	2.72	24.8	3.53	31.6	4.41

续表

ν_t /(mm²/s)	E_t /°E	ν_t /(mm²/s)	E_t /°E	ν_t /(mm²/s)	E_t /°E	ν_t /(mm²/s)	E_t /°E	ν_t /(mm²/s)	E_t /°E	ν_t /(mm²/s)	E_t /°E
31.8	4.43	40.6	5.57	49.4	6.73	58.2	7.88	67.0	9.06	79.0	10.7
32.0	4.46	40.8	5.60	49.6	6.76	58.4	7.91	67.2	9.08	80.0	10.8
32.2	4.48	41.0	5.63	49.8	6.78	58.6	7.94	67.4	9.11	81.0	10.9
32.4	4.51	41.2	5.65	50.0	6.81	58.8	7.97	67.6	9.14	82.0	11.1
32.6	4.54	41.4	5.68	50.2	6.83	59.0	8.00	67.8	9.17	83.0	11.2
32.8	4.56	41.6	5.70	50.4	6.86	59.2	8.02	68.0	9.20	84.0	11.4
33.0	4.59	41.8	5.73	50.6	6.89	59.4	8.05	68.2	9.22	85.0	11.5
33.2	4.61	42.0	5.76	50.8	6.91	59.6	8.08	68.4	9.25	86.0	11.6
33.4	4.64	42.2	5.78	51.0	6.94	59.8	8.10	68.6	9.28	87.0	11.8
33.6	4.66	42.4	5.81	51.2	6.96	60.0	8.13	68.8	9.31	88.0	11.9
33.8	4.69	42.6	5.84	51.4	6.99	60.2	8.15	69.0	9.34	89.0	12.0
34.0	4.72	42.8	5.86	51.6	7.02	60.4	8.18	69.2	9.36	90.0	12.2
34.2	4.74	43.0	5.89	51.8	7.04	60.6	8.21	69.4	9.39	91.0	12.3
34.4	4.77	43.2	5.92	52.0	7.07	60.8	8.23	69.6	9.42	92.0	12.4
34.6	4.79	43.4	5.95	52.2	7.09	61.0	8.26	69.8	9.45	93.0	12.6
34.8	4.82	43.6	5.97	52.4	7.12	61.2	8.28	70.0	9.48	94.0	12.7
35.0	4.85	43.8	6.00	52.6	7.15	61.4	8.31	70.2	9.50	95.0	12.8
35.2	4.87	44.0	6.02	52.8	7.17	61.6	8.34	70.4	9.53	96.0	13.0
35.4	4.90	44.2	6.05	53.0	7.20	61.8	8.37	70.6	9.55	97.0	13.1
35.6	4.92	44.4	6.08	53.2	7.22	62.0	8.40	70.8	9.58	98.0	13.2
35.8	4.95	44.6	6.10	53.4	7.25	62.2	8.42	71.0	9.61	99.0	13.4
36.0	4.98	44.8	6.13	53.6	7.28	62.4	8.45	71.2	9.63	100	13.5
36.2	5.00	45.0	6.16	53.8	7.30	62.6	8.48	71.4	9.66	101	13.6
36.4	5.03	45.2	6.18	54.0	7.33	62.8	8.50	71.6	9.69	102	13.8
36.6	5.05	45.4	6.21	54.2	7.35	63.0	8.53	71.8	9.72	103	13.9
36.8	5.08	45.6	6.23	54.4	7.38	63.2	8.55	72.0	9.75	104	14.1
37.0	5.11	45.8	6.26	54.6	7.41	63.4	8.58	72.2	9.77	105	14.2
37.2	5.13	46.0	6.28	54.8	7.44	63.6	8.60	72.4	9.80	106	14.3
37.4	5.16	46.2	6.31	55.0	7.47	63.8	8.63	72.6	9.82	107	14.5
37.6	5.18	46.4	6.34	55.2	7.49	64.0	8.66	72.8	9.85	108	14.6
37.8	5.21	46.6	6.36	55.4	7.52	64.2	8.68	73.0	9.88	109	14.7
38.0	5.24	46.8	6.39	55.6	7.55	64.4	8.71	73.2	9.90	110	14.9
38.2	5.26	47.0	6.42	55.8	7.57	64.6	8.74	73.4	9.93	111	15.0
38.4	5.29	47.2	6.44	56.0	7.60	64.8	8.77	73.6	9.95	112	15.1
38.6	5.31	47.4	6.47	56.2	7.62	65.0	8.80	73.8	9.98	113	15.3
38.8	5.34	47.6	6.49	56.4	7.65	65.2	8.82	74.0	10.0	114	15.4
39.0	5.37	47.8	6.52	56.6	7.68	65.4	8.85	74.2	10.0	115	15.6
39.2	5.39	48.0	6.55	56.8	7.70	65.6	8.87	74.4	10.1	116	15.7
39.4	5.42	48.2	6.57	57.0	7.73	65.8	8.90	74.6	10.1	117	15.8
39.6	5.44	48.4	6.60	57.2	7.75	66.0	8.93	74.8	10.1	118	16.0
39.8	5.47	48.6	6.62	57.4	7.78	66.2	8.95	75.0	10.2	119	16.1
40.0	5.50	48.8	6.65	57.6	7.81	66.4	8.98	76.0	10.3	120	16.2
40.2	5.52	49.0	6.68	57.8	7.83	66.6	9.00	77.0	10.4		
40.4	5.54	49.2	6.70	58.0	7.86	66.8	9.03	78.0	10.5		

此外，国外还常用赛氏黏度和雷氏黏度等条件性黏度，它们都是用特定仪器在规定条件下测定的，也是计算一定体积的油品在温度 t 时通过规定尺寸管子所需要的时间，直接用时间（s）来表示黏度的大小，而不用比值。

赛氏黏度和雷氏黏度等条件性黏度可以相对地衡量油品的流动性。各种表示方法之间可以通过黏度换算图（见图 4-1）进行换算，换算条件是温度必须相同。通过换算得来的黏度值难免出现误差，因此，若需要准确数据，还需要用试验方法测定。

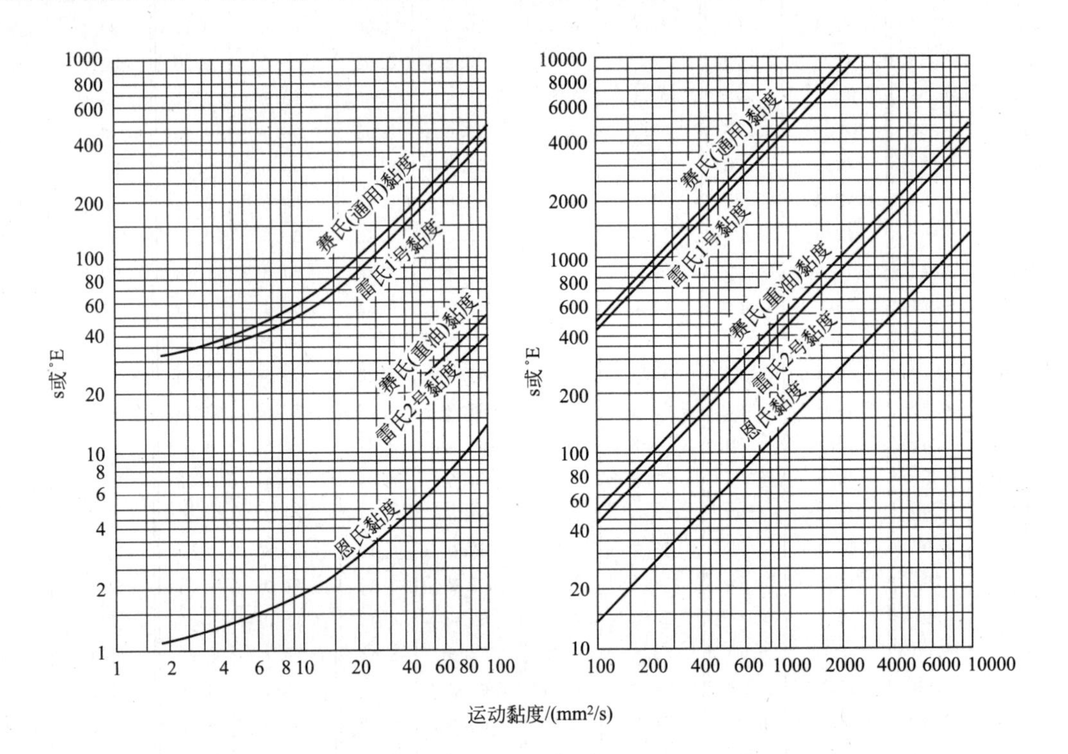

图 4-1 黏度换算图

二、影响油品黏度的主要因素

影响油品黏度的因素主要有油品的化学组成、分子量、温度和压力等。

1. 化学组成

黏度是与流体性质有关的衡量流体黏性大小的物性参数，它反映了液体内部分子间的摩擦力，因此它与流体的化学组成密切相关。

通常，对碳原子数相同的烃，各种烃类黏度大小排列的顺序是：正构烷烃＜异构烷烃＜芳香烃＜环烷烃。并且，黏度随烃分子内环数的增加及异构程度的增大而增大（见表 4-2）。在油品中，环上碳原子数目在油料分子中所占比例越大，其黏度越大，表现在不同原油的相同馏分中，含环状烃多的油品比含烷烃多的油品具有更高的黏度；同类烃中，随分子量的增大，分子间引力增大，则黏度也增大，所以石油馏分越重，其黏度就越大。

表 4-2　一些烃类的运动黏度

碳原子数	结构式	$\nu_{37.8}$/(mm^2/s)	碳原子数	结构式	$\nu_{37.8}$/(mm^2/s)
26	nC_{26}	11.5	26	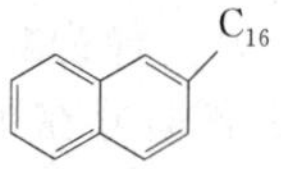 C_{16}	22.86
26	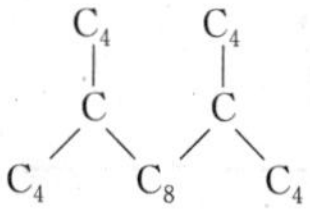 C_4　C_4 C　C C_4　C_8　C_4	12.8	26	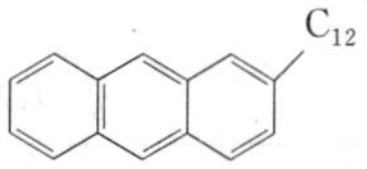 C_{12}	77.5

2. 温度

油品黏度受温度的影响很明显。温度升高，所有石油馏分的黏度都减小，最终趋近一个极限值，各种油品的极限黏度都非常接近；反之，温度降低时，油品的黏度都增大。因此，测定油品黏度时要保持恒温，否则，即便是极小的温度波动，也会使黏度的测定结果产生较大的误差。黏度随温度的变化关系可以由经验式(4-4) 确定。

$$\lg(\nu_t+0.65)=A-B\lg T \tag{4-4}$$

式中　ν_t——油品在温度 t 时的运动黏度，mm^2/s；

A,B——随油品性质而定的经验常数；

0.65——适用于我国石油产品的经验常数（国外常采用 0.8）；

T——油品的热力学温度，K。

当已知两个温度下的油品黏度，分别代入式(4-4)，即可求出常数 A 和 B，进而可以计算该油品在任意温度下的黏度。式(4-4) 只适用于处在正常流动状态的液态石油产品，即油品的温度范围必须在其浊点至初馏点之间。

油品黏度随温度变化的性质，称为油品的黏温特性（或黏温性质）。黏温特性是润滑油的一个重要质量指标，如果润滑油的黏度随温度变化的幅度过大，必将影响机械的正常运转。通常由于地区及气候条件的改变，润滑油的使用温度可能发生很大变化，因而润滑油的黏度也将发生变化。为正确评价油品的黏温性质，在生产和使用中常用黏度比（ν_{50}/ν_{100}）和黏度指数（VI）表示油品的黏温性质。

（1）黏度比

油品在两个不同温度下的黏度之比，称为黏度比。通常用 50℃和 100℃时的运动黏度比值（ν_{50}/ν_{100}）来表示。比值越小，黏温特性越好。这种表示法比较直观，但有一定的局限性，它只能表示油品在 50～100℃范围内的黏温特性，超出这个范围将无法反映。因此，也有用－20℃和 50℃的黏度比表示油品在低温下的黏温特性的，如航空润滑油要求 v_{-20}/v_{50} 不大于 70。另外与黏度较小的轻质、中质润滑油相比，重质润滑油的黏度随温度变化的幅度大得多，故只有黏度相近的油品，才能用黏度比来评价其黏温特性的优劣，否则是没有意义的。

（2）黏度指数

黏度指数（VI）是衡量油品黏度随温度变化的一个相对比较值。用黏度指数表示油品的黏温特性是国际通用的方法，目前我国已普遍采用这种方法。黏度指数越高，表示油品的黏温特性越好。

对黏度指数的规定为：根据国际标准化组织（ISO）的具体要求，GB/T 1955《石油产品粘度指数计算法》中规定，人为地选定两种油作为标准，其一为黏温性质很好的 H 油，黏度指数规定为 100；另一种为黏温性质差的 L 油，其黏度指数规定为 0。将这两种油分成若干窄馏分，分别测定各馏分在 100℃和 40℃时的运动黏度，然后在两种数据中，分别选出 100℃运动黏度相同的两个窄馏分组成一组，列成表格，详见 GB/T 1995 或各类石油化工计算图表集，其中 GB/T 1995 中列出了标准油 100℃运动黏度为 2～70mm^2/s 的数据。在此仅选部分数据列于表 4-3。

表 4-3　一些标准油的运动黏度数据

运动黏度(100℃)/(mm^2/s)	运动黏度(40℃)/(mm^2/s)		
	L	$D=L-H$	H
7.70	93.20	37.00	56.20
7.80	95.43	38.12	57.31
7.90	97.72	39.27	58.45
8.00	100.0	40.40	59.60
8.10	102.3	41.56	60.74
8.20	104.6	42.71	61.89
8.30	106.9	43.85	63.05
8.40	109.2	45.02	64.18
8.50	111.5	46.18	65.32
8.60	113.9	47.42	66.48
8.70	116.2	48.56	67.64
8.80	118.5	49.71	68.79
8.90	120.9	50.96	69.94
9.00	123.3	52.20	71.10
9.10	125.7	53.43	72.27
9.20	128.0	54.58	73.42
9.30	130.4	55.83	74.57
9.40	132.8	57.07	75.73
9.50	135.3	58.39	76.91

欲确定某一油品的黏度指数时，先测定它在 40℃和 100℃时的黏度，然后在表中找出 100℃时与试样黏度相同的标准组。

当试样的黏度指数 VI＜100 时，按式(4-5) 计算黏度指数。

$$VI=\frac{L-U}{L-H}\times 100=\frac{L-U}{D}\times 100 \tag{4-5}$$

式中　VI——试样的黏度指数；

L——与试样在100℃时的运动黏度相同、黏度指数为0的标准油在40℃时的运动黏度，mm^2/s；

H——与试样在100℃时的运动黏度相同、黏度指数为100的标准油在40℃时的运动黏度，mm^2/s；

U——试样在40℃时的运动黏度，mm^2/s。

若试样的运动黏度为$2mm^2/s<\nu_{100}<70mm^2/s$，可直接查表4-5（全部数据见GB/T 1995或各类石油化工图表集）或采用内插法求得L和D值，再代入式(4-5)计算。注意黏度指数的计算结果要求用整数表示，如果计算值恰好在两个整数之间，应修约为最接近的偶数。例如，79.5应报告为80。

【例题 4-1】　已知某试样在40℃和100℃时的运动黏度分别为$71.20mm^2/s$和$8.85mm^2/s$，求该试样的黏度指数。

解： 由100℃时的运动黏度$8.85mm^2/s$，查表4-5并用内插法计算得：

$$L=118.5+\frac{8.85-8.80}{8.90-8.80}\times(120.9-118.5)=119.7$$

$$D=49.71+\frac{8.85-8.80}{8.90-8.80}\times(50.96-49.71)=50.34$$

则

$$\mathrm{VI}=\frac{L-U}{D}\times100=\frac{119.7-71.20}{50.34}\times100=96.34$$

$$\mathrm{VI}\approx96$$

若试样的运动黏度$\nu_{100}>70mm^2/s$，则需用式(4-6)、式(4-7)计算L和D，再用式(4-5)计算黏度指数。

$$L=0.8353\nu_{100}^2+14.67\nu_{100}-216 \tag{4-6}$$

$$D=0.6669\nu_{100}^2+282\nu_{100}-119 \tag{4-7}$$

式中，ν_{100}为试样在100℃时的运动黏度，mm^2/s。

当试样的运动黏度指数VI≥100时，按式(4-8)和式(4-9)计算黏度指数。

$$\mathrm{VI}=\frac{10^N-1}{0.00715}+100 \tag{4-8}$$

$$N=\frac{\lg H-\lg U}{\lg\nu_{100}} \tag{4-9}$$

式中　U——试样在40℃时的运动黏度，mm^2/s；

H——与试样在100℃时的运动黏度相同、黏度指数为100的标准油在40℃时的运动黏度，mm^2/s；

ν_{100}——试样在100℃时的运动黏度，mm^2/s。

若试样的运动黏度为$2mm^2/s<\nu_{100}<70mm^2/s$，可由式(4-8)和式(4-9)直接进行计算。如果数据落在表4-5中所给两个数据之间，可采用内插法求得H值，再代入式(4-8)和式(4-9)计算。

【例题 4-2】　已知试样在40℃和100℃时的运动黏度分别为$53.67mm^2/s$和$7.90mm^2/s$，计算该试样的黏度指数。

解： 已知100℃运动黏度为$7.90mm^2/s$，由表4-5查得$H=58.45mm^2/s$，代入到式(4-8)和式(4-9)中，得：

$$N=\frac{\lg H-\lg U}{\lg \nu_{100}}=\frac{\lg 58.45-\lg 53.67}{\lg 7.90}=0.04128$$

$$\mathrm{VI}=\frac{10^{N}-1}{0.00715}+100=\frac{10^{0.04128}-1}{0.00715}+100=113.95$$

$$\mathrm{VI}\approx 114$$

若试样的运动黏度 $\nu_{100}>70\mathrm{mm}^2/\mathrm{s}$，则按式(4-10）计算 H 值后，再代入式(4-8)、式(4-9）计算试样黏度指数。

$$H=0.1684\nu_{100}^2+11.85\nu_{100}-97 \tag{4-10}$$

另外，还可以根据试样的 ν_{50} 和 ν_{100}，通过 GB/T 1995 附录 A 中所给的黏度指数计算图（见图 4-2）直接查出黏度指数。该方法简便、快捷、比较准确。其应用范围是 $2.5\mathrm{mm}^2/\mathrm{s}<\nu_{100}<65\mathrm{mm}^2/\mathrm{s}$，$40<\mathrm{VI}<160$。

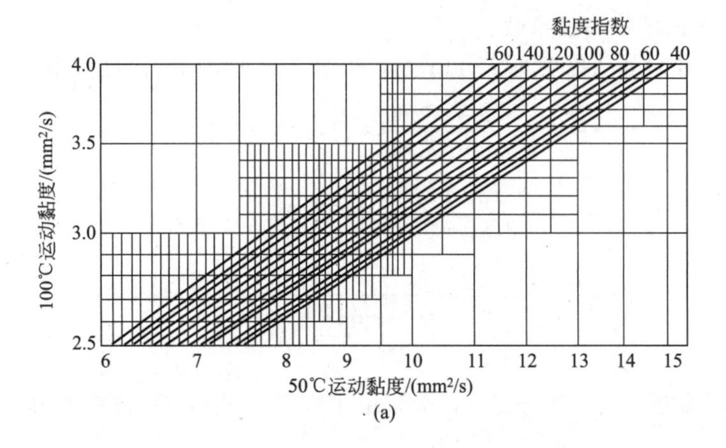

(a)

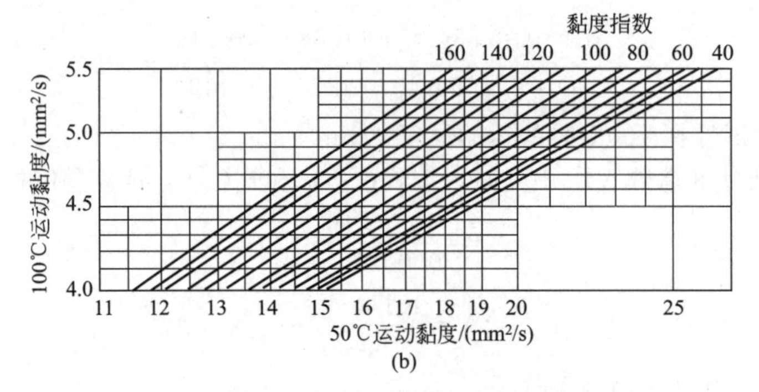

(b)

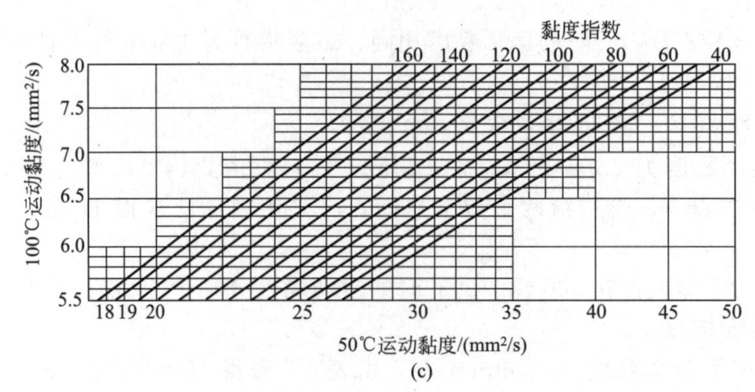

(c)

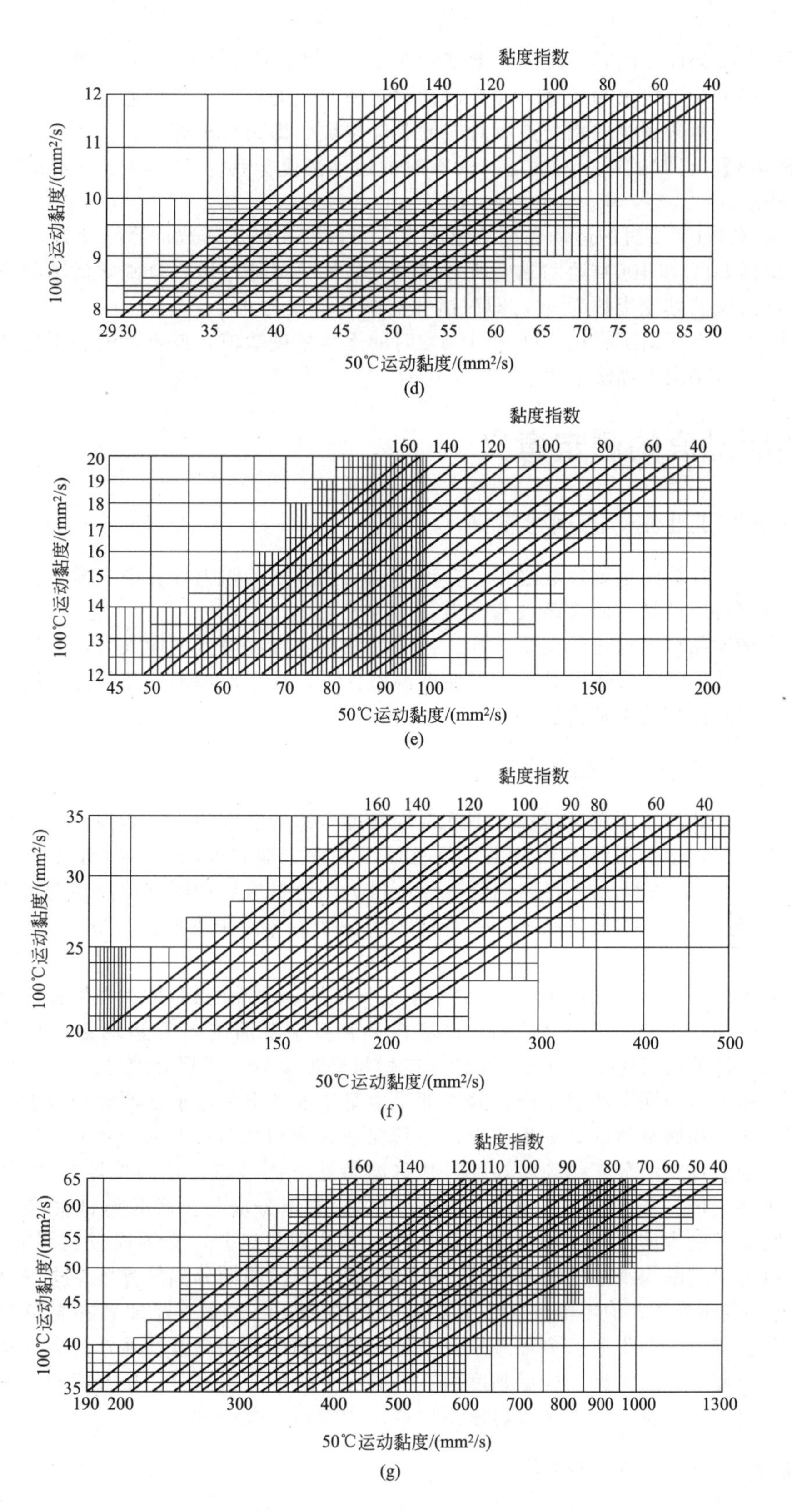

图 4-2 油品黏度指数计算图

使用黏度指数计算图时，应先根据试样在100℃时运动黏度的大小选图，然后在图的横坐标和纵坐标上分别找出50℃和100℃运动黏度所对应的点，用直尺通过该点分别对横轴和纵轴作垂直线，两条直线的相交点所对应的黏度指数，即为所求算值。

【例题 4-3】 已知试样在50℃和100℃时的运动黏度分别为20.00mm²/s和5.00mm²/s，计算黏度指数。

解： 从试样100℃时的运动黏度数值看出，可以使用黏度指数计算图计算。由图4-2(b)分别找出试样50℃和100℃运动黏度所对应的点，用直尺通过该点分别对横轴和纵轴作垂直线，其交点对应的黏度指数为90，即该试样的黏度指数为90。

如果图中没有标出试样在50℃和100℃时的运动黏度数值，或查出的黏度指数值在图上没有标出，可以采用内插法求出。

三、油品黏度的测定意义

1. 黏度对工业生产的指导意义

黏度是工艺计算的重要参数之一。在流体流动和输送的阻力计算中，需要根据雷诺数判断流体类型，再行计算，而雷诺数与动力黏度有关。

黏度还是油品贮运输送的重要参数。当油品黏度随温度降低而增大时，会使输油泵的压力降增大，泵效下降，输送困难。一般在低温条件下，可采取加温预热降低黏度或提高泵压的办法，以保证油品的正常输送。

2. 黏度测定对润滑油的意义

黏度是润滑油的重要质量指标。正确选用黏度合适的润滑油，才能保证发动机具有稳定可靠的工作状况，达到最佳工作效率，延长使用寿命。随黏度增大，润滑油的流动性能变差，使发动机功率降低，增大燃料消耗。黏度过大，会造成启动困难；而黏度过小，会降低油膜的支撑能力，使摩擦面之间不能保持连续的油膜，导致干摩擦，造成发动机严重磨损，使用寿命降低。

黏度常用来划分润滑油牌号。许多润滑油产品是以油品的运动黏度值划分牌号的。例如，普通液压油、机械油、压缩机油、冷冻机油和真空泵油按40℃运动黏度划分牌号，汽油机油、柴油机油按GB/T 14906—2018《内燃机油黏度分类》划分牌号。

黏度还用来指导润滑油的生产。润滑油是由基础油和多种添加剂调和而成的。根据润滑油的使用标准，在润滑油的基础生产中，必须保证黏度和黏温特性两个主要指标。从黏度方面看，润滑油的理想组分应是环状烃类；从黏温特性方面考虑，正构烷烃（VI高）的黏温特性又远比环状烃（VI低）强。所以，润滑油的理想组分应是少环长侧链烃类，而多环短侧链烃、胶质、沥青质以及含氧、氮、硫化合物等非理想组分，必须通过精制的手段除去。通过黏度值可以判断润滑油的精制程度。一般来说，未精制馏分油的黏度＞选择性溶剂精制（除去胶质、多环芳烃，但不能除去多环烷烃）后的馏分油黏度＞经加氢补充精制或白土补充精制（除去胶质、沥青质、多环芳烃及多环烷烃）的馏分油黏度。通常，为保证成品润滑油的黏度符合要求，还需加入少量黏度大、黏温特性好的有机高分子聚合物进行调和，这些有机高分子聚合物被称为增黏剂或黏度添加剂、黏度指数改进剂。

3. 黏度测定对柴油的意义

黏度是保证柴油正常输送、雾化、燃烧及油泵润滑的重要质量指标。黏度过大，喷油嘴喷出的油滴射程远，颗粒大且不均匀，雾化状态不好，油泵效率降低，发动机的供油量减少，同时油滴与空气混合不均匀，燃烧不完全，甚至形成积炭。柴油对油泵能起润滑作用，若黏度过小，则影响油泵润滑，增加油泵磨损，而且喷油过近，造成局部燃烧，同样会降低发动机功率。因此柴油质量标准中对黏度范围有明确的规定。

4. 黏度测定对喷气燃料的意义

黏度是喷气燃料的重要质量指标。燃料雾化的好坏是喷气发动机正常工作的重要条件之一。黏度对喷气式发动机燃料的雾化、供油量和燃料泵的润滑等都有着重要的影响。燃料的黏度过大，喷射远，液滴大，雾化状态不好，燃烧不均匀、不完全，发动机功率就会降低。同时燃烧不完全的气体进入燃气涡轮后继续燃烧，易烧坏涡轮叶片，缩短发动机的使用寿命；黏度过大还会降低燃料的流动性，减少发动机的供油量。若燃料的黏度过小，则喷射近，燃烧区域宽而短，易引起局部过热；另外，由于喷气燃料本身又是燃料泵的润滑剂，燃料的黏度过低，还会增大泵的磨损。因此，在喷气式发动机燃料质量标准中规定了 20℃及－40℃（或－20℃）的运动黏度，它们分别对应燃料启动和正常飞行中的黏度。

四、油品黏度的测定方法

1. 运动黏度的测定

液体油品运动黏度的测定是按 GB/T 265—88《石油产品运动粘度测定法和动力粘度计算法》标准试验方法进行的，主要试验仪器是玻璃毛细管黏度计，该法适用于属于牛顿型流体的液体石油产品。其原理是依据泊塞耳方程式：

$$\mu=\frac{\pi r^4 p\tau}{8VL} \tag{4-11}$$

式中 μ——试样的动力黏度，Pa·s；

r——毛细管半径，m；

L——毛细管长度，m；

V——毛细管流出试样的体积，m^3；

τ——试样的平均流动时间（多次测定结果的算术平均值），s；

p——使试样流动的压力，N/m^2。

如果试样流动压力改用油柱静压力表示，即 $p=h\rho g$，再将动力黏度转换为运动黏度，则式(4-11) 改写为：

$$\nu=\frac{\mu}{\rho}=\frac{\pi r^4 h\rho g\tau}{8VL\rho}=\frac{\pi r^4 hg}{8VL}\tau \tag{4-12}$$

式中 ν——试样的运动黏度，m^2/s；

h——液柱高度，m；

g——重力加速度，m/s^2。

其他符号意义与式(4-11) 相同。

对于指定的毛细管黏度计，其半径、长度和液柱高度都是定值，即 r、L、V、h、g 均为常数，因此式(4-12) 可改写为：

$$\nu=C\tau \tag{4-13}$$

$$C=\frac{\pi r^4 hg}{8VL}$$

式中，C 为毛细管黏度计常数，mm^2/s^2。

其他符号意义与式(4-12)相同。毛细管黏度计常数仅与黏度计的几何形状有关，而与测定温度无关。

由式(4-13)可见，液体的运动黏度与流过毛细管的时间成正比。因此，只要知道了毛细管黏度计常数，就可以根据液体流过毛细管的时间计算其黏度。测定时，把被测试样装入直径合适的毛细管黏度计中，在恒定的温度下，测定一定体积的试样在重力作用下流过该毛细管黏度计的时间，用毛细管的黏度计常数乘以流动时间即为该温度下试样的运动黏度。

由于油品的黏度与温度有关，所以式(4-13)可以改写为：

$$\nu_t = C\tau_t \tag{4-14}$$

式中 ν_t——温度 t 时试样的运动黏度，mm^2/s；

τ_t——温度 t 时试样的平均流动时间，s。

在 SH/T 0173—92《玻璃毛细管粘度计技术条件》中规定，应用于石油产品黏度测定的玻璃毛细管黏度计（简称 BMN）分为四种型号，见表 4-4。测定时，应根据试样黏度和试验温度选择合适的黏度计，务必满足试样流动时间不少于 200s，内径为 0.4mm 的黏度计流动时间不少于 350s。

表 4-4 玻璃毛细管黏度计规格型号

型号	毛细管径/mm
BMN-1	0.4,0.6,0.8,1.0,1.2,1.5,2.0,2.5,3.0,3.5,4.0
BMN-2	5.0,6.0
BMN-3	1.0,1.2,1.5,2.0,2.5,3.0,3.5,4.0
BMN-4	1.0,1.2,1.5,2.0,2.5,3.0

不同的毛细管黏度计，其常数 C 值不尽相同，其测定方法如下：用已知黏度的标准液体，在规定条件下测定其通过毛细管黏度计的时间，再根据式（4-14）计算出 C，实测时，注意选用的标准液体的黏度应与试样接近，以减小误差。通常，不同规格的黏度计出厂时，都给出 C 的标定值。图 4-3 为玻璃毛细管黏度计示意图。图中 a、b 为油品流经黏度计的刻度标线，时间 τ 即为油品从 a 刻线流至 b 刻线所需的时间。

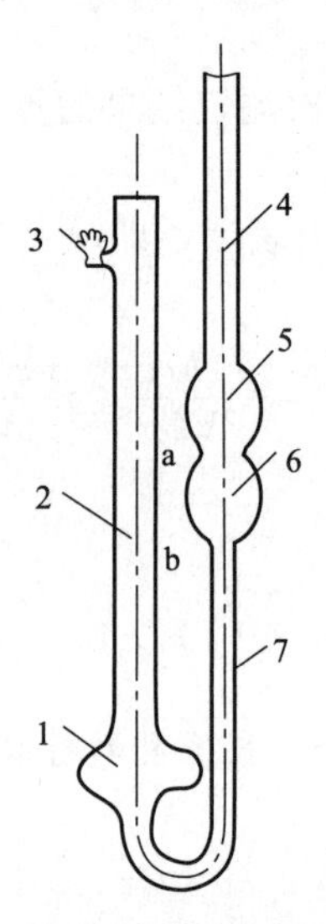

图 4-3 玻璃毛细管黏度计示意图

1,5,6—扩张部分；2,4—管身；3—支管；7—毛细管；a,b—标线

2. 恩氏黏度的测定

恩氏黏度计如图 4-4 所示。石油产品恩氏黏度的测定按 GB/T 266—88《石油产品恩氏粘度测定法》标准试验方法进行。

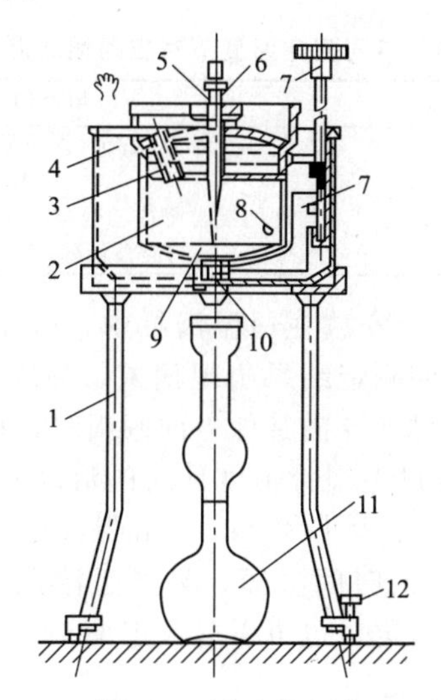

图 4-4　恩氏黏度计

1—铁三脚架；2—内容器；3—温度计插孔；4—外容器；5—木塞插孔；6—木塞；7—搅拌器；8—小尖钉；9—球面形底；10—流出孔；11—接收瓶；12—水平调节螺钉

恩氏黏度是指试样在某温度 t 时，从恩氏黏度计流出 200mL 油品所需的时间与蒸馏水在 20℃时流出相同体积所需时间（即黏度计的水值）之比。测定时，试样呈线状流出，温度 t 时的恩氏黏度用式(4-15) 计算。

$$E_t=\frac{\tau_t}{K_{20}} \tag{4-15}$$

式中　E_t——试样在温度 t 时的恩氏黏度，°E；

τ_t——试样在温度 t 时，从黏度计流出 200mL 所需的时间，s；

K_{20}——黏度计的水值，s。

五、影响油品黏度测定的因素

1. 影响运动黏度测定的因素

① 试样的预处理。试样必须预先脱水、除去机械杂质。因为试样含水，在较高温度下进行测定时会气化；在低温下测定时则会凝结，均影响试样的正常流动，使测定结果产生偏差。若存在杂质，杂质易黏附于毛细管内壁，增大流动阻力，使测定结果偏高。已处理好的成品油则无需做此步操作。

② 试样的吸入。吸入黏度计的试样不允许有气泡，气泡不但会影响装油体积，而且进入毛细管后还能形成气塞，增大流体流动阻力，使流动时间增长，测定结果偏高。

③ 温度的控制。油品黏度随温度的变化很明显，为此，规定温度必须严格控制在所要求温度的±0.1℃以内，否则哪怕是极小的波动，也会使测定结果产生较大的误差。

为维持稳定的测定温度，试验时常使用恒温浴缸，要求其高度不小于 180mm，容积不小于 2L，设有自动搅拌装置和能够准确调温的电热装置。当测定试样 0℃或低于 0℃的运动黏度时，使用开有看窗的筒形透明保温瓶，其尺寸要求同上。

根据测定条件，在恒温浴缸内注入表 4-5 中列举的某一种液体作为恒温浴液。其中恒温浴缸中的透明矿物油最好加有抗氧化添加剂，以防止氧化，延长使用时间。

表 4-5　不同测定温度下对应的恒温浴液体

测定温度/℃	恒温浴液体
50～100	透明矿物油、甘油(丙三醇)或 25%硝酸铵溶液
20～50	水
0～20	水与冰的混合物或乙醇与干冰(固体二氧化碳)的混合物
－50～0	乙醇与干冰的混合物(若无乙醇,可用无铅汽油代替)

④ 黏度计的安装位置。黏度计安放在恒温浴缸中，必须调整成垂直状态，否则会改变液柱高度，引起静压差的变化，使测定结果出现偏差。黏度计向前倾斜时，液面压差增大，流动时间缩短，测定结果偏低。黏度计向其他方向倾斜时，都会使测定结果偏高。

⑤ 流动时间的控制。试样通过毛细管黏度计时的流动时间要控制在不少于 200s，内径为 0.4mm 的黏度计流动时间则应不少于 350s，以确保试样在毛细管中处于层流状态，符合式(4-14) 的使用条件。试样流动的时间过短，易产生湍流，会使测定结果产生较大偏差；流动的时间过长，不易保持温度恒定，也可引起测定偏差。

2. 影响恩氏黏度测定的因素

① 恩氏黏度计的保养。恩氏黏度计的各部件尺寸必须符合国家标准规定的要求，特别是流出管的尺寸规定非常严格，流出管及内容器的内表面已磨光和镀金，使用时注意减少磨损，不准擦拭，不要弄脏。更换流出管时，要重新测定水值。符合标准的黏度计，其水值应等于 51s±1s，按要求每 4 个月至少校正 1 次。水值不符合规定的，不允许使用。

② 黏度计的水平状态。测定前，黏度计应调试成水平状态，稍微提起木塞，让多余的试样流出，直至内容器中的 3 个尖钉刚好同时露出液面为止。

③ 试样的预处理。机械杂质易黏附于流出管内壁，增大流动阻力，使测定结果偏高。为此测定前要用规定的金属滤网过滤试样，若试样含水，应加入干燥剂后，再过滤。此外与运动黏度的测定要求相同，装入的试样中不允许含气泡。

④ 流出时间的测量。测定油品的流出时间时，动作要协调一致，提木塞和开动秒表要同时进行，木塞提起的位置应保持与测定水值相同（也不允许拔出）。当接收瓶中的试样恰好到 200mL 的标线时，立即停止计时，否则将引起测定误差。

六、油品黏度测定结果的计算

1. 运动黏度测定结果的计算

在运动黏度的测定中，对试样流动时间的测定要求为：单次所测流动时间与平行测定值的算术平均值的差值应符合表 4-6 中所列不同温度下的要求。

表 4-6　单次测定流动时间与算术平均值的允许相对误差

测定温度范围/℃	允许相对测定误差/%
<－30	2.5
－30～15	1.5
15～100	0.5

在温度为 t 时，试样的运动黏度按式(4-14) 计算。

【例题 4-4】 某黏度计常数为 0.4780mm^2/s^2，在 50℃，4 次测定试样的流动时间分别为 320.7s、321.5s、321.2s 和 323.5s，计算试样运动黏度的测定结果。

解：流动时间的算术平均值为：

$$\tau_{50}=\frac{320.7+321.5+321.2+323.5}{4}=321.7\ (s)$$

由表 4-6 查得，允许相对测定误差为 0.5%，即单次测定流动时间与平均流动时间的允许差值为 321.7×0.5%=1.6 (s)。

由于只有 323.5s 与平均流动时间之差已超过 1.6s，因此将该值弃去。平均流动时间为：

$$\tau_{50}=\frac{320.7+321.5+321.2}{3}=321.1(s)$$

则应报告试样运动黏度的测定结果为：

$$\nu_{50}=C\tau_{50}=0.4780\times321.1=153.5\ (mm^2/s)$$

2. 恩氏黏度测定结果的计算

恩氏黏度的计算方法见式(4-15)。

任务实施

测定柴油运动黏度

1. 实施目的

① 理解石油产品运动黏度的测定原理。

② 学会石油产品运动黏度测定的方法和操作技能。

③ 掌握石油产品运动黏度测定结果的计算和注意事项。

2. 仪器材料

玻璃毛细管黏度计一组（毛细管内径为 0.8mm、1.0mm、1.2mm、1.5mm；测定试样的运动黏度时，应根据试验的测定温度选用适当的黏度计，使试样的流动不少于 200s)；恒温浴缸（在不同温度下使用的恒温浴液体见表 4-5)；秒表（分度 0.1s，1 块)；玻璃水银温度计（38～42℃，1 支；98～100℃，1 支，符合 GB/T 514—2005《石油产品试验用玻璃液体温度计技术条件》）等。

3. 所用试剂

95%乙醇（化学纯)；溶剂油或石油醚（60～90℃，化学纯)；柴油试样。

4. 方法概要

在某一恒定的温度下，测定一定体积的液体试样在重力下流过一个经过标定的玻璃毛细管黏度计的时间，黏度计的毛细管常数与流动时间的乘积，即为该温度下所测液体试样的运动黏度。

5. 准备工作

① 试样预处理。试样含有水或机械杂质时，在试验前必须经过脱水处理，用滤纸过滤除去机械杂质。其中，对于黏度较大的润滑油，可以用瓷漏斗，利用水流泵或其他真空泵进行抽滤，也可以在加热至 50～100℃的温度下进行脱水过滤。

② 黏度计的清洗。测定试样黏度之前，必须将黏度计用溶剂油或石油醚洗涤，如果黏度计沾有污垢，用铬酸洗液、水、蒸馏水或用 95%乙醇依次洗涤。然后放入烘箱中烘干或用通过棉花滤过的热空气吹干。

③ 吸入试样。测定运动黏度时，选择内径符合要求的清洁、干燥玻璃毛细管黏度计(如图 4-3 所示)。在吸入试样之前，将橡皮管套在支管 3 上，并用手指堵住管身 2 的管口，同时倒置黏度计，将管身 4 插入装着试样的容器中，利用洗耳球（或水流泵及其他真空泵）将试样由管 3 处吸到标线 b，同时注意不要使管身 4、扩张部分 5 和 6 中的试样产生气泡和裂隙。当液面达到标线 b 时，从容器中提出黏度计，并迅速恢复至正常状态，同时将管身 4 的管端外壁所沾着的多余试样擦去，并从支管 3 取下橡皮管套在管身 4 上。

④ 安装仪器。将装有试样的黏度计浸入事先准备妥当的恒温浴中（即预先恒温到指定温度)，并用夹子将黏度计固定在支架上，在固定位置时，必须把毛细管黏度计的扩张部分 5 浸入一半，注意黏度计要保持垂直状态。

温度计要利用另一个夹子固定，使水银球的位置接近毛细管中央点的水平面，并使温度计上要测量温度的刻度线位于恒温浴的液面上 10mm 处。

6. 实施步骤

① 调整温度计位置。将恒温浴调整到规定温度，把装好试样的黏度计浸入恒温浴内，将黏度计调整为垂直状态，要利用铅垂线从两个相互垂直的方向去检查毛细管的垂直情况。按表 4-7 规定的时间恒温。试验温度必须保持恒定，波动范围不允许超过±0.1℃。

表 4-7　黏度计在恒温浴中的恒温时间

试验温度/℃	恒温时间/min	试验温度/℃	恒温时间/min
80,100	20	20	10
40,50	15	－50～0	15

② 调试试样液面位置。用洗耳球从毛细管黏度计管身 4 套的橡皮管处，将试样吸入扩张部分 6 中，使试样液面高于标线 a。

③ 测定试样流动时间。观察试样在管身中的流动情况，液面恰好到达标线 a 时，开动秒表；液面正好流到标线 b 时，停止计时，记录流动时间。应重复测定，至少 4 次。按测定温度不同，每次流动时间与算术平均值的差值应符合表 4-8 中的要求。最后，用不少于 3 次测定的流动时间计算其算术平均值，作为试样的平均流动时间。

7. 精密度

① 重复性。同一操作者重复测定的两个结果之差，不应超过表 4-8 所列数值要求。

表 4-8　运动黏度测定重复性要求（置信水平为 95%）

黏度测定温度/℃	重复性/%
－60～－30	算术平均值的 5.0
－30～15	算术平均值的 3.0
15～100	算术平均值的 1.0

② 再现性。当黏度测定温度范围为15～100℃时，由两个试验室提出的结果之差，不应超过算术平均值的2.2%（置信水平为95%）。

8. 注意事项

① 使用全浸式温度计时，如果它的测温刻度露出恒温浴液面，需按式（4-16）进行校正，才能准确量出液体的温度。

$$t = t_1 - \Delta t \quad (4\text{-}16)$$

$$\Delta t = kh(t_1 - t_2)$$

式中 t——经校正后的测定温度，℃；

t_1——测定黏度时的规定温度，℃；

t_2——接近温度计液柱露出部分的空气温度，℃；

Δt——温度计液柱露出部分的校正植，℃；

k——常数，水银温度计采用$k=0.00016$，乙醇温度计采用$k=0.001$；

h——露出浴面的水银柱或乙醇柱高度，℃。

② 调试试样液面位置时，不要让毛细管和扩张部分6中的试样产生气泡或裂隙，否则重新吸入。

9. 任务实施报告

① 按规范要求写好任务名称、执行标准、实施目的、仪器材料、所用试剂、实施步骤、计算过程和分析记录等。

② 黏度测定结果的数值，保留四位有效数字。

考核评价

测定柴油运动黏度技能考核评价表

考核项目	测定柴油运动黏度					
序号	评分要素	配分	评分标准	扣分	得分	备注
1	检查仪器及计量器具(秒表、黏度计、温度计等)	10	一项未检查扣2分			
2	检查温度计放置位置,仪器恒温至(20±1)℃	10	一项不符合规定扣2分			
3	试样检查、混匀及过滤	10	一项不符合规定扣2分			
4	于黏度计中取样,放入恒温浴中恒温,要求:吸样量符合规定;吸样操作规范;黏度计浸没深度符合规定,黏度计垂直调整方法正确;黏度计垂直	25	一项未按规定扣5分			
5	试样测定:恒温时间10min;试样吸入不应该有气泡;秒表计时准确;试样流动时间符合要求;测定次数符合规定;进行平行试验	25	一项未按规定扣5分			
6	正确书写记录,两个结果之差不超过算术平均值的1.0%	10	记录数据一项不符合规定扣1分;结果超差扣10分			
7	操作完成后,仪器洗净,摆放好,台面整洁	5	操作不正确扣1分			

续表

考核项目	测定柴油运动黏度					
序号	评分要素	配分	评分标准	扣分	得分	备注
8	能正确使用各种仪器，正确使用劳动保护用品	5	操作不正确或不符合规定扣2分			
合计		100	得分			

数据记录单

测定柴油运动黏度数据记录单

样品名称				
仪器设备				
执行标准				
计算公式				
试验温度 t/℃				
大气压力/kPa				
黏度计常数 $C/(\mathrm{mm^2/s^2})$				
平行次数	1	2	3	4
测量时间 τ/s				
平行四次的平均时间/s				
测量时间与平均时间差值/s				
符合要求的平均时间/s				
试样运动黏度 $\nu_t/(\mathrm{mm^2/s})$				
分析人		分析时间		

操作视频

视频：测定柴油运动黏度

思考拓展

1. 运动黏度的测定，为什么防止黏度计中的试样产生气泡？
2. 运动黏度的测定，为什么要将黏度计调成垂直状态？

3. 拓展完成润滑油运动黏度的测定。

4. 已知试样在40℃和100℃时的运动黏度分别为$61.37mm^2/s$和$8.50mm^2/s$，计算该试样的黏度指数。(答案：110)

5. 某黏度计常数为$0.5952mm^2/s^2$，在40℃，4次测定试样的流动时间分别为372.1s、371.5s、372.2s和373.5s，计算试样运动黏度的测定结果。(答案：$221.6mm^2/s$)

测定柴油浊点

1. 了解石油产品浊点、结晶点和冰点的概念；
2. 理解影响测定油品浊点、结晶点和冰点的主要因素；
3. 熟悉柴油浊点的分析方法和仪器的使用；
4. 能够熟练进行柴油浊点的测定。

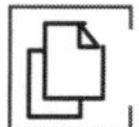

任务描述

1. 任务：学习石油产品浊点、结晶点和冰点的概念，了解油品浊点、结晶点和冰点的主要影响因素，在油品分析室测定柴油浊点，掌握测定柴油浊点的方法和有关安全事项。

2. 教学场所：油品分析室。

储备知识

一、石油产品浊点、结晶点和冰点

1. 浊点

石油产品试样在规定的条件下冷却，开始呈现雾状或浑浊时的最高温度，称为浊点，其单位以℃表示。此时油品中出现许多肉眼看不见的微小晶粒，因此不再呈现透明状态。

2. 结晶点

石油产品试样在规定的条件下冷却，出现肉眼可见结晶时的最高温度，称为结晶点，其单位以℃表示。在结晶点时，油品仍处于可流动的液体状态。

3. 冰点

石油产品试样在规定的条件下，冷却到出现结晶后，再升温至结晶消失的最低温度，称为冰点，其单位以℃表示。一般结晶点和冰点之差不超过3℃。

二、影响油品浊点、结晶点和冰点的主要因素

1. 烃类组成的影响

不同种类、结构的烃类，其熔点也不相同。当碳原子数相同时，通常正构烷烃、带对称短侧链的单环芳烃、双环芳烃的熔点最高，含有侧链的环烷烃及异构烷烃则较低。因此，若油品中所含大分子正构烷烃和芳烃的量增多时，其浊点就会明显升高，则燃料的低温性能变差。例如，用石蜡基的大庆原油炼制的喷气燃料，其结晶点要比用中间基的克拉玛依原油、胜利油田炼制的喷气燃料高得多，见表4-9。从表中还可以看出，由同一原油炼制的喷气燃料，馏分越重，其密度越大，结晶点越高，这是由于同类烃随分子量的增大，其沸点、相对密度、熔点逐渐升高的缘故。为保证结晶点合格，喷气燃料的尾部馏分不能过重。

表4-9 不同原油喷气燃料馏分范围与结晶点的关系

原油类型	馏分范围/℃	密度(20℃)/(kg/m³)	结晶点/℃
大庆原油(石蜡基)	130～210	767.9	−65
	130～220	770.9	−59.5
	130～230	774.3	−56
	130～240	776.3	−52
	130～250	778.8	−47
克拉玛依原油(中间基)	120～230	784.8	−65
	130～240	788.3	−63
	140～240	791.0	−60

2. 油品含水量的影响

油品含水可使浊点、结晶点和冰点显著升高。轻质油品有一定的溶水性，由于温度的变化，这些水常以悬浮态、乳化态和溶解状态存在。在低温下，油品中的微量水可呈细小结晶析出，能直接引起过滤器或输油管路的堵塞，更为严重的是，细小的结晶可作为烃类结晶的晶核，有了晶核，高熔点烃类可迅速形成大的结晶，使滤网堵塞的可能性大大增加，甚至中断供油，造成事故。

油品中溶解水的数量主要取决于油品的化学组成，此外还与环境温度、湿度、大气压力和贮存条件等有关。各种烃类对水的溶解度比较如下：芳烃>烯烃>环烷烃>烷烃。由此可见，对使用条件恶劣的喷气燃料要限制芳烃含量，国产喷气燃料规定芳烃含量不得大于20%。同一类烃中，随分子量和黏度的增大，对水的溶解度减小。

随着温度的降低，水在燃料中的溶解度减小。例如，大庆 2 号喷气燃料从 40℃降低到 0℃时，其溶解水的含量由 135mg/kg 降低至 40mg/kg。为防止喷气燃料结晶，使用中常采用加热过滤器或预热燃料的办法。

三、测定油品浊点、结晶点和冰点的意义

① 结晶点和冰点是评定航空汽油和喷气燃料低温性能的质量指标，我国习惯使用结晶点，欧美各国则采用冰点。航空汽油和喷气燃料都是在高空低温环境下使用的，如果出现结晶，就会堵塞发动机燃料系统的滤清器或导管，使燃料不能顺利泵送，供油不足，甚至中断，这对高空飞行是相当危险的。因此，我国对航空汽油和喷气燃料的低温性能指标提出了严格的要求，见表 4-10。

表 4-10　某些轻质油品的低温性能质量指标

项目		航空汽油(GB/T 1787—2018)	3 号喷气燃料(GB 6537—2018)	煤油(GB 253)		
				优级品	一级品	合格品
冰点/℃	不高于	−58	−47	−30	—	—
浊点/℃	不高于	—	—	—	−15	−12
结晶点/℃	不高于	—	—	—	—	—

② 浊点主要是煤油的低温性能质量指标。浊点过高的煤油在冬季室外使用时，会析出细微的结晶，堵塞灯芯的毛细管，使灯芯无法吸油，导致灯焰熄灭。我国对煤油的低温性能规格标准要求见表 4-10。

四、浊点、结晶点和冰点测定方法概述

1. 浊点的测定

浊点的测定按 GB/T 6986—2014《石油产品浊点测定法》进行，该标准适用于测定油层在 40mm 时仍保持透明且浊点低于 49℃的轻质石油产品、生物柴油和生物柴油调合燃料的浊点。

测定时，将脱水处理后的试样倾入试管液位标线处，按图 4-5 安装好试验装置。在规定的条件下冷却，每当温度计下降 1℃时，在不断搅动的情况下，迅速将试管取出观察浊点，当试管底部开始出现浑浊时的最高温度即为浊点。

如果试样的浊点很低，往往需要几个冷浴，每个冷浴比前一个冷浴温度低 17℃。例如，当试样冷却到 10℃还没出现浊点，则将试管移入温度保持在 −18～−15℃的第二个冷浴的浴套中；若试样被冷却到 −7℃还没出现浊点，则将试管移入温度保持在 −35～−32℃的第三个冷浴中。每次要等试样温度高于新冷浴 28℃时，才能转移试管，绝不允许将冷试管直接放入下一个冷浴中。为了测定很低的浊点，需要增加几个冷浴，每个冷浴的浴

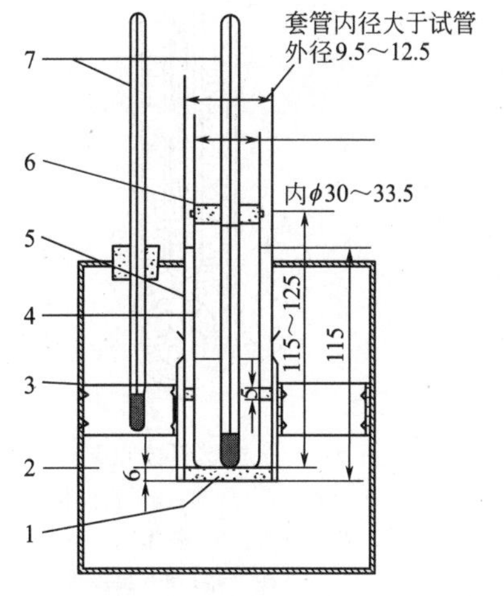

图 4-5　浊点试验仪器（单位：mm）
1—圆盘；2—冷浴；3—垫圈；4—试管；5—套管；6—软木塞；7—温度计

温应与表 4-11 一致。在所有情况下，如果试管中的试样没有出现浊点，和已识别试样当前使用的浴温达到了表中对应试样温度范围中的最低温度，应将试管转移至下一个冷浴。

表 4-11 冷浴和试样温度

浴的序号	浴温设定/℃	试样温度范围/℃
1	0±1.5	开始～9
2	−18±1.5	9～−6
3	−33±1.5	−6～−24
4	−51±1.5	−24～−42
5	−69±1.5	−42～−60

2. 冰点的测定

冰点的测定按 GB/T 2430—2008《航空燃料冰点测定法》进行，该标准是根据 ASTM D2386：2006《航空燃料冰点标准试验法》重新制定的。

测定冰点时，将 25mL±1mL 试样装入洁净干燥的双壁试管中，装好搅拌器及温度计，将双壁试管放入盛有冷却介质的保温瓶中（见图 4-6），不断搅拌试样使其温度平稳下降，记录结晶出现的温度作为结晶点。然后从冷浴中取出双壁试管，使试样在连续搅拌下缓慢升温，记录烃类结晶完全消失的最低温度作为冰点。如果测定的结晶点和冰点之差大于 3℃，要再次冷却、升温，重复测定，直到其差值小于 3℃为止。

3. 结晶点的测定

轻质石油产品浊点和结晶点的测定按 NB/SH/T 0179—2013《轻质石油产品浊点和结晶点测定法》标准方法进行（装置见图 4-7）。

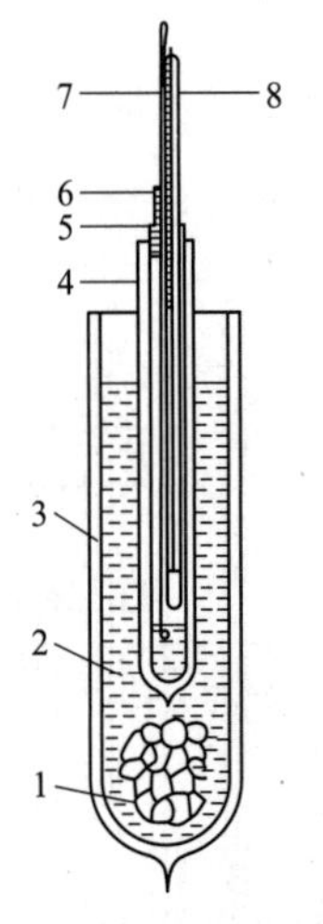

图 4-6 航空燃料冰点测定仪器

1—干冰；2—冷剂；3—真空保温瓶；4—双壁试管；5—软木塞；6—压帽；7—搅拌器；8—温度计

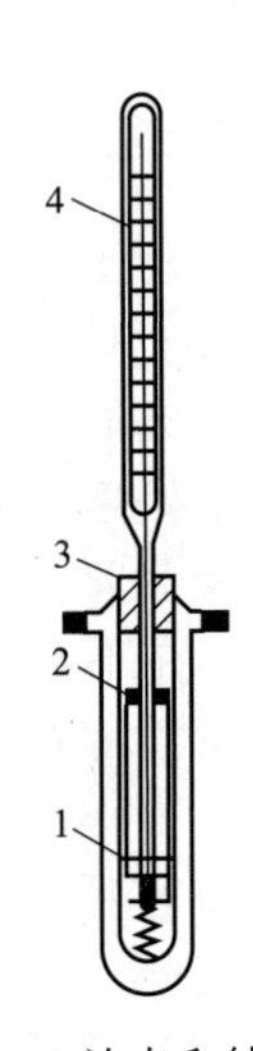

图 4-7 浊点和结晶点

1—环形标线；2—搅拌器；3—软木塞；4—温度计

测定时将试样分别装入两支洁净、干燥的双壁试管的标线处，每支试管要塞上带有温度计和搅拌器的橡皮塞，温度计位于试管中心，温度计底部与试管底部距离约 15mm。其中一支试管作为对照标准，另一支试管插入规定的冷浴中。

在达到预期浊点前5℃时，从冷浴中取出试管，迅速放在盛有工业乙醇的烧杯中浸一下，然后在透光良好条件下与对照试管相比较，观察试样状态。每次观察时间不得超过12s。若试样与对照试管比较时无异样，则认为未达到浊点。将试管放入冷浴中，然后每降1℃再观察比较一次，直至试样开始呈现浑浊为止。此时温度计所示的温度即为浊点。

测出浊点后，将冷浴温度降到比试样预期结晶点低15℃±2℃，继续搅拌试样，当到达预期的结晶点前5℃时，从冷浴中取出试管，迅速放在盛有工业乙醇的烧杯中浸一下，然后在透光良好条件下与对照试管相比较，观察试样状态。如果试样未出现结晶，再将试管放入冷浴中，每降1℃，观察一次，每次观察不超过12s。当试样开始呈现肉眼可见的晶体时，温度计所示的温度即为结晶点。

虽然喷气燃料可以达到无水分的质量指标，但实际使用时又很难防止燃料从空气中吸收并溶解水分，这种溶解水用干燥的滤纸过滤是不能除掉的，只有像脱水法测定浊点那样，用新煅烧的粉状硫酸钠或无水氯化钙处理，才能将其脱去。这在实际使用及贮存中是难以实现的，也是不现实的。为使测定符合实际，标准中规定，采取未脱水试样来测定喷气燃料的浊点和结晶点。

任务实施

测定柴油浊点

1. 实施目的

① 熟悉GB/T 6986—2014《石油产品浊点的测定法》的原理及操作方法。

② 能熟练进行柴油浊点的测定。

2. 仪器材料

试管（透明玻璃，圆筒状，平底，内径30～33.5mm，高115～125mm。试管刻有试样容积45mL的标线，也允许刻有试样容积线±3mm上、下限的标线）；温度计（分浸型）；软木塞（其中间钻孔插试验用温度计，并与试管密接）；套管（玻璃或金属密封圆筒，平底，深约115mm，内径44.2～45.8mm）；垫片（软木或毛毡制，厚6mm，直径与套管内径相同）；垫圈（环形，厚度约5mm，紧接试管外侧，在套管内可以松动。可用软木、毛毡或其他合适的材料制成。该垫圈的弹性足以紧贴试管，硬度足够保持其形状，使用垫圈的目的是防止试管接触套管）；冷浴（形式应适于获得所需温度，形状和尺寸可任意选择，但必须有垂直位置牢固地夹住套管的支架。供测定10℃以下的浊点，需要两个或两个以上的浴。所需的浴温可用制冷仪或适宜的冷冻剂获得）等。

将以上仪器材料按浊点试验仪器图（详见图4-5）进行安装。

3. 所用试剂

轻柴油或车用柴油；无水硫酸钠；定性或定量滤纸；冷却剂（冰和水、氯化钠晶体、固体二氧化碳、丙酮、溶剂油、无水乙醇、无水甲醇）。

4. 方法概要

将清澈透明的试样放入仪器中，以分级降温的方式冷却试样。通过目测观察或光学系统的连续监控，来判断试样是否有蜡晶体的形成。当试管底部首次出现蜡晶体而呈现雾状或浑浊的最高试样温度，即为试样的浊点，用℃表示。

5. 实施步骤

（1）安装仪器

若试样含水，在处理全过程中应保持环境的相对湿度不大于 75% ，过滤时应保持试样温度高于预期浊点至少 14 ℃，但不能超过 49℃，用任一适宜方法脱水，直至试样完全清澈、洁净。将清澈、洁净的试样倒入试管液位标线处，或按试管型式加到两刻线之间。用带有试验温度计的软木塞紧塞试管。若预期浊点高于－36℃，选用高浊点和高倾点温度计；若预期浊点低于－36℃，选用低浊点和低倾点温度计。调整软木塞和温度计的位置，使软木塞塞紧，温度计和试管同一轴线，而温度计感温泡放置在试管底部之上。将垫片放入套管底部，放环形垫圈于试管周围离底 25mm 处。垫片、垫圈和套管内、外侧均应洁净、干燥，将试管插入套管内。

注：由于温度计偶尔会出现断线，不能立即检查出来，故建议试验前要检查温度计的冰点，只有当温度计不浸入冰浴时读数为室温，而浸入冰浴时读数为 0℃±1℃时才能使用，否则应重新校正。

（2）冷浴仪器

冷浴温度保持在 0℃±1.5℃，将带有试管的套管置于冷浴垂直位置，使套管露出冷却介质不高于 25mm。每当看到试验温度计计数下降 1℃时，在不搅动情况下，迅速将试管取出，观察浊点，然后再放回套管。完成这一操作必须不超过 3s。当试样冷却至 9℃还未显示浊点，则将试管移入温度保持在－18℃±1.5℃的第二个浴的套管中。若试样被冷却至－6℃还未显示浊点，则将试管移入温度保持在－35℃±1.5℃的第三个浴的套管中。

为了测定很低的浊点，需加几个浴，每个浴的浴温应与表 4-11 一致。在所有情况下，如果试管中的试样没有出现浊点，和已识别试样当前使用的浴温达到了表中对应试样温度范围中的最低温度，则应将试管转移至下一个冷浴，绝不要将冷试管直接放入冷却介质中。

注：蜡变浑浊或雾状总是最先出现在温度最低的试管底部。而通常由于油中含有痕量水，轻微的雾状会遍及整个试样，且随着温度下降，慢慢会变得更明显。一般来说，此种水雾不干扰蜡浊点的测定，若有干扰，用干燥的定性或定量滤纸过滤即可。若遇柴油出现的雾状甚浓，则应取 100mL 新鲜试样和 5g 无水硫酸钠，摇动至少 5min，静置至澄清，并用干燥滤纸过滤，只要时间足够，用此方法将可脱除或足以减少水雾，易于看出蜡浑浊。

6. 精密度

① 重复性。同一操作者平行测定两次，结果相差不超过 2℃。

② 再现性。由两个试验室提出同一试样的两个测定结果不超过 4℃。

7. 任务实施报告

① 按规范要求写好任务名称、实施目的、仪器材料、所用试剂、实施步骤、注意事项和分析记录等。

② 取两个重复测定结果的算术平均值（按数字修约规则取整数）作为浊点。

考核评价

测定柴油浊点技能考核评价表

考核项目	测定柴油浊点					
序号	评分要素	配分	评分标准	扣分	得分	备注
1	检查温度计合格	5	一项未检查扣 2 分			
2	取样前摇匀试样	2	未摇匀扣 2 分			
3	试样应清洁、干燥	2	不符合要求扣 2 分			
4	取样量应符合要求	2	取样量不准扣 2 分			
5	温度计安装前应干净	2	不干净扣 2 分			
6	温度计安装应准确	10	不符合要求扣 5～10 分			
7	观察浊点操作正确	20	不符合要求每次扣 10 分			
8	转移冷浴温度正确	10	不符合要求扣 2～10 分			
9	重复试验温度选择正确	2	不符合要求扣 2 分			
10	结果计算,完成报告	15	发生安全事故,扣 10～20 分			
11	操作完成后,仪器洗净,摆放好,台面整洁	15	作废记录纸一张扣 1 分			
12	能正确使用各种仪器,正确使用劳动保护用品	15	一处不符扣 1 分			
合计		100	得分			

数据记录单

测定柴油浊点数据记录单

样品名称			
仪器设备			
执行标准			
冷浴温度/℃			
平行次数		1	2
浊点/℃			
平均浊点/℃			
分析人		分析时间	

操作视频

视频：测定柴油浊点

思考拓展

1. 举例说明浊点、结晶点、冰点分别是哪些油品的评价指标。
2. 拓展完成煤油浊点的测定。

测定柴油凝点

任务目标

1. 了解石油产品凝点的概念；
2. 理解影响测定油品凝点的主要因素；
3. 掌握柴油凝点的测定方法和仪器的使用；
4. 能够熟练测定柴油凝点。

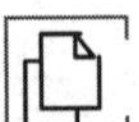

任务描述

1. 任务：学习石油产品凝点的概念，了解油品凝点的主要影响因素，在油品分析室进行柴油凝点的测定练习，掌握测定柴油凝点的方法和有关安全事项。

2. 教学场所：油品分析室。

储备知识

一、石油产品凝点

1. 石油产品的凝固现象

石油产品是多种烃类的复杂混合物，在低温下油品是逐渐失去流动性的，没有固定的凝固温度。根据组成不同，油品在低温下失去流动性的原因有两种。

① 黏温凝固。对含蜡很少或不含蜡的油品，温度降低，黏度迅速增大，当黏度增大到一定程度时，就会变成无定形的黏稠玻璃状物质而失去流动性，这种现象称为黏温凝固。油品凝固现象主要决定于它的化学组成，影响黏温凝固的是油品中的胶状物质以及多环短侧链的环状烃。

② 构造凝固。对含蜡较多的油品，温度降低，蜡就会逐渐结晶出来，当析出的蜡增多至形成网状骨架时，就会将液态的油包在其中而失去流动性，这种现象称为构造凝固。影响构造凝固的是油品中高熔点的正构烷烃、异构烷烃及带长烷基侧链的环状烃。

黏温凝固和构造凝固，都是指油品刚刚失去流动性的状态，事实上，油品并未凝成坚硬的固体，仍是一种黏稠的膏状物，所以“凝固”一词并不十分确切。

2. 凝点

油品在试验规定的条件下，冷却至液面不移动时的最高温度，称其为凝点，单位以℃表示。由于油品的凝固过程是一个渐变过程，所以凝点的高低与测定条件有关。

二、影响油品凝点的主要因素

1. 烃类组成的影响

石油产品的凝点与烃类组成密切相关。当碳原子数相同时，轻柴油以上馏分（沸点高于180℃）的各类烃中，通常正构烷烃的熔点最高，带长侧链的芳烃、环烷烃次之，异构烷烃则较小。

油品中高熔点烃类的含量越多，其凝点就越高；而且沸点越高，变化越明显。例如，石蜡基原油及其直馏产品的凝点要比环烷基原油及其直馏产品高得多，表 4-12 列出了不同类型原油的直馏柴油馏分凝点的比较值。

表 4-12　不同类型原油的直馏柴油馏分（180～300℃）的凝点比较

原油类型	凝点/℃
大庆原油(石蜡基)柴油馏分	−21.5
孤岛原油(环烷基)柴油馏分	−48.0

2. 胶质、沥青质及表面活性剂的影响

这些物质能吸附在石蜡结晶中心的表面上，阻止石蜡结晶的生长，致使油品的凝点下降。所以，油品脱除胶质、沥青质及表面活性物质后，其凝点会升高；而加入某些表面活性物质（降凝添加剂），则可以降低油品的凝点，使油品的低温流动性能得到改善。

3. 油品含水量的影响

柴油、润滑油的精制过程都要与水接触，若脱水后的油品含水量超标，则油品的凝点会显著升高。

三、测定油品凝点的意义

1. 列入油品规格

作为石油产品生产、贮存和运输的质量检测标准，不同规格牌号的车用柴油对凝点都有具体规定；润滑剂及有关产品也选择性地对凝点作出了具体要求。

2. 确定油品使用温度

目前，我国车用柴油的规格标准是 GB 19147—2016《车用柴油》，根据此标准，车用柴油按凝点分为 5 号、0 号、－ 10 号、－ 20 号、－ 35 号和－ 50 号六个牌号，其表示的意义分别是凝点不高于 5℃、0℃、－ 10℃、－ 20℃、－ 35℃和－ 50℃，见表 4-13。要注意根据地区和气温的不同，选用不同牌号的油品，见表 4-14。

表 4-13　车用柴油牌号

油品	牌号	凝点/℃
车用柴油(GB/T 19147 — 2016)	5 号	5
	0 号	0
	－10 号	－10
	－20 号	－20
	－35 号	－35
	－50 号	－50

表 4-14　车用柴油的选用

油品	牌号	适用条件
车用柴油(GB/T 19147 — 2016)	5 号	最低气温大于 8℃的地区
	0 号	最低气温大于 4℃的地区
	－ 10 号	最低气温大于－ 5℃的地区
	－ 20 号	最低气温大于－ 14℃的地区
	－ 35 号	最低气温大于－ 29℃的地区
	－ 50 号	最低气温大于－ 44℃的地区

为保证柴油发动机的正常工作，户外作业时通常选用凝点低于环境温度 7℃以上的柴油。

3. 估计石蜡含量，指导油品生产

石蜡含量越多，油品越易凝固，凝点就越高，据此可估计石蜡含量，指导油品生产。润滑油基础油的生产需要通过脱蜡工艺除去高熔点组分，以降低其凝点，但脱蜡加工的生产费用高，通常控制脱蜡到一定深度后，再加入降凝剂使其凝点达到规定要求。高凝点直馏柴油一般采用添加低温流动改进剂或掺和二次加工柴油的办法降低凝点。

此外，凝点还用于估计燃料油不经预热而能输送的最低温度，因此它是油品抽注、运输和贮存的重要指标。

四、凝点测定方法概述

石油产品凝点的测定按 GB/T 510—2018《石油产品凝点测定法》进行。该标准方法常用于液体燃料（如柴油、生物柴油调合燃料）及润滑油等石油产品凝点的测定。

测定时将试样装入规定的试管中，按规定的条件预热到50℃±1℃，在室温中冷却到35℃±5℃，然后将试管放入装好冷却剂的容器中。当试样冷却到预期的凝点时，将浸在冷却剂中的试管倾斜45°，保持1min，此后，从冷却剂中取出套管，迅速用工业乙醇擦拭试管外壁，垂直放置仪器，并透过套管观察液面是否移动。然后，从套管中取出试管重新将试样预热到50℃±1℃，按液面有无移动的情况，用比上次试验温度低或高4℃的温度重新测定，直至能使液面位置静止不动而提高2℃又能使液面移动时，则取液面不动的温度作为试样的凝点。取重复测定的两个结果的算术平均值作为试样的凝点。

任务实施

测定柴油凝点

1. 实施目的

① 掌握油品凝点的测定方法（GB/T 510—2018）。
② 能熟练进行柴油凝点的测定。

2. 仪器材料

圆底试管（1支）；圆底玻璃套管；盛放冷却剂用的广口保温瓶或筒形容器；温度计（−30～60℃，最小分度1℃，2支；0～100℃，1支）；支架；冷却浴；定性滤纸。

3. 所用试剂

无水乙醇（化学纯）；冷却剂（工业乙醇、干冰或液氮等能够将样品冷却至实验规定温度的任何材料或液体）；轻柴油或车用柴油；粗食盐；脱脂棉。

4. 方法概要

将装在规定试管中的试样冷却到预期温度时，倾斜试管45°，保持1min，观察液面是否移动。液面不移动的最高温度为试样的凝点。

5. 实施步骤

（1）制备含有干冰的冷却剂

在选定的盛放冷却剂的容器中，注入工业乙醇达容器内深度的2/3。在搅拌下按需要逐渐加入适量的细块干冰。当气体不再剧烈冒出后，添加工业乙醇达到必要的高度。

说明：目前多采用制冷设备进行试验。

（2）试样脱水

若试样含水量大于产品标准允许范围，必须先行脱水。对含水多的试样应先静置，取其澄清部分进行脱水。对易流动的试样，脱水时加入新煅烧的粉状无水硫酸钠或小粒状无水氯化钙，定期振摇10～15min，静置，用干燥的滤纸滤取澄清部分。对黏度大的试样，先预热试样不高于50℃，再通过食盐层过滤。食盐层的制备是在漏斗中放入金属网或少许棉花，然后再铺上新煅烧的粗食盐结晶。试样含水多时，需要经过2～3个漏斗的食盐层过滤。

(3) 在干燥清洁的试管中注入试样

使液面至环形刻线处，用软木塞将温度计固定在试管中央，水银球距管底8～10mm。

(4) 预热试样

将装有试样和温度计的试管垂直浸在50℃±1℃的水浴中，直至试样温度达到50℃±1℃为止。

(5) 冷却试样

从水浴中取出试管，擦干外壁，将试管安装在套管中央，垂直固定在支架上，在室温条件下静置，使试样冷却到35℃±5℃。然后将试管放入装好冷却剂的容器中。冷却剂的温度要比试样预期凝点低7～8℃。外套管浸入冷却剂的深度不应少于70mm。

注意：冷却试样时，冷却剂温度的控制必须准确到±1℃。试样凝点低于0℃时，应事先在套管底部注入1～2mm无水乙醇。

(6) 测定试样凝点

当试样冷却到预期凝点时，将浸在冷却剂中的试管倾斜45°，保持1min，然后小心取出仪器，迅速地用工业乙醇擦拭套管外壁，垂直放置仪器，透过套管观察试样液面是否有过移动。

当液面有移动时，从套管中取出试管，重新预热到50℃±1℃，然后用比前次低4℃或其他更低的温度重新测定，直至某试验温度能使试样液面停止移动为止。

注意：试验温度低于−20℃时，应先除去套管，将盛有试样和温度计的试管在室温条件下升温到−20℃，再水浴加热。

当液面没有移动时，从套管中取出试管，重新预热到50℃±1℃，然后用比前次高4℃或其他更高的温度重新测定，直至某试验温度能使试样液面出现移动为止。

(7) 确定试样凝点

找出凝点的温度范围（液面位置从移动到不移动或从不移动到移动的温度范围）之后，采用比移动的温度低2℃或比不移动的温度高2℃的温度，重新进行试验。如此反复试验，直至能使液面位置静止不动而提高2℃又能使液面移动时，取液面不动的温度作为试样的凝点。

(8) 重复测定

试样的凝点必须进行重复测定，第二次测定时的开始试验温度要比第一次测出的凝点高2℃。

6. 精密度

用以下数值来判断测定结果的可靠性（置信水平95%）。

① 重复性。同一操作者重复测定两次，结果之差不应超过2℃。

② 再现性。由不同试验室提出的两个结果之差不应超过4℃。

7. 任务实施报告

① 按规范要求写好任务名称、实施目的、仪器材料、所用试剂、实施步骤、注意事项和分析记录等。

② 取重复测定两次结果的算术平均值，作为试样的凝点。

注意：如果是检测试样的凝点不符合技术标准，应采用比技术标准规定的凝点高1℃的温度进行试验，如果液面位置能够移动，就认为凝点合格。

考核评价

测定柴油凝点技能考核评价表

考核项目	测定柴油凝点					
序号	评分要素	配分	评分标准	扣分	得分	备注
1	检查温度计合格	5	一项未检查，扣2分			
2	取样前摇匀试样	2	未摇匀，扣2分			
3	试管应清洁、干燥	2	不符合要求，扣2分			
4	取样量应符合要求	2	取样量不准，扣2分			
5	温度计安装前应干净	2	不干净，扣2分			
6	温度计安装应准确	10	不符合要求，扣5～10分			
7	加热水浴应恒温在(50±1)℃范围	2	不符合要求，扣2分			
8	试样应预先加热至(50±1)℃	2	不符合要求，扣2分			
9	试样预热后应在室温中降温至(35±5)℃	2	不符合要求，扣2分			
10	冷浴温度比预期凝点低7～8℃	5	不符合要求，扣2分			
11	观察凝固点操作正确	10	不符合要求，扣2～10分			
12	重复试验温度选择正确	2	不符合要求，扣2分			
13	试验过程中无安全事故发生	20	发生安全事故，扣10～20分			
14	合理使用记录纸	2	作废记录纸一张，扣1分			
15	记录无涂改、漏写	2	一处不符，扣1分			
16	试验结束后关闭电源	10	未关电源，扣5分			
17	试验台面应整洁	5	不整洁，扣5分			
18	正确使用仪器	5	打破仪器，扣2～5分			
19	结果应准确	10	结果超差，扣5～10分			
合计		100	得分			

数据记录单

测定柴油凝点数据记录单

样品名称			
仪器设备			
执行标准			
冷浴温度/℃			
平行次数		1	2
凝点/℃			
平均凝点/℃			
分析人		分析时间	

操作视频

视频：测定柴油凝点

思考拓展

1. 简述测定油品凝点的基本原理。
2. 户外作业时，为什么通常选用凝点低于环境温度 7℃以上的柴油？
3. 拓展完成润滑油凝点的测定。

任务4-5 测定柴油倾点

任务目标

1. 了解石油产品倾点的概念；
2. 理解影响测定油品倾点的主要因素；
3. 掌握柴油倾点的测定方法和仪器的使用；
4. 能够熟练进行柴油倾点的测定。

任务描述

1. 任务：学习石油产品倾点的概念，了解油品倾点的主要影响因素，在油品分析室进行测定油品倾点的操作练习，掌握测定石油产品倾点的方法和有关安全事项。

2. 教学场所：油品分析室。

储备知识

一、石油产品倾点

在试验规定的条件下冷却时，油品能够流动的最低温度，叫做倾点，又称流动极限，其单位以℃表示。

二、影响油品倾点的主要因素

1. 烃类组成的影响

石油产品的倾点与烃类组成密切相关。油品中高熔点烃类的含量越多，其倾点就越高；而且沸点越高，变化越明显。

2. 胶质、沥青质及表面活性剂的影响

这些物质能吸附在石蜡结晶中心的表面上，阻止石蜡结晶的生长，致使油品的倾点下降。所以，油品脱除胶质、沥青质及表面活性物质后，其倾点会升高。

3. 油品含水量的影响

柴油、润滑油的精制过程都要与水接触，若脱水后的油品含水量超标，则油品的倾点会显著升高。

三、倾点测定方法概述

石油和石油产品倾点的测定按 GB/T 3535—2006《石油产品倾点测定法》标准方法进行，该标准是按 ISO 3016—94 制定的。其试验仪器装置与浊点试验仪器相同（见图 4-5）。

测定时将清洁的试样倒入试管中按要求预热后，再按规定条件冷却，同时每间隔 3℃倾斜试管一次检查试样的流动性，直到试管保持水平位置 5s 而试样无流动时，记录温度，再加 3℃作为试样能流动的最低温度，即为试样的倾点。取重复测定的两个结果的平均值作为试验结果。

任务实施

测定柴油倾点

1. 实施目的

① 掌握石油产品倾点的测定方法（GB/T 3535—2006）。

② 学会倾点装置的安装和操作方法。

2. 仪器材料

试杯（透明玻璃制，平底筒形，杯上 45mL 处有一刻线）；温度计（1 支，－38～50℃）；软木塞（与温度计、试管配套使用）；套管（平底、圆桶状金属制成）；圆盘；垫圈；冷浴；计时器。

3. 所用试剂

轻柴油或车用柴油；氯化钠（结晶状）；氯化钙（结晶状）；二氧化碳（固体）；冷却液（丙酮、甲醇或石脑油）；擦拭液（丙酮、甲醇或乙醇）。

4. 方法概要

将清洁的试样倒入试管中按要求预热后，再按规定条件冷却，同时每间隔 3℃倾斜试管一次检查试样的流动性，直到试管保持水平位置 5s 而试样无流动时，记录温度，再加 3℃作为试样能流动的最低温度，即为试样的倾点。取重复测定的两个结果的平均值作为试验结果。

5. 实施步骤

（1）在干燥清洁的试管中注入试样

试样倒入清洁、干燥的试杯中至刻线处，用插有温度计（根据油品的预定倾点选择好合适的温度计）的软木塞塞住试管，使温度计和试管在同一轴线上，浸没温度计水银球，使温度计的毛细管起点应浸在试样液面下 3mm 处。

（2）预热试样

倾点高于－33℃的试样。在不搅动试样的情况下，将试样放入已保持在高于倾点 12℃，但至少是 48℃的水浴中，加热至 45℃或者高于预期倾点 9℃（选择较高者），将试管转移到已维持在（24±1.5)℃的水浴中冷却试样至 27℃，如试样仍能流动，则再按实施步骤（3）继续试验。

倾点为－33℃或低于－33℃的试样。在不搅动试样的情况下，将试样放入 48℃的水浴中加热至 45℃，再将试样放入（6±1.5)℃的水浴中冷却至 15℃，再按步骤（3）继续试验。

（3）冷却试样

试样达到规定温度后，小心从水浴中取出试管，用一块清洁且蘸擦拭液的布擦拭试管外表面，然后将试管放在规定的冷浴中，保持冷浴的温度在 0℃。将试管装在冷浴的垂直位置上。

试样经过足够的冷却后，形成石蜡结晶，应十分注意不要搅动试样和温度计，也不允许温度计在试样中有移动；对石蜡结晶的海绵网有任何搅动都会导致结果偏低或不真实。

（4）观察试样的流动性

试样从高于预期倾点 9℃（估算为 3℃倍数）开始观察试样的流动性。每当温度计读数降低 3℃时，要小心地把试管从冷浴中取出，将试管充分倾斜以确定试样是否流动。取出试管、观察试样流动性和返回到浴中的全部操作要求不超过 3s。如果温度已降到 9℃，需将试管转移到下一个温度更低的浴中，并按下述程序在－6℃、－24℃、－42℃时进行同样的转移。

① 试样温度达 9℃，转移到－18℃浴中。

② 试样温度达－6℃，转移到－33℃浴中。

③ 试样温度达－24℃，转移到－51℃浴中。

④ 试样温度达－42℃，转移到－69℃浴中。

测定极低的倾点时，需要多个不同温度的冷浴，当倾斜试管，发现试样不流动时，就立即将试管放在水平位置上，仔细观察试样的表面，如果在5s内还有流动，则立即将试管放回冷浴，待再降低3℃时，重复进行流动试验。

（5）倾点的确定

按以上步骤继续进行试验，直到试管保持水平位置5s而试样无流动时，记录观察到的试验温度计读数。在记录结果上加3℃作为试样的倾点，取重复测定的两个结果的平均值作为试验结果。

（6）试验仪器洗涤与整理

略。

6. 精密度

重复性（r）：同一操作者使用同一仪器，在相同的操作条件下，对同一试样进行重复测定，所得两个连续试验结果之差不能超过3℃。

再现性（R）：不同操作者使用不同仪器，在相同的操作条件下，对同一试样进行重复测定，所得两个连续试验结果之差不能超过6℃。

7. 任务实施报告

① 按规范要求写好任务名称、实施目的、仪器材料、所用试剂、实施步骤、注意事项和分析记录等。

② 将记录的温度报告为试样的倾点。

考核评价

测定柴油倾点技能考核评价表

考核项目	测定柴油倾点					
序号	评分要素	配分	评分标准	扣分	得分	备注
1	检查温度计合格	5	一项未检查，扣2分			
2	取样前摇匀试样	2	未摇匀，扣2分			
3	试管应清洁、干燥	2	不符合要求，扣2分			
4	取样量应符合要求	2	取样量不准，扣2分			
5	温度计安装前应干净	2	不干净，扣2分			
6	温度计安装应准确	10	不符合要求，扣5～10分			
7	加热水浴应恒温在(48±1)℃范围	2	不符合要求，扣2分			
8	试样应预先加热至(45±1)℃	2	不符合要求，扣2分			
9	试样预热后应在(24±1.5)℃的水浴中冷却试样至27℃	2	不符合要求，扣2分			
10	冷浴温度－1～2℃	5	不符合要求，扣2分			
11	观察倾点操作正确	10	不符合要求，扣2～10分			
12	重复试验温度选择正确	2	不符合要求，扣2分			
13	试验过程中无安全事故发生	20	发生安全事故，扣10～20分			

续表

考核项目	测定柴油倾点					
序号	评分要素	配分	评分标准	扣分	得分	备注
14	合理使用记录纸	2	作废记录纸一张,扣1分			
15	记录无涂改、漏写	2	一处不符,扣1分			
16	试验结束后关闭电源	10	未关电源,扣5分			
17	试验台面应整洁	5	不整洁,扣5分			
18	正确使用仪器	5	打破仪器,扣2～5分			
19	结果应准确	10	结果超差,扣5～10分			
合计		100	得分			

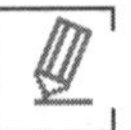

数据记录单

测定柴油倾点数据记录单

样品名称			
仪器设备			
执行标准			
冷浴温度/℃			
平行次数		1	2
倾点/℃			
平均倾点/℃			
分析人		分析时间	

操作视频

视频：测定柴油倾点

思考拓展

1. 比较油品倾点与凝点的不同。
2. 如何避免冬季低温时柴油发动机不易启动的现象？
3. 拓展完成煤油倾点的测定。

测定柴油冷滤点

任务目标

1. 了解石油产品冷滤点的概念；
2. 理解影响油品冷滤点的主要因素；
3. 掌握柴油冷滤点的测定方法和仪器的使用；
4. 能够熟练进行柴油冷滤点的测定。

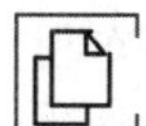

任务描述

1. 任务：学习石油产品冷滤点的概念，了解油品冷滤点的主要影响因素，在油品分析室进行测定柴油冷滤点的操作练习，掌握测定石油产品冷滤点的方法和有关安全事项。

2. 教学场所：油品分析室。

储备知识

一、石油产品冷滤点

在试验规定的条件下，当试样不能流过过滤器或 20mL 试样流过过滤器时间大于 60s 或试样不能完全流向试杯时的最高温度，称为冷滤点，以℃（按 1℃的整数倍）表示。

柴油冷滤点越低，柴油在低温下使用流动性越好，越不易堵塞过滤器。冷滤点是衡量轻柴油低温性能的重要指标，能够反映柴油低温实际使用性能，最接近柴油的实际最低使用温度。用户在选用柴油牌号时，应同时兼顾当地气温和柴油牌号对应的冷滤点。在规定条件下，5 号轻柴油的冷滤点为 8℃，0 号轻柴油的冷滤点为 4℃，－10 号轻柴油的冷滤点为－5℃，－20 号轻柴油的冷滤点为－14℃。

二、影响油品冷滤点的主要因素

1. 烃类组成的影响

石油产品的冷滤点与烃类组成密切相关。油品中高熔点烃类的含量越多，其冷滤点就越高；而且沸点越高，变化越明显。

2. 油品含水量的影响

柴油、润滑油的精制过程都要与水接触，若脱水后的油品含水量超标，则油品的冷滤点会显著升高。

三、测定油品冷滤点的意义

1. 列入油品规格

作为石油产品生产、贮存和运输的质量检测标准，不同规格牌号的车用柴油对冷滤点都有具体规定。

2. 确定油品使用温度

对车用柴油而言，并不是在失去流动性的凝点温度时才不能使用，大量的行车及冷启动试验表明，其最低极限使用温度是冷滤点。冷滤点测定仪是模拟车用柴油在低温下通过过滤器的工作状况而设计的，因此冷滤点能很好地反映车用柴油的低温使用性能，它是保证车用柴油输送和过滤性的指标，并且能正确判断添加低温流动改进剂（降凝剂）后的车用柴油质量。一般冷滤点比凝点高 2～6℃。

3. 估计石蜡含量，指导油品生产

石蜡含量越多，油品越易凝固，冷滤点就越高，据此可估计石蜡含量，指导油品生产。

四、冷滤点测定方法概述

燃料油冷滤点的测定按石油化工行业标准 NB/SH/T 0248—2019《柴油和民用取暖油冷滤点测定法》标准方法进行，该标准参照采用 IP 309—16《柴油和民用取暖油冷滤点的测定逐级冷却法》。其仪器装置见图 4-8。

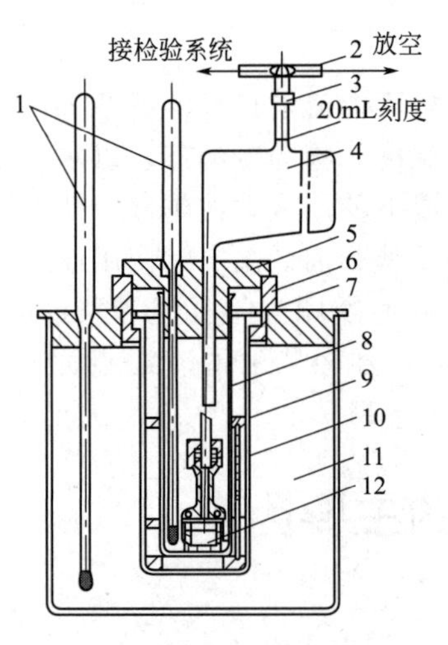

图 4-8　冷滤点测定装置图

1—温度计；2—三通阀；3—橡皮管；4—吸量管；5—橡皮塞；6—支撑环；7—弹簧环；8—试杯；9—固定架；10—铜套管；11—冷浴；12—过滤器

测定冷滤点时，先将 45mL 清洁的试样注入试杯中，水浴加热到 30℃±5℃，再按规定条件冷却，当试样冷却到浊点以上 5℃时，以 2kPa±0.05kPa（200mmH_2O±1mmH_2O）压力抽吸，使试样通过规定的过滤器 20mL 时停止，同时停止秒表计时，继续以 1℃的间隔降温，再抽吸。如此反复操作，直至 60s 内通过过滤器的试样不足 20mL 为止，记录此温度，即为冷滤点。

任务实施

测定柴油冷滤点

1. 实施目的

① 掌握石油产品冷滤点的测定方法及操作技能（NB/SH/T 0248—2019）。
② 学会冷滤点装置的安装和操作方法。

2. 仪器材料

柴油和民用燃料冷滤点测定器，恒温水浴，冷滤点吸滤装置，试杯，套环，塞子，吸量管与过滤器，温度计，记录单等。

3. 所用试剂

正庚烷（分析纯）；丙酮（分析纯）；校正标准物；轻柴油或车用柴油；无水氯化钙等。

4. 方法概要

在规定条件下冷却试样到一定温度时，通过可控的真空装置，使试样经过标准滤网过滤器吸入吸量管。试样每低于前次温度 1℃，重复一次此步骤，直至试样中蜡状结晶析出量足够使流动停止或流速降低，记录试样充满吸量管的时间超过 60s 或不能完全返回到试杯时的最高温度作为试样的冷滤点，其单位以℃表示。

5. 准备工作

① 取样。除非有特殊规定，取样均应按 GB/T 4756—2015《石油液体手工取样法》进行。

② 试样除杂。试样中如有杂质，应在室温下（温度不低于 15℃即可），将约 50mL 试样用干燥的无绒滤纸过滤，干燥前应使试样温度达到（30±5)℃。

③ 准备冷浴。按预期冷滤点，准备不同温度和数目的冷浴。试样冷滤点为－20℃时，一个冷浴，温度为－34℃±0.5℃。试样冷滤点为－35～－20℃时，两个冷浴，温度分别为－34℃±0.5℃、－51℃±1.0℃。试样冷滤点低于－35℃时，三个冷浴，温度分别为－34℃±0.5℃、－51℃±1.0℃和－67℃±2.0℃。在整个操作过程中，冷浴要搅拌均匀。

④ 仪器的准备。手动仪器每次试验前，拆开过滤器，用正庚烷清洗连接管、试杯、吸量管和温度计，然后用丙酮冲洗，最后再用经过滤的干燥空气吹干。检查包括套管在内的所有配件是否清洁干燥，检查黄铜壳体、黄铜螺帽和滤网有无损坏，若需要，应更换新的，并检查温度计的校准情况。

仪器装配见图 4-9。黄铜螺帽应拧紧，防止泄漏。

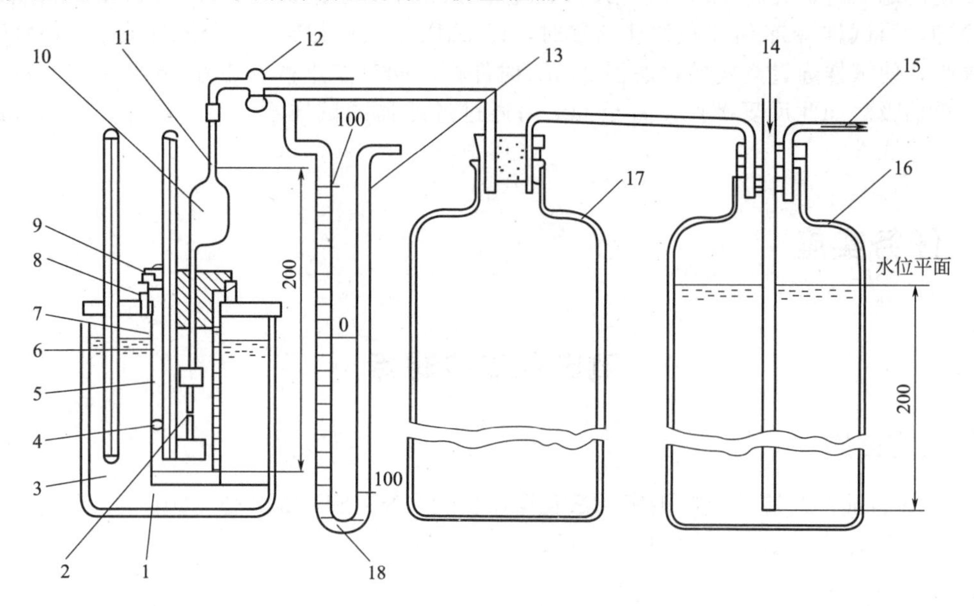

图 4-9 手动冷滤点测定仪器装配图

1—温度计；2—过滤器；3—冷浴；4，6—定位环；5—试杯；7—套管；8—支撑环；
9—塞子；10—吸量管；11—20mL 刻度线；12—三通阀；13—U 形管压差计；
14—接大气；15—接真空泵；16—真空水箱（稳压水槽）；17—5L 真空水箱；18—水

6. 实施步骤

① 安装装置。在套管底部放置保温杯，如果定位环没有固定在保温杯上，则应在距试杯底部 15～17mm 处放置定位环。将已过滤好的 45mL 试样倒入清洁、干燥的试杯中至刻线处；将装有温度计、吸量管（已预先与过滤器接好）的塞子塞入盛有 45mL 试样的试杯中，使温度计垂直，温度计距试杯底部应保持 1.5mm±0.2mm，过滤器要垂直放于试杯底部。小心操作确保温度计水银球部分不与试杯的侧面或过滤器相接触。

说明：如果预期冷滤点低于－30℃，则使用低范围温度计，试验期间不能更换温度计。

然后置于热水浴中，当试样温度达到 30℃±5℃时，打开套管口的塞子，将准备好的试杯垂直放置于预先冷却到预定温度冷浴中的套管内。如果套管不能全部放入冷浴中，则套管应垂直放入冷浴中 85mm±2mm 处，冷浴温度应保持在－34℃±0.5℃。

② 连接抽真空系统。将抽真空系统与吸量管上的三通阀连接好。在进行测定前，不要将吸量管与抽真空系统接通。启动真空源进行抽空，调节空气流速为 15L/h，U 形管水位压差计应稳定在指示压差为 2kPa±0.05kPa。

③ 测定冷滤点。试杯插入套管后，立刻开始试验。但若已知试样的浊点，则最好将试样直接冷却到浊点以上 5℃，当试样温度达到合适的整数度时，转动三通阀，开始试验。试样通过过滤器进入吸量管进行抽吸，同时开始计时。

当试样达到吸量管 20mL 刻线处，停止计时并旋转三通阀到初始位置，使吸量管与大气相通，试样自然流回试杯。

④ 确定冷滤点。试样温度每降低 1℃，重复测定操作，直至 60s 时试样不能充满吸量管为止。记下此最后过滤开始时的温度，即为试样冷滤点。

注：少数样品可能会出现不规律的吸入现象，即试验记录的吸入时间（试样充满吸量管

的时间）意外地缩短了，而继续试验又会出现吸入时间延长，直至达到 60s 极限的情况。

进行测定操作时，如果试样降到−20℃，还未达到其冷滤点，则在试样自然流回试杯之后，将试杯迅速转移到−51℃±1.0℃的冷浴中（或将制冷装置调整到−51℃±1.0℃）继续试验，试样温度每降低 1℃，重复步骤③操作，直至达到其冷滤点；若试样在−35℃还未达到其冷滤点，则应将试杯迅速转移到−67℃±2.0℃的冷浴中（或将制冷装置调整到−67℃±2.0℃）继续试验，试样温度每降低 1℃，重复步骤③操作，直至达到其冷滤点；若试样在−51℃还未达到其冷滤点，则应停止试验，并报告结果为“−51℃时未堵塞”。

按照上述步骤冷却后，如果试样充满吸量管刻度标记处时间小于 60s，但在旋转三通阀到初始位置时，吸量管中的液体不能全部自然流回试杯中，则记录本次抽吸的温度为试样的冷滤点。

⑤ 试验仪器洗涤与整理。见准备工作④。

7. 精密度

按照下述规定判断试验结果的可靠性（95%置信水平）。

① 重复性（r）。同一操作者使用同一仪器，在相同的操作条件下，对同一试样进行重复测定，所得两个连续试验结果之差不能超过式(4-17) 的数值。

$$r=1.2-0.027X_1 \tag{4-17}$$

式中 X_1——用于比较两个结果的平均值。

② 再现性（R）。由不同操作者在不同试验室，对同一试样进行测定，所得的两个独立试样结果之差，不能超过式(4-17) 的数值。

$$R=3.0-0.060X_2 \tag{4-18}$$

式中 X_2——用于比较的两个试验结果的平均值，℃。

8. 任务实施报告

① 按规范要求写好任务名称、实施目的、仪器材料、所用试剂、实施步骤、注意事项和分析记录等。

② 将记录的温度报告为试样的冷滤点。

考核评价

测定柴油冷滤点技能考核评价表

考核项目	测定柴油冷滤点					
序号	评分要素	配分	评分标准	扣分	得分	备注
1	检查仪器：各部件齐全；水浴(30±5)℃；冷浴温度(−34±0.5)℃；U 形压力计，压差指示 2kPa±0.05kPa ($200mmH_2O±1mmH_2O$)	10	一处未检查，扣 2 分			
2	检查试样，取样前将试样混匀	5	没按规定，扣 5 分			
3	在试杯中取试样 45mL，将冷滤点测定器安装于试杯中，使温度计垂直，温度计底部应离试杯底部 1.5mm±0.2mm，过滤器也应恰好垂直放于试杯底部	15	取试样不正确，扣 5 分；安装不正确，一处扣 3 分			
4	将试杯置于预先恒温的水浴中，使油温达到(30±5)℃	5	油温未到，扣 5 分			
5	将试杯垂直放入在冷浴中冷却到预定温度的套管内，试样开始降温，使抽空系统与吸量管连接	5	没按规定操作，扣 5 分			

续表

考核项目	测定柴油冷滤点					
序号	评分要素	配分	评分标准	扣分	得分	备注
6	当试样冷却到比预期冷滤点高5～6℃时,开始第一次测定,启动抽空开关同时用秒表计时,当试样上升到吸量管20mL刻线处,关闭开关,同时秒表停止计时,让试样自然流回试杯;每降1℃重复上述操作,直至1min通过过滤器的试样不足20mL为止,记下此时温度即为试样的冷滤点;重复操作进行平行操作试验	30	计时不准,扣5分;温度读数不准,扣5分;操作不正确,一处扣2分;没做平行试验,扣5分			
7	结果计算,完成报告	10	计算不正确,扣5分;结果超差1℃,扣5分			
8	试验结束后,将试杯从套管中取出,加热熔化,倒出试样,洗涤试验设备,用轻油将试杯、过滤器、吸量管分别洗净、吹干	10	操作不正确,一处扣2分			
9	能正确使用各种仪器,正确使用劳动保护用品	10	不符合规定,一处扣2分			
合计		100	得分			

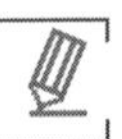

数据记录单

测定柴油冷滤点数据记录单

样品名称			
仪器设备			
执行标准			
冷浴温度/℃			
平行次数		1	2
冷滤点/℃			
平均冷滤点/℃			
分析人		分析时间	

操作视频

视频：测定柴油冷滤点

思考拓展

1. 能够反映柴油低温实际使用性能，最接近柴油实际最低使用温度的性能指标是什么？
2. 油品含水量超标，会导致油品冷滤点升高还是降低？
3. 拓展完成煤油冷滤点的测定。

任务4-7 测定柴油十六烷值

任务目标

1. 理解柴油机的工作不稳定现象及产生爆震的原因；
2. 了解柴油着火性的评定方法及评定意义；
3. 能够进行柴油十六烷值的测定；
4. 掌握柴油十六烷值测定时的有关注意事项。

任务描述

1. 任务：理解柴油机的工作不稳定现象及产生爆震的原因，学习柴油着火性的评定方法，了解评定柴油着火性的意义，学会柴油十六烷值的测定，熟悉测定操作时的有关安全事项。

2. 教学场所：油品分析室。

储备知识

一、柴油机的工作粗暴现象

1. 柴油机的工作原理

柴油机和汽油机都属于活塞式内燃发动机，按工作过程不同，柴油机分为四行程和二行程两类。现以常见的四行程发动机为例（见图 4-10），说明其工作过程。

① 吸气。汽缸活塞自汽缸顶部向下运动，进气阀打开，空气经由空气滤清器被吸入汽缸，活塞到达下止点时，进气阀关闭。有些柴油机装有空气增压鼓风机，以增加空气进入量和压力，提高柴油的经济性。

② 压缩。活塞自下止点向上运动，压缩吸入的空气，由于压缩是在接近绝热状态下进行的，空气的温度和压力急剧上升，压缩终了时，温度可达 500～700℃，压力可达 3.5～4.5MPa。

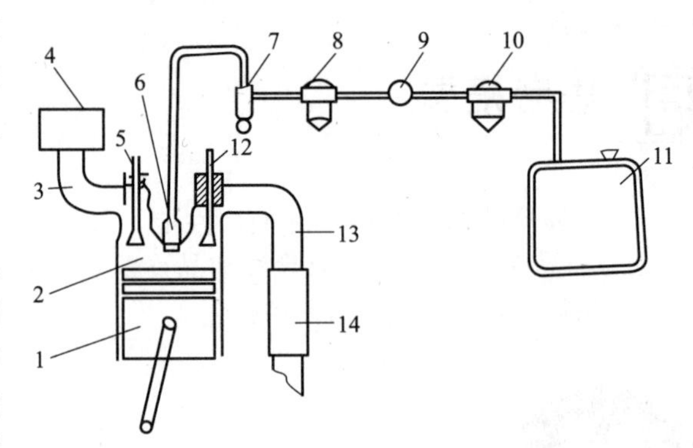

图 4-10　柴油机原理构造

1—活塞；2—汽缸；3—进气管；4—空气滤清器；5—进气阀；6—喷油嘴；7—高压油泵；8—细滤清器；9—输油管；10—粗滤清器；11—油箱；12—排气阀；13—排气管；14—消声器

③ 膨胀做功。当活塞快接近上止点时，柴油先后经过粗、细滤清器、高压油泵及喷嘴以雾状喷入汽缸。此时汽缸内的空气温度已超过柴油的自燃点，因此柴油迅速气化，与空气混合并自燃，燃烧温度高达 1200～1500℃，压力升至 4.6～12.2MPa。高温气体迅速膨胀，推动活塞向下运动做功。

④ 排气。活塞向下运动到达下止点后，由于惯性作用，再次向上运动，此时排气阀打开，排出废气，完成一个工作循环。再进入吸气行程，继续下一个循环。

从上述四个行程可见，柴油机的工作过程与汽油机既相似又有本质区别，因此对燃料的性质要求也必然有着本质的不同。首先，柴油机吸入与压缩的是空气，而不是空气与燃料的混合气体，不受燃料性质的影响，因此压缩比可以尽可能地增大（可高达 16～24），使燃料转化为功的效率显著提高，实际上柴油机燃料的单位消耗率比汽油机低 30%～70%，非常经济。其次，汽油机是靠电火花点燃的，故称为点燃式发动机，它要求燃料燃点要低，自燃点要高；柴油机是由喷入汽缸的燃料靠自燃而膨胀做功的，因此柴油机又称为压燃式发动机，它要求燃料有较低的自燃点。

2. 柴油机的工作不稳定现象

从上述柴油机的工作原理可知，柴油机压缩行程至活塞接近上止点时，燃料即以雾状喷入并迅速气化和氧化，氧化过程逐渐加剧，以致猛烈到着火燃烧，开始膨胀做功行程。从喷油器开始喷油到燃料自燃着火这段时间，称为滞燃期。如果柴油的质量不好（十六烷值低），含自燃点低易氧化的烃类少，柴油的自燃点较高，喷入汽缸的柴油不易氧化，迟迟不能自燃，从而使喷入汽缸的柴油在开始自燃的瞬间积累过多。这些积累下来的柴油一旦自燃，就会导致汽缸内积累过多的柴油同时燃烧，此时汽缸温度和压力将急剧上升，冲击活塞头剧烈运动而发出金属敲击声，排出的尾气带黑烟，这种现象称为柴油机的工作不稳定。

二、柴油着火性的评定指标

1. 十六烷值

十六烷值是评定柴油燃烧性能的指标之一。它是在规定操作条件的标准发动机试验中，将柴油试样与标准燃料进行比较测定，当两者具有相同的着火滞后期时，标准燃料的十六烷值即为试样的十六烷值。

标准燃料是用着火性能好的正十六烷和着火性能较差的七甲基壬烷按不同体积比配制成的混合物。规定正十六烷的十六烷值为 100，七甲基壬烷的十六烷值为 15。例如，某试样经规定试验比较测定，其着火滞后期与含正十六烷体积分数为48%、七甲基壬烷体积分数为52%的标准燃料相同，则该试样的十六烷值可按式（4-19）计算。

$$CN=\varphi_1+0.15\varphi_2 \tag{4-19}$$

式中　CN——标准燃料的十六烷值；

φ_1——正十六烷的体积分数，%；

φ_2——七甲基壬烷的体积分数，%。

2. 十六烷指数

十六烷指数是表示柴油着火性能的一个计算值，它是用来预测馏分燃料的十六烷值的一种辅助手段。其计算按GB/T 11139—89《馏分燃料十六烷指数计算法》进行，该标准参照采用了ASTM D 976—80《馏分燃料十六烷指数计算法》。该方法适用于计算直馏馏分、催化裂化馏分以及两者的混合燃料的十六烷指数，特别是当试样量很少或不具备发动机试验条件时，计算十六烷指数是估计十六烷值的有效方法。当原料和生产工艺不变时，可用十六烷指数检验柴油馏分的十六烷值，进行生产过程的质量控制。试样的十六烷指数按式(4-20）计算：

$$CI=431.29-1586.88\rho_{20}+730.97\rho_{20}^2+12.392\rho_{20}^3+0.0515\rho_{20}^4-0.554t+97.803(\lg t)^2 \tag{4-20}$$

式中　CI——试样的十六烷指数；

ρ_{20}——试样在20℃时的密度，g/mL；

t——试样按GB/T 6536《石油产品常压蒸馏特性测定法》测得的中沸点，℃。

三、评定柴油着火性的意义

1. 判断柴油燃烧性能，为油品使用及质检提供依据

柴油的着火性就是指柴油的自燃能力，换言之，就是柴油燃烧的平稳性。柴油着火性通常用十六烷值表示，一般十六烷值高的柴油，自燃能力强，燃烧均匀，着火性好，不易发生工作粗暴现象，发动机热功效率提高，使用寿命延长。但是柴油的十六烷值也并不是越高越好，使用十六烷值过高（如十六烷值大于65）的柴油同样会形成黑烟，燃料消耗量反而增加，这是因为燃料的着火滞后期太短，自燃时还未与空气混合均匀，致使燃烧不完全，部分烃类因热分解而形成黑烟；另外，柴油的十六烷值过高，还会减少燃料的来源。因此，从使用性和经济性两方面考虑，使用十六烷值适当的柴油才合理。

不同转速的柴油机对柴油十六烷值的要求是不同的，研究表明，转速大于1000r/min的高速柴油机，使用十六烷值为40～50的柴油为宜；转速低于1000r/min的中、低速柴油机，可以使用十六烷值为30～40的柴油。我国国家标准GB/T 19147—2016中规定，10号、5号、0号、－10号车用柴油的十六烷值不小于49，－20号车用柴油的十六烷值不小于46，－35号、－50号车用柴油的十六烷值不小于45。

2. 了解柴油着火性与化学组成的关系，指导油品生产

柴油着火性能的好坏与其化学组成及馏分组成密切相关。试验表明，相同碳原子数的不同烃类，正构烷烃的十六烷值最高，无侧链稠环芳烃的十六烷值最低，正构烯烃、环烷烃、异构烷烃居中；烃类的异构化程度越高，环数越多，其十六烷值越低；芳烃和环烷烃随侧链

长度的增加，其十六烷值增加，而随侧链分支的增多，十六烷值显著降低；对相同的烃类来说，分子量越大，热稳定性越差，自燃点越低，十六烷值越高。

如表 4-15 所示，以石蜡基原油生产的柴油，其十六烷值高于环烷基原油生产的柴油，这是由于前者含有较多的烷烃，而后者含有较多的环烷烃所致。由相同类型原油生产的柴油，直馏柴油的十六烷值要比催化裂化、热裂化及焦化生产的柴油高，其原因就在于化学组成发生了变化，催化裂化柴油含有较多芳烃，热裂化和焦化柴油含有较多烯烃，因此十六烷值有所降低。经过加氢精制的柴油，由于其中的烯烃转变为烷烃，芳烃转变为环烷烃，故十六烷值明显提高。

表 4-15　不同类型原油的直馏柴油和二次加工柴油的十六烷值比较

柴油来源	十六烷值	柴油来源	十六烷值
大庆催化裂化柴油	46～49	玉门专用柴油	66
大庆直馏柴油	67～69	孤岛直馏柴油	33～36
大庆延迟焦化柴油	58～61	孤岛催化柴油	25～27
大庆热裂化柴油	56～59	孤岛催化加氢柴油	30～35

为提高柴油的着火性能，可将十六烷值低的热裂化、焦化柴油和部分十六烷值较高的直馏柴油掺和使用，此即柴油的调和；此外还可以采用加入添加剂的手段，提高柴油的十六烷值，常用的添加剂是硝酸烷基酯。

四、柴油十六烷值测定方法概述

柴油的十六烷值按 GB/T 386—2010《柴油十六烷值测定法》标准方法进行。测定仪器是一台可改变压缩比的专用单缸柴油机（其转速为 900r/min），压缩比可调范围为 8～36，机上装有着火滞后期表（见图 4-11）及其辅助装置（包括四个电磁传感器，即燃烧传感器、喷油传感器及两个参比传感器）。

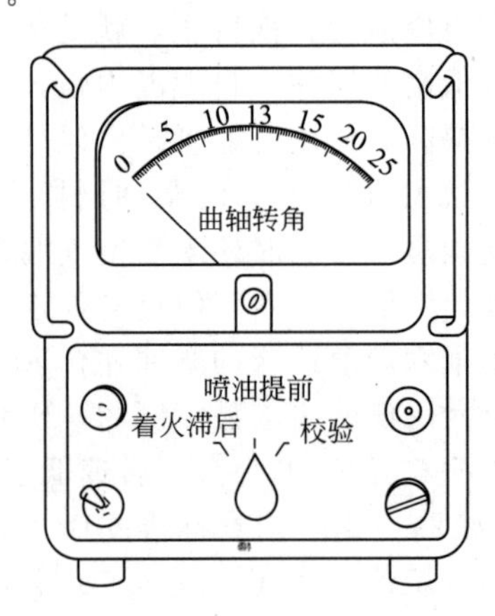

图 4-11　着火滞后期表

测定十六烷值的基本原理是：在标准操作条件下，将试样的着火性质与已知十六烷值的两个标准燃料相比较，其中两个标准燃料的十六烷值分别比试样略高或者略低，在着火滞后期相同的情况下，测定它们的压缩比（用手轮读数表示）并据此用内插法计算试样的十六烷值。

任务实施

测定柴油十六烷值

1. 实施目的

① 了解测定柴油十六烷值可使用的标准方法 GB/T 386—2010，熟悉以“着火滞后期”测定柴油着火性质的操作技术条件。

② 能够测定柴油的十六烷值。

③ 熟悉测定中的注意事项和安全知识。

2. 方法概要

柴油的十六烷值是在试验发动机的标准操作条件下，将柴油着火性质与已知十六烷值的标准燃料混合物进行比较来测定的。对于试样和两个将试样包括在中间的标准燃料中的每一个，均改变发动机的压缩比（手轮读数），以得到特定的着火滞后期，然后根据手轮读数用内插法计算十六烷值。

3. 仪器材料

① 发动机。采用一台可连续改变压缩比的专用单缸柴油发动机。

发动机包括：一个配有燃料泵的曲轴箱、装有预燃型汽缸盖的汽缸、热虹吸循环夹套冷却系统、带有切换阀的多燃料罐系统、具有特殊喷嘴的喷油器、电子控制部分以及合适的排气管。发动机用皮带与一台专用的能量吸收电机相连。该电机是用作启动发动机的驱动电机。在燃料发生燃烧时，在恒速下还起着吸收能量的作用。

② 仪表。采用一台电子仪表测量喷油和着火滞后的时间。还有常规的温度计、显示仪表。十六烷值表（着火滞后期表）是关键性配置。

③ 标准燃料配制设备。按体积比调和标准燃料，调和要求精确，因为测试误差与调和误差是成比例的。在调和时，要使用一组两支的量管或精密的容量器具。将一次试验要用的调和油装在一个合适的容器中，在将调和油装入发动机燃料系统之前要充分混匀。

应使用容量为 400mL 或 500mL、最大体积允许误差为±0.2%、经过校正的量管或容量器具。经过校正的量管配有控制阀和放液尖嘴以用来精确控制配制液体的体积，放液尖嘴的大小和构造应使尖嘴在关闭后漏出的液体的量不超过 0.5mL。

4. 所用试剂

① 汽缸夹套冷却剂。水作为冷却剂，应符合 GB/T 6682—2008 中三级水的要求。

② 发动机曲轴箱润滑油。应使用 SF/CD 或 SG/CD 的 SAE30 黏度等级的润滑油。其 100℃黏度为 9.3～12.5mm^2/s，黏度指数不小于 85。不能使用加有黏度指数改进剂的润滑油，也不能使用多级润滑油。

③ 正标准燃料。用正十六烷和七甲基壬烷及其按体积比配制的混合物。正十六烷：纯度≥99.0%（色谱法测定），十六烷值为 100。七甲基壬烷：纯度≥98.0%（色谱法测定），十六烷值为 15。

④ 副标准燃料。经过精心选择，具有稳定十六烷值，并可代替正标准燃料，用于测算柴油十六烷值的高十六烷值燃料和低十六烷值燃料及其按体积比组成的混合物。这两个燃料分别称为：T燃料（高十六烷值），典型CN_{ARV}（十六烷值的认可参考值，下同）为73～75；U燃料（低十六烷值），典型CN_{ARV}为20～22。

⑤ 检验燃料。经正标准燃料校正过的，具有固定十六烷值的两种典型燃料。专门用来检查十六烷值机评价柴油十六烷值的准确性，不能与其他燃料混合用。低十六烷值检验燃料，典型CN_{ARV}为38～42；高十六烷值检验燃料，典型CN_{ARV}为50～55。

5. 准备工作

① 按照GB/T 4756—2015《石油液体手工取样法》的规定取样。取样和贮存样品均应使用不透明容器。如深棕色玻璃瓶、金属罐或反应活性较小的塑料容器，以尽量避免暴露在阳光和紫外线下。

② 在发动机试验之前，试样应在室内放置至少几个小时，以与室温接近。典型室温为18～32℃。

③ 在发动机试验之前，试样可在室温和大气压下用定性滤纸过滤。

6. 实施步骤

① 喷油量的测量。稳定发动机操作条件，并按规定调整喷射量为（13.0±0.2）mL/min。燃料油喷油量用测微计调节。

② 喷油提前角的调整。旋转测微计，按规定调整并固定喷油提前角为上止点前13°±0.2°。

③ 试样着火滞后期的测量。将着火滞后期表上的选择开关转到“着火滞后”的位置，然后用手轮调节发动机压缩比，准确锁紧在上述要求的喷油提前角（上止点前13°±0.2°）位置上，记录手轮读数。以同样的方法，至少重复三遍，计算平均值。

④ 标准燃料的选择。根据以往的试验数据，选用两个相差不大于5.5个十六烷值单位的标准燃料进行试验，调节发动机的压缩比，使试样在仪表指13°时的手轮读数处在两种标准燃料仪表指13°时的手轮读数之间，其试验步骤与测定试样时相同。但由于标准燃料的性质十分相似，所以从一种标准燃料改用另一种时不必测量其喷油量。换用燃料操作时，使发动机运转约5min以确保燃料系统彻底冲洗，并使发动机达到稳定，再进行测量，记录手轮读数。每次测量都要测量燃料的喷油量、调整喷油提前角，维持操作条件。

7. 测定注意事项

① 测定时一定要用被测试样彻底冲洗燃料系统管线，并排除管线中的空气，以免影响喷油和引起发动机操作失常。

② 除短时间更换燃料外，不得使燃料泵空运转。

③ 在冲洗量管的过程中，要避免燃料互相掺混。

④ 在测定中，要经常校对仪表上的满刻度值。

⑤ 由于标准燃料的性质十分相似，所以从一种标准燃料改用另一种时，不必测量其喷油量。

⑥ 重复测定试样时，要测量燃料的喷油量、调整喷油提前角，维持操作条件。

8. 计算、报告和精密度

试样的十六烷值可按公式(4-21)计算为：

$$CN=CN_1+(CN_2-CN_1)\frac{\alpha-\alpha_1}{\alpha_2-\alpha_1} \tag{4-21}$$

式中　CN——试样的十六烷值；

CN_1——低着火性质标准燃料的十六烷值；

CN_2——高着火性质标准燃料的十六烷值；

α——试样三次测定手轮读数的算术平均值；

α_1——低十六烷值标准燃料三次测定手轮读数的算术平均值；

α_2——高十六烷值标准燃料三次测定手轮读数的算术平均值。

9. 任务实施报告

取试样和最终用的两种标准燃料试验得到的三次手轮读数的算术平均值，作为试样的十六烷值，计算结果取至小数点后两位。

（1）报告

最终报出的计算结果取准至小数点后一位。

（2）精密度（95%置信水平）

① 重复性。同一操作者，同一试样，在同一装置上，两次试验结果的差值不应超出表4-16 中的极限值。

② 再现性。由不同操作者，在不同试验室，同型装置上，对同一试样进行测定，所得两个试验结果的差值不应超出表 4-16 中的极限值。

表 4-16　十六烷值重复性及再现性极限值

十六烷值水平	重复性	再现性	十六烷值水平	重复性	再现性
40	0.8	2.8	52	0.9	4.3
44	0.9	3.3	56	1.0	4.8
48	0.9	3.8			

考核评价

测定柴油十六烷值考核评价表

考核项目	测定柴油十六烷值					
序号	评分要素	配分	评分标准	扣分	得分	备注
1	按体积比调和标准燃料；要使用精密的容量器具；在将调和油装入发动机燃料系统之前要充分混匀	15	按规定配制标准燃料，否则每项扣 5 分			
2	测定时一定要用被测试样彻底冲洗燃料系统管线，排除管线中的空气，以免影响喷油和引起发动机操作失常	20	测定前要用被测试样彻底冲洗燃料系统管线，否则扣 20 分			
3	除短时间更换燃料外，不得使燃料泵空运转	15	出现燃料泵空运转，扣 15 分			
4	在冲洗量管的过程中，避免燃料互相掺混	10	在冲洗量管的过程中，如果燃料互相掺混，扣 10 分			
5	在测定中，要经常校对仪表上的满刻度值	10	没有校对，扣 10 分			
6	正确应用公式计算试样的十六烷值	20	公式正确，计算结果不对，扣 15 分；公式不正确，计算结果不对，扣 20 分			
7	台面整洁，摆放有序	5	操作不正确，一处扣 2 分			

续表

考核项目	测定柴油十六烷值					
序号	评分要素	配分	评分标准	扣分	得分	备注
8	劳保用具齐全并使用正确	5	劳保用具不全或使用不正确，每项扣2分			
合计		100	得分			

数据记录单

测定柴油十六烷值数据记录单

样品名称					
仪器设备					
执行标准					
计算公式					
低十六烷值标准燃料十六烷值 CN_1					
高十六烷值标准燃料十六烷值 CN_2					
手轮读数次数及平均值		1	2	3	平均值
低十六烷值标准燃料测定手轮读数 α_1					
高十六烷值标准燃料测定手轮读数 α_2					
试样测定手轮读数 α					
试样的十六烷值 CN					
分析人		分析时间			

操作视频

视频：测定柴油十六烷值（上）

视频：测定柴油十六烷值（下）

思考拓展

1. 四行程柴油机的工作过程分哪几步？
2. 柴油机与汽油机工作过程的本质区别在哪里？
3. 柴油机的工作粗暴现象是如何产生的？
4. 查阅资料，了解提高柴油十六烷值的方法有哪些。

拓展阅读

生物柴油

生物柴油是指植物油（如菜籽油、大豆油、花生油、玉米油、棉籽油等）、动物油（如鱼油、猪油、牛油、羊油等）、废弃油脂或微生物油脂与甲醇或乙醇经酯转化而形成的脂肪酸甲酯或脂肪酸乙酯。生物柴油是典型的“绿色能源”，具有环保性能好、发动机启动性能好、燃料性能好，原料来源广泛、可再生等特性。大力发展生物柴油对经济可持续发展、推进能源替代、减轻环境压力、控制城市大气污染具有重要的战略意义。

生物柴油的燃料性能与石油基柴油较为接近，且具有无法比拟的性能。具体如下：

（1）点火性能佳。十六烷值是衡量燃料在压燃式发动机中燃料性能好坏的质量指标，生物柴油十六烷值较高，点火性能优于石化柴油。

（2）燃烧更充分。生物柴油含氧量高于石化柴油，可达 11%，在燃烧过程中所需的氧气量较石化柴油少，燃烧比石化柴油更充分。

（3）适用性广。除了作公交车、卡车等柴油机的替代燃料外，生物柴油又可以作海洋运输、水域动力设备、地质矿业设备、燃料发电厂等非道路用柴油机之替代燃料。

（4）能保护动力设备。生物柴油较柴油的运动黏度稍高，在不影响燃油雾化的情况下，更容易在气缸内壁形成一层油膜，从而提高运动机件的润滑性，降低机件磨损。

（5）通用性好。无需改动柴油机，可直接添加使用，同时无需另添设加油设备、储运设备及人员的特殊技术训练（通常其他替代燃料有可能需修改引擎才能使用）。

（6）安全可靠。生物柴油的闪点较石化柴油高，有利于安全储运和使用。

（7）节能降耗。生物柴油本身即为燃料，以一定比例与石化柴油混合使用可以降低油耗，提高动力性能。

（8）气候适应性强。生物柴油由于不含石蜡，低温流动性佳，适用区域广泛。

（9）功用多。生物柴油不仅可作燃油又可作为添加剂促进燃烧效果，从而具有双重功能。

（10）具有优良的环保特性。生物柴油中硫含量低，使得 SO_2 和硫化物的排放低，可减少约 30%（有催化剂时可减少 70%）；生物柴油中不含对环境会造成污染的芳香烃，因而产生的废气对人体损害低。

目前，以脂肪酸甲酯为主要成分的生物柴油（详见 GB 25199—2017《B5 柴油》）技术不断完善，以烃类为主要成分的烃基生物柴油（详见 NB/T 10897—2021《烃基生物柴油》）产业化技术已开发成功。我国自主开发的生物柴油技术均已达到了国际同类先进水平，单套装置的生产规模也在不断扩大，从最初的几万吨级扩大到十几万吨，再到几十万吨。

近年来，我国不断推动生物柴油的发展，出台相关利好政策，进一步加速了行业发展，为实现碳达峰碳中和目标提供动力。2023 年 7 月，工业和信息化部、国家发展改革委、商务部发布《轻工业稳增长工作方案（2023—2024 年）》，其中提到扩大生物质能源应用，组织实施一批节能降碳技术改造项目，开展节能降碳技术示范应用，提高行业节能降碳水平。随着该政策的有效实施，将有利于扩大生物柴油的应用范围，进一步推动生物柴油发展，从而减少对石油资源的依赖，同时，作为一种绿色环保能源，生物柴油使用范围的扩大，能够有效降低碳排放和其他有害废弃物排放量，减少空气污染。在全球气候变暖的大环境背景下，国家积极发展可再生能源以取代化石燃料，降低碳排放量，生物柴油成为绿色可再生能源，未来前景可期。

模块四　考核试题

一、填空题

1. 运动黏度试样含有水或机械杂质时，在试验前必须经过________或________。
2. 油品黏度测定时黏度计要保持________。
3. 柴油机的工作过程包括________、________、________和________四个行程。
4. 柴油的着火性通常用________来评定。
5. 根据油品的用途不同，评价低温流动性能的常用指标有________、________、冰点、________、________、冷滤点。
6. 影响油品倾点、凝点和冷滤点的主要因素有烃类组成、________、________。
7. 冷滤点一般比凝点高________℃。
8. 根据组成不同，油品在低温下失去流动性的原因有________和________。
9. 石油产品试样在规定的条件下冷却，开始呈现雾状或浑浊时的最高温度，称为________。
10. 我国车用柴油牌号是按________划分的。

二、单项选择题

1. 下列关于油品黏度的相关说法不正确的是（　　）。

A. 动力黏度又称绝对黏度，简称黏度
B. 运动黏度是指 20℃时流体的动力黏度与其密度之比
C. 油品的黏度指数越高，表示油品的黏温性能越好
D. 油品的黏度随温度的升高而减小

2. 油品中各种烃类的黏度大小排列顺序为（　　）。

A. 正构烷烃＜环烷烃＜芳香烃＜异构烷烃　B. 环烷烃＜异构烷烃＜芳香烃＜正构烷烃
C. 正构烷烃＜异构烷烃＜芳香烃＜环烷烃　D. 环烷烃＜芳香烃＜正构烷烃＜异构烷烃

3. 测定运动黏度时，试样在扩张部分流动的过程中，恒温浴应保持（　　）。

A. 按要求均匀升温　B. 温度恒定　C. 自然降温　D. 停止搅拌

4. 测定十六烷值的专用单缸柴油发动机的转速为（　　）r/min。

A. 900±9　B. 600±6　C. 1000±10　D. 600±9

5. 某流体的动力黏度与该流体在同一温度和压力下的密度之比，称为该流体的（　　）。

A. 恩氏黏度　B. 动力黏度　C. 黏度指数　D. 运动黏度

6. 油品在两个不同温度下的黏度之比，称为（　　）。

A. 黏温特性　B. 黏度比　C. 相对黏度　D. 黏度指数

7. 当试样冷却至 9℃还未显示浊点，则将试管移入温度保持在（　）℃的第二个浴的套管中。

A. −1～2　B. −10～0　C. −17～−10　D. −18～−15

8. 把在试验规定的条件下，柴油试样在 60s 内开始不能通过过滤器（　　）mL 时的最高温度，作为冷滤点。

A. 30　B. 25　C. 20　D. 15

9. 油品中所含大分子正构烷烃和芳烃含量增多时，其浊点、结晶点和冰点就会（　　）。

A. 明显升高　B. 明显降低　C. 保持不变　D. 无相关性

10. 评价柴油低温流动性能的指标是（　　）。

A. 冰点和浊点　B. 凝点和冷滤点　C. 结晶点和冷滤点　D. 凝点和倾点

三、判断题

1. 黏度随烃分子内环数的增加及异构程度的增大而减小。（　　）
2. 石油馏分越重，其黏度就越大。（　　）
3. 柴油黏度过大，会导致燃烧不完全，甚至形成积炭。（　　）
4. 试样在某温度下从恩氏黏度计流出 200mL 所需的时间与蒸馏水在 20℃流出相同体积所需的时间之

比，即为试样的恩氏黏度。 （　　）

5. 对于柴油的抗爆性来说，其十六烷值是越高越好。 （　　）

6. 胶质、沥青质的生成会降低油品的凝点和倾点。 （　　）

7. 凝点是评定柴油极限最低使用温度的指标。 （　　）

8. 油品是各种类烃的复杂混合物，从液态到固态两相的状态变化是在一个温度范围内实现的。（　　）

9. 测定很低的浊点时，需加几个浴，每个浴温要比前一个浴温保持低 18℃，每次要待试样温度比新浴温度高 27℃时，才转移试管。 （　　）

10. 黏温凝固是对于含蜡量少或不含蜡的油品，当降温时黏度迅速增大，油品变成无定形的黏稠玻璃状物质而失去流动性。 （　　）

模块五 润滑油分析

内容概述

润滑油是用在各种类型汽车、机械设备上以减小摩擦，保护机械及加工件的液体润滑剂，主要起润滑、辅助冷却、防锈、清洁、密封和缓冲等作用。润滑油一般由基础油和添加剂两部分组成。基础油是润滑油的主要成分，决定着润滑油的基本性质，添加剂则可弥补和改善基础油性能方面的不足，赋予其某些新的性能，是润滑油的重要组成部分。该模块主要包括润滑油残炭、闪点与燃点、水分、灰分、机械杂质等性能指标的分析。学习润滑油分析，要了解润滑油规格，掌握其主要性能指标的意义、测定方法和测定操作技能。

任务5-1 认识润滑油的种类和规格

任务目标

1. 熟悉润滑油的种类；
2. 认识润滑油的规格标准；
3. 联系实际理解润滑油的主要性能要求及用途。

任务描述

1. 任务：认识润滑油的种类牌号，学习润滑油的规格标准，掌握应用广泛的内燃机油的主要性能要求及应用。

2. 教学场所：油品分析室。

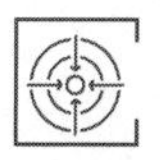

储备知识

我们知道，几乎所有带有运动部件的机器都需要润滑剂，如各种牌号的内燃机油、机械油、仪表用油等。润滑剂包括润滑油和润滑脂。润滑脂是膏状的，是在工业润滑油的基础上添加稠化剂而制成的，一般用于金属表面，起填充空隙和防锈的作用。润滑油是油状的，是用于各种类型机械设备以减少摩擦、保护机械及加工件的液体润滑剂，主要起润滑、冷却、防锈、清洁、密封和缓冲等作用。

一、润滑油的种类

润滑油种类牌号繁多。GB/T 7631.1—2008《润滑剂、工业用油和有关产品（L类）的分类 第1部分：总分组》根据尽可能包括润滑剂、工业用油和有关产品的所有应用场合这一原则将产品分为18个组，对应的应用场合分别是全损耗系统（A组）、脱模（B组）、齿轮（C组）、压缩机（包括冷冻机和真空泵）（D组）、内燃机油（E组）、主轴和轴承及离合器（F组）、导轨（G组）、液压系统（H组）、金属加工（M组）、电器绝缘（N组）、气动工具（P组）、热传导液（Q组）、暂时保护防腐蚀（R组）、汽轮机（T组）、热处理（U组）、用润滑脂的场合（X组）、其他应用场合（Y组）、蒸汽气缸（Z组）。其中，常见的三大类润滑油是：内燃机润滑油、齿轮用油和液压系统用油。

二、润滑油的规格

由于内燃机是当代主要的动力机械，所以内燃机油消耗最大，其用量占润滑油总量的40%以上，内燃机油的技术要求和分析方法具有代表性，因此以内燃机油为例学习其规格和性能要求。

内燃机油也称发动机油，如汽油机油、柴油机油等，是一种由矿物基础油或合成基础油为主，加入抗氧化抗腐蚀剂等添加剂调制而成的润滑油。目前，我国的汽油机油标准是GB 11121—2006《汽油机油》，柴油机油标准是GB 11122—2006《柴油机油》、GB 20419—2006《农用柴油机油》、GB/T 17038—1997《内燃机车柴油机油》等。

内燃机油的主要性能要求有：良好的黏温性、低温流动性、抗氧化安定性和较小的腐蚀性等。黏温性是指油品黏度随温度变化而变化的性质。内燃机油要求其黏度随温度的变化较小，能维持良好的油膜，起到润滑和密封作用，评定内燃机油黏温性的指标是黏度指数。良好的低温流动性是指内燃机油在低温使用条件下，能顺利输送到各个摩擦面的能力，其评定指标主要是倾点和边界泵送温度。抗氧化安定性要求内燃机油在较高的温度环境循环使用中，能抗氧化的能力，可用残炭值来评价。较小的腐蚀性要求内燃机油硫含量低、酸值小，不仅能在机件表面形成稳定的保护膜，而且腐蚀性要小。

任务实施

分组进行线上线下资料查阅，学习润滑油的性质、用途、种类和规格标准等内容，讨论我国现行内燃机油标准的主要性能要求，归纳整理好相关内容，以小组为单位展示学习成果，并进行小组学习效果评价和成绩记录。

思考拓展

1. 我国的润滑剂有哪些产品种类？请说出润滑油有哪些用途？
2. 内燃机油是指哪些石油产品？其主要性能要求有哪些？

任务5-2 测定润滑油残炭

任务目标

1. 认识石油产品残炭的概念及其测定意义；
2. 了解油品残炭与其组成的关系；
3. 理解影响油品残炭测定的主要因素；
4. 能够熟练进行润滑油残炭的测定；
5. 熟悉润滑油残炭测定的安全知识。

任务描述

1. 任务：在进行油品残炭测定之前，先认识石油产品残炭的概念及其测定意义，学习油品残炭测定的方法，再进行润滑油残炭的测定，掌握油品残炭测定的操作技能和安全事项。

2. 教学场所：油品分析室。

储备知识

一、石油产品的残炭

将油品在残炭测定器中隔绝空气加热，使其蒸发、裂解和缩合，生成的焦黑色焦炭状残留物，称为残炭。残炭用残留物占油品的质量分数表示。残炭是评价油品在高温条件下生成焦炭倾向的指标。

残炭主要是由油品中的胶质、沥青质、多环芳烃的叠合物及灰分形成。不加添加剂的润滑油，其残炭为鳞片状，且有光泽；若加入添加剂，其残炭呈钢灰色，质地较硬，难以从坩埚壁上脱落。因此对含添加剂高的润滑油只要求测定基础油的残炭，而不控制成品油的残炭值。

二、油品残炭与组成的关系

1. 残炭量与油品的化学组成有关

残炭主要是由油品中胶质、沥青质、不饱和烃及多环芳烃所形成的缩聚产物，残炭量的多少与油品中的非烃类、不饱和烃及多环芳烃化合物的含量有关，烷烃只起分解反应，不参加聚合，所以不会形成残炭。因此，油品中含胶质、沥青质、多环芳烃多的，含氮、硫、氧的化合物多的，密度大的重质燃料油，残炭值较高；裂化、焦化产品的残炭值高于直馏产品。

2. 残炭量与油品的灰分含量有关

残炭量与油品灰分含量的多少有关。灰分主要是油品中环烷酸盐类等煅烧后所得的不燃物，它们与残炭混在一起，可使测定结果偏高。一般含有添加剂的石油产品灰分较多，其残炭值增加较大。例如，用于减少石油产品生成沉积物的清净添加剂，会有灰分生成，能使石油产品的残炭值增加。

三、测定油品残炭的意义

1. 残炭是判断油品中胶状物质和不稳定化合物含量的间接指标

残炭越大，表明油品中不稳定的烃类和胶状物质越多。在催化裂化生产中，残炭值是判断原料优劣的重要参数。若裂化原料残炭值过高，说明原料含胶质、沥青质较多，易造成裂化过程中焦炭量过高，使设备结焦，不仅破坏装置的热平衡，而且还会降低催化剂的活性，影响正常生产及操作。

2. 判断柴油及润滑油的精制程度

一般精制深的油品，残炭值小。柴油以10%蒸余物的残炭值作为残炭指标。这是由于柴油馏分轻，直接测定残炭值很低，误差较大，故规定测定其10%蒸余物残炭，即对轻柴油和车用柴油试样先按GB/T 6536—2010《石油产品常压蒸馏特性测定法》，获取10%残余物作为试样，再做残炭测定。测定柴油10%蒸余物残炭，对于保证生产优质柴油有重要意义。残炭值大的柴油在使用中会在汽缸内形成积炭，导致散热不良，机件磨损加剧，缩短发动机使用寿命。

对于润滑油，如果是用含胶状物质较多的重油制成的，就会有较高的残炭值。残炭值可间接反映润滑油的精制程度，精制程度越大，残炭值越小，从而指导润滑油的生产。

3. 预测焦炭产量

根据焦化原料的残炭值，可以预测延迟焦化工艺过程的焦炭产量。残炭值越大，目的产物焦炭的产量越高，对延迟焦化生产越有利。另外，测定燃烧器燃料的残炭值，可粗略估计燃料在蒸发式的釜型和套管型燃烧器中形成沉积物的倾向，残炭越大，越易形成沉积物。

四、油品残炭的测定方法

油品残炭的测定方法通常有康氏法、电炉法和兰氏法。康氏法和兰氏法是世界各国普遍应用的方法，精密度要求比较高，一般在产品出厂和仲裁试验时采用。电炉法操作相对简便，容易掌握，多用于生产控制。

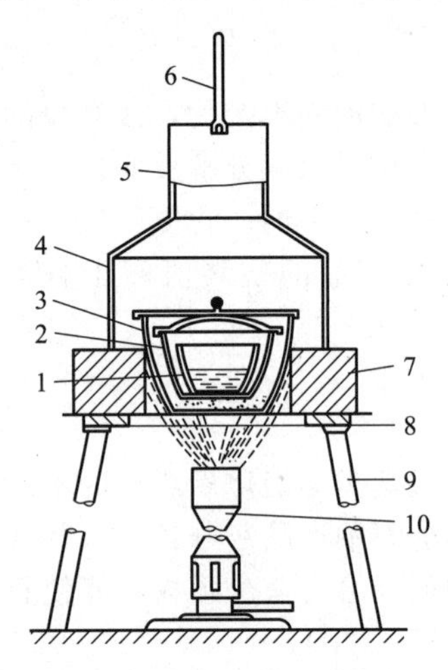

图 5-1 康氏法残炭测定器

1—瓷坩埚；2—内铁坩埚；3—外铁坩埚；4—圆铁罩；5—烟罩；6—火桥；7—遮焰体；8—镍铬丝三脚架；9—铁三脚架；10—喷灯

1. 康氏法残炭

康氏法残炭按 GB/T 268—87《石油产品残炭测定法（康氏法）》进行的。该方法参照采用了国际标准 ISO 6615—1983。康氏法残炭一般用于测定常压蒸馏时易部分分解、相对不易挥发的油品经蒸发和热分解后残余物的残炭量，如柴油的10%蒸余物、汽油机油、柴油机油和焦化原料的残炭等。康氏法残炭测定器如图 5-1 所示。

测定时，用恒重好的瓷坩埚按规定称取试样，将盛有试样的瓷坩埚放入内铁坩埚中，再将内铁坩埚放在外铁坩埚内（内、外铁坩埚之间装有细砂），然后再将全套坩埚放在镍铬丝三脚架上，使外铁坩埚置于遮焰体中心，用圆铁罩罩好。用喷灯加热至高温，加热过程分预热期、燃烧期和强热期三个阶段，测定时，严格控制三个阶段的加热时间和强度，使试样全部蒸发、燃烧分解，生成残余物，残余物经强烈加热一定时间即进行裂化和焦化反应。在规定的加热时间结束后，将盛有碳质残余物的坩埚置于干燥器内冷却并称重，计算残炭占试样的质量分数，即为康氏法残炭值。

2. 电炉法残炭

电炉法残炭按 SH/T 0170—92《石油产品残炭测定法（电炉法）》进行。该标准适用于润滑油、重质液体燃料油或其他石油产品。如图 5-2 所示，其与康氏法的主要区别是用电炉代替喷灯作为热源。

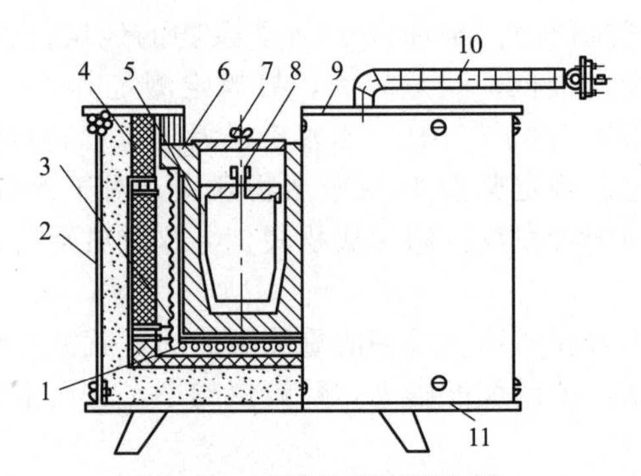

图 5-2 电炉法残炭测定器

1—电热丝（300W）；2—壳体；3—电热丝（600W）；4—电热丝（1000W）；5—瓷坩埚；6—钢浴；7—钢浴盖；8—坩埚盖；9—加热炉盖；10—热电偶；11—加热炉底

测定前，将符合规定的、清洁的瓷坩埚放入800℃±20℃的高温炉中煅烧1h，先在空气中冷却1～2min，然后移入干燥器中冷却40min后准确称量。接通电源，使残炭测定器电炉的温度恒定在520℃±5℃的范围内。在上述称量过的坩埚中加入规定量的试样，用坩埚钳将坩埚放入电炉的空穴中，立即盖上坩埚盖。当试样在炉中加热至开始从坩埚盖的毛细管中逸出油蒸气时，立即点燃蒸气，待燃烧结束后，继续维持炉温在520℃±5℃，煅烧残留物。从试样加热，经过蒸气的燃烧至残留物煅烧结束，共需30min。然后从电炉中取出坩埚，先在空气中冷却1～2min，再移入干燥器中冷却40min后称量瓷坩埚和残留物质量，计算残留物（即残炭）质量分数，即为电炉法残炭值。

3. 兰氏法残炭

兰氏法残炭按SH/T 0160—92《石油产品残炭测定法（兰氏法）》进行。该标准参照采用国际标准ISO 4262—1978，是国际普遍应用的一种标准。一般适用于测定常压蒸馏时部分分解的、不易挥发的石油产品，对一些不容易装入兰氏焦化瓶的重质残渣燃料油、焦化原料等油料，宜采用康氏法测定残炭。该法与康氏法没有精确的关联关系，评定油品时要注意。

测定时，先将适量的试样装入已恒重的带有毛细管的玻璃焦化瓶中，准确称量，计算出试样质量，然后放入温度恒定在550℃±5℃的金属炉内。试样被迅速加热、蒸发、分解、裂化和焦化。试样放入炉内20min±2min，将焦化瓶从炉内转移至规定的干燥器内冷却，并再次称量，计算残余物的质量分数，即为兰氏法残炭值。如果试样的兰氏法残炭值小于0.1%，则用10%蒸余物进行残炭测定。

五、影响残炭测定的主要因素

仪器的安装、加热强度和加热时间的合理控制、坩埚的冷却、称重等操作是影响油品残炭测定的主要因素。

1. 仪器安装的正确与否

康氏法残炭测定器的正确安装会影响测定结果的精确度。例如，若将外铁坩埚底装成低于遮焰体的下平面很多，使喷灯和外坩埚底的距离缩短，会影响喷灯对坩埚底部的正常加热温度。再比如，把铁圆罩底紧盖在遮焰体上，没有垫以合适的石棉板，使空气进不去，则油蒸气燃烧时不均匀、不充分等，这对测定结果都有直接影响。

2. 加热强度及加热时间的合理控制

康氏法残炭测定时，对试样加热可分为预热期、燃烧期和强热期三阶段。预热期时，应根据试油馏分的轻重情况，调整喷灯火焰，控制加热强度，使预热期的加热自始至终保持均匀。若加热强度过大，试油会飞溅出瓷坩埚，使燃烧时的火焰超过火桥，造成燃烧期提前结束，测定结果偏低。若加热强度太小，则燃烧期时间延长，残炭结果偏大。燃烧期的火焰不应超过火桥，否则会使测定结果偏小。若强热7min时，加热强度不够，残炭的形成会没有光泽和不呈鱼鳞片状，造成结果偏大。

3. 坩埚的冷却、称重等操作因素

强热期结束、熄灭喷灯后，再等大约15min，使仪器冷却到不见烟后，才能取出圆铁罩和外铁坩埚盖，再将瓷坩埚移入干燥器，经过这一段冷却时间，可使瓷坩埚温度从六七百度

降至二百度左右。若刚一停止加热，就立即揭开外铁坩埚盖，空气会进入瓷坩埚，使残炭在高温下与氧作用而立即烧掉，使结果偏小。若超过时间尚未取出，因温度降至很低，会使残炭吸收空气中水分而增加坩埚重量，使结果偏大。所以必须严格遵守标准中规定的冷却时间，并准确称重，以免影响测定结果。

任务实施

一、测定润滑油残炭（康氏法）

1. 实施目的

① 掌握 GB/T 268—87《石油产品残炭测定法（康氏法）》的原理和方法。

② 学会康氏法残炭测定器的使用性能和操作方法。

③ 掌握石油产品残炭测定的注意事项和安全知识。

2. 仪器材料（见图 5-1）

① 瓷坩埚。广口型，口部外缘直径为 46～49mm，容量为 29～31mL。

② 内铁坩埚。坩埚的平底外径 30～32mm，高 37～39mm，带环形凸缘，容量 65～82mL，凸缘的内径 53～57mm，外径 60～67mm。带有一个盖子，盖上没有导管而有关闭的垂直孔，垂直孔直径约 6.5mm，此孔必须保持清洁。

③ 外铁坩埚。坩埚上部外径 78～82mm，高 58～60mm，壁厚约 0.8mm，带有一个铁盖。每次试验之前，在坩埚底部平铺一层约 25mL 干砂子，或放砂量以能使内坩埚的顶盖几乎碰到外坩埚的顶盖为准。

④ 镍铬丝三脚架。三脚架环口大小能盛放外铁坩埚的底部，使之与遮焰体的底面处在同一水平面。

⑤ 圆铁罩。用薄铁皮制成，下段圆筒直径 120～130mm，上段是烟囱，直径 50～56mm，高 50～60mm，中部由圆锥形过渡段连接上下两段。圆铁罩总高 125～130mm。此外，火桥用直径 3mm 的镍铬丝或铁丝制成，高度 50mm，用以控制烟囱上方火焰高度。

⑥ 正方形或圆形的遮焰体。用 0.5～0.8mm 薄铁皮制成，表面可以用石棉覆盖，防止过度受热。边长或直径 150～175mm，高 32～38mm，中间设置有金属衬里的倒锥形孔，孔顶直径 89mm，孔底直径 83mm。遮焰体内部为空心结构。

⑦ 煤气喷灯或乙醇喷灯。能发生强烈火焰，直径 25mm。

⑧ 细砂。已煅烧。

3. 所用试剂

润滑油。

4. 方法概要

按规定称取试样并置于坩埚内，加热至高温，使试样分解蒸发，继续强烈加热一定时间使残留物发生裂化和焦化反应。在规定的加热时间结束后，将盛有碳质残余物的坩埚置于干燥器内冷却并称量，计算残炭占原试样的质量分数，即为康氏法残炭值。

5. 准备工作

（1）瓷坩埚和玻璃珠的清洗烘干

瓷坩埚（尤其是使用过的含有残炭的瓷坩埚）必须先放在800℃±2℃的高温炉中煅烧1.5～2h，然后清洗烘干备用；准备直径约2.5mm的玻璃珠，清洗烘干备用。备用的瓷坩埚和玻璃珠应保存于干燥器中。

（2）瓷坩埚和玻璃珠的称量

称量备好的盛有两个玻璃珠的瓷坩埚，称准至0.0001g。

（3）试样的准备

取样前充分摇动试样，使其混合均匀，以便使所取试样必须具有代表性。黏稠或含石蜡的石油产品，应预先加热至50～60℃才进行摇匀；含水试样应先脱水和过滤，再进行摇匀。

备注：柴油10%蒸余物的制备，可以按GB/T 6536—2010《石油产品常压蒸馏特性测定法》或GB/T 255—77《石油产品蒸馏测定法》两种方法进行。

① 用GB/T 6536—2010标准试验方法获取10%蒸余物。安装好蒸馏装置，用量筒量取200mL试样注入250mL蒸馏烧瓶中，然后将量筒（不可清洗）放在冷凝管出口处下方，冷凝管出口尖端不得与量筒壁接触（为了得到较准确的10%蒸余物，蒸馏时应设法使馏出物温度与装样温度一致）。

均匀加热蒸馏烧瓶，控制10～15min内从冷凝器中滴下第一滴，然后移动量筒使冷凝器出口尖端与量筒壁接触，以保证液面平稳，调整加热速度，保持馏出量在8～10mL/min。当馏出物收集到178mL±1mL时，停止加热，使冷凝器中馏出物收集在量筒中直到180mL（试样装入量的90%）为止，此时蒸馏烧瓶中的残留试样即为10%蒸余物（趁热把留在蒸馏烧瓶内的残余物倒入已称量的坩埚内，冷却后称试样10.0g±0.5g，称准至0.005g，按步骤6即可测定10%蒸余物的残炭值）。

② 用GB/T 255—77获取10%残余物。试验采用100mL蒸馏烧瓶，至少进行两次蒸馏，收集10%蒸余物作为试样（趁热将留在烧瓶内的残余物倒入已称量并做试验用的坩埚内，冷却后称试样10.0g±0.5g，称准至0.002g，按步骤6测定残炭值）。

6. 实施步骤

① 称取试样。向恒重好的瓷坩埚内，注入试样10g±0.5g，并称准至0.005g（注意：试样的称取量可由预计残炭量确定，预计残炭量低于5%时，称取10g±0.5g；预计残炭量为5%～10%时，称取5g±0.5g；预计残炭量高于15%时，称取3g±0.1g；10%蒸余物的试样量均取10g±0.5g）。

② 安装仪器。先将盛有试样的瓷坩埚放入内铁坩埚的中央。在外铁坩埚内铺平砂子，将内铁坩埚放在外铁坩埚的正中。盖好内、外铁坩埚的盖子。外铁坩埚要盖得松一些，以便加热时生成的油蒸气容易逸出。

再在通风橱内按照图5-1安装仪器，使试验在通风橱内进行，但通风不要过于强烈。先将镍铬丝三脚架放到铁三脚架上，将遮焰体放在镍铬丝三脚架上（无镍铬丝三脚架时，应在外铁坩埚、遮焰体与铁三脚架接触的3个地方各垫上石棉垫，面积约1cm^2，形成适当的空隙），然后将上述准备好的全套坩埚放在镍铬丝三脚架上，必须使外铁坩埚放在遮焰体的正中心，不能倾斜。全套坩埚用圆铁罩罩上，使反应过程中均匀受热。

③ 预热阶段。在外铁坩埚下方约 50mm 处放置喷灯，进行强火加热（但不冒烟），控制预热阶段在 10min±1.5min 内（时间过短会由于蒸发过快而容易引起发泡或火焰太高）。

④ 燃烧阶段。当罩顶出现油烟时，立即移动喷灯或倾斜喷灯，使火焰触及坩埚边缘，引燃油蒸气。然后，立即将喷灯的火焰调小（必要时可将喷灯暂时移开，调好火焰大小后再放回原处），控制油蒸气均匀燃烧，火焰高出烟囱，但不超过火桥。如果罩上看不见火焰时，可适当加大喷灯的火焰。油蒸气的燃烧阶段应控制在 13min±1min 内。如果火焰高度和燃烧时间两者不可能同时符合要求，则优先控制燃烧时间符合要求。

⑤ 强热阶段。当试样蒸气停止燃烧，罩上看不见蓝烟时，立即重新增强喷灯的火焰，使之恢复到开始状态，使外铁坩埚的底部和下部呈樱桃红色，并准确保持 7min。至此，总加热时间（包括预热和燃烧阶段在内）应控制在 30min±2min 内。

⑥ 确定残炭量。强热阶段结束，熄灭并移开喷灯，使仪器冷却到不见烟（约 15min），然后移去圆铁罩和外、内铁坩埚的盖，用热坩埚钳将瓷坩埚移入干燥器内，冷却 40min 后称量，称准至 0.0001g。计算残炭占试样的质量分数。

7. 残炭量的计算

试样或 10%蒸余物的残炭值按式(5-1) 计算。

$$w=\frac{m_1}{m_2}\times 100\% \tag{5-1}$$

式中　w——试样或 10%蒸余物的残炭值,%；

m_1——残炭的质量，g；

m_2——试样的质量，g。

8. 精密度

按图 5-3 数据来判断试验结果的可靠性（置信水平为 95%）。

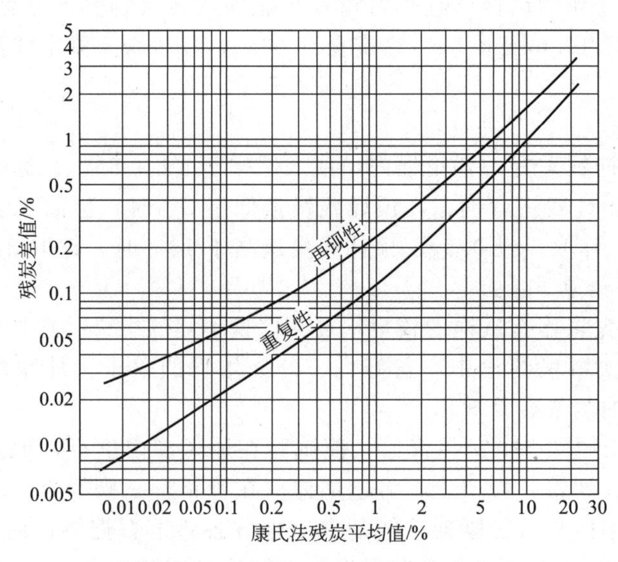

图 5-3　康氏法残炭精密度

① 重复性。同一测定者测定两次结果之差，不超过图 5-3 所示的重复性数据。

② 再现性。由两个试验室提供的两个结果之差，不超过图 5-3 所示的再现性数据。

9. 任务实施报告

① 按规范要求写好任务名称、实施目的、仪器材料、所用试剂、实施步骤和分析记录等。

② 取重复测定两次结果的算术平均值，作为试样的残炭值。

二、测定润滑油残炭（电炉法）

1. 实施目的

① 掌握 SH/T 0170—92《石油产品残炭测定法（电炉法）》的测定原理和方法。

② 学会电炉法测定残炭的操作方法。

2. 仪器材料

电炉法残炭测定器，高温炉，残炭坩埚，坩埚钳，分析天平，玻璃棒。

3. 所用试剂

润滑油。

4. 方法概要

在规定的试验条件下（隔绝空气），用电炉来加热蒸发试样，并测定燃烧后形成的黑色残留物的质量分数。

5. 实施步骤

① 接通残炭测定器的电源，使炉温达到 520℃±5℃的规定范围。

② 将清洁的瓷坩埚在 800℃±20℃的高温炉中煅烧 1h 之后，取出，先在空气中冷却 1～2min，再移入干燥器冷却约 40min，然后称量并记录空坩埚质量，精确至 0.0002g。

③ 用玻璃棒搅拌试样 5min，对于黏稠的试样应先预热到 50～60℃，水大于 0.5%的试样要进行脱水。称量试样，润滑油称 7～8g，称量时采用减量法，记录下坩埚加样品的质量，用钳子将装有试样的坩埚放入电炉的空穴内，立即盖上坩埚内盖，切勿靠壁，未用空穴均应盖上钢浴盖，当有蒸气逸出时，立即引火点燃蒸气，燃烧结束且没有蒸气逸出时，用空穴的盖子盖上高温炉的空穴，从试样放入电炉内开始计时，共需 30min。

④ 当残留物的煅烧结束时，打开钢浴盖和坩埚盖，立即从电炉内取出瓷坩埚，在空气中放置 1～2min，移入干燥器内冷却 40min，称量坩埚和残留物的质量，精确至 0.0002g。

⑤ 根据式(5-1) 进行计算。

$$w=\frac{m_1}{m_2}\times 100\%$$

式中 w——试样残炭值，%；

m_1——残炭的质量，g；

m_2——试样的质量，g。

⑥ 数据计算完毕后，填写原始记录，整理试验台，试验完毕。

6. 注意事项

① 选用的瓷坩埚应完好无裂痕。

② 石油产品残炭测定法（电炉法）中，瓷坩埚恒重指：直至两次连续称量间的差数不大于 0.0004g 为止。

③ 称量试样质量要准确。

④ 在确定石油产品残炭结果时，必须注意瓷坩埚里面的残留物情况，它应该是发亮的黑色，否则重新测定。

⑤ 新坩埚煅烧不少于 2h，冷却称量，再煅烧 1h，反复，直至连续两次称量数据之差不大于 0.0004g。

7. 精密度

重复性：同一操作者重复测定的两个结果之差不应大于较小结果的 10%。

考核评价

测定润滑油残炭技能考核评价表

考核项目	测定润滑油残炭						
序号	考试内容	评分要素	配分	评分标准	扣分	得分	备注
1	准备工作	劳保、工具、材料准备	5	未穿戴劳保用品扣 2 分，劳保用品穿戴不齐扣 1 分			
				错选或漏选器具物料 1 件扣 1 分，扣完 3 分为止			
		试样准备及仪器温度控制	25	测定前未接通电源使炉温达到 520℃±5℃扣 5 分			
				将清洁的瓷坩埚放在 800℃±20℃的高温炉中煅烧 1h 之后，取出，先在空气中放置 1～2min，然后移入干燥器中，否则每项扣 2 分，扣完 5 分为止			
				在干燥器中冷却约 40min，然后称出瓷坩埚的质量，精确至 0.0002g，否则扣 2 分			
				未根据试样性质进行处置（如加热、脱水等）扣 5 分			
				取试样前未摇匀扣 1 分			
				取样超差或返工扣 2 分			
				将盛有试样的瓷坩埚正确放入电炉的空穴中并迅速盖上坩埚盖，否则扣 5 分			
				未用的空穴未盖上钢浴盖扣 5 分			

续表

考核项目	测定润滑油残炭						
序号	考试内容	评分要素	配分	评分标准	扣分	得分	备注
2	测定	测定过程	25	坩埚盖毛细管逸出蒸气时未立即将其点燃扣5分			
				燃烧结束后未盖上钢浴盖扣5分			
				试样从开始加热，经过蒸气的燃烧，到残留物的煅烧结束，共需30min，时间不合要求扣5分			
				当残留物的煅烧结束时，打开钢浴盖和坩埚盖，并立即从电炉空穴中取出瓷坩埚，在空气中放置1～2min，移入干燥器中冷却约40min后，称量瓷坩埚和残留物的质量，精确至0.0002g。否则每项扣2分，扣完5分为止			
				未检查瓷坩埚内残留物情况扣2分			
				恒重操作不正确扣3分			
3	结果	记录填写正确	5	未经允许不得随意修改原始数据，否则取消考核资格。填写不正确一处扣2分			
		结果考察	10	计算公式：$X=m_1/m\times100$，公式错误扣5分			
				计算结果不正确扣5分			
4	文明操作	分析完后关闭仪器电源	2	未关闭仪器电源扣2分			
5	安全生产	安全作业、文明生产	24	违反安全操作规程，或出现操作动作继续下去可能发生人身事故或设备损坏事故的，1次扣10分，2次停止操作			
				损坏工具元件一件扣5分，最后扣10分			
				工作结束后工具未归位或未清洁扣2分，设备表面或场地没有清洁扣2分			
		操作时间	4	每超过1min从总分中扣2分，最多扣4分。超过3min停止操作			
合计			100	得分			

数据记录单

测定润滑油残炭数据记录单

样品名称			
执行标准			
仪器设备			
平行次数	1	2	
坩埚质量/g			
坩埚+样品质量/g			
样品质量/g			
坩埚+残炭质量/g			
残炭质量/g			
残炭含量/%			
残炭含量平均值/%			
分析人		分析时间	

操作视频

视频：测定润滑油残炭

思考拓展

1. 测定石油产品残炭的方法有哪几种？这些方法在生产中何时应用更合适？
2. 如果石油加工企业原料油的残炭值超标，对生产有什么危害？
3. 拓展完成柴油残炭的测定。

任务5-3 测定润滑油闪点与燃点

任务目标

1. 认识石油产品闪点与燃点的概念及其测定意义；
2. 理解影响油品闪点与燃点测定的主要因素；
3. 能熟练测定润滑油闪点与燃点；
4. 熟悉石油产品闪点与燃点测定的安全知识。

任务描述

1. 任务：认识石油产品闪点与燃点的概念及其测定意义，学习油品闪点与燃点测定的方法，了解影响油品闪点与燃点测定的主要因素，在油品分析室测定润滑油的闪点与燃点，掌握油品闪点与燃点测定的操作技能和安全事项。

2. 教学场所：油品分析室。

储备知识

一、石油产品的闪点、燃点与自燃点

1. 闪点

石油产品的闪点是评价石油产品安全性能的指标，它能预示出现火灾和爆炸的危险程度。在规定的条件下，使用专门仪器将可燃性液体（如石油产品及烃类）加热，其蒸气与空气形成的混合气与火焰接触，发生瞬间闪火的最低温度，称为闪点。

闪火是一种微小的爆炸，并不是任何可燃气体与空气形成的混合气都能闪火爆炸。只有混合气中可燃性气体的体积分数达到一定数值时，遇火才能爆炸，过高则空气不足，过低则燃气不足，都不会发生爆炸。可燃性气体与空气混合时，遇火发生爆炸的体积分数范围，称为爆炸界限。在爆炸界限内，可燃气在混合气中的最低体积分数称为爆炸下限；最高体积分数称为爆炸上限。常见烃类及油品的爆炸界限见表 5-1。

表 5-1　一些烃类及油品的爆炸界限、闪点和自燃点

名称	爆炸下限/%	爆炸上限/%	闪点/℃	自燃点①/℃
甲烷	5.00	15.5	<−66.7	645
乙烷	3.22	12.45	<−66.7	515～530
丙烷	2.37	9.50	<−66.7	510
丁烷	1.86	8.41	<−60(闭口)	405～490
戊烷	1.04	7.80	<−40(闭口)	287～550
己烷	1.25	6.90	−22(闭口)	234～540
环己烷	1.30	7.80	—	200～520
苯	1.41	6.75	—	540～580
甲苯	1.27	6.75	—	536～550
乙烯	3.05	28.60	<−66.7	287～550
乙炔	2.50	80.00	<0	335
氢气	4.10	74.20	—	510
一氧化碳	12.5	74.2	—	610
石油干气	约 3	13.0	—	650～750
汽油	1.0	6.0	−35	415～530
煤油	1.4	7.5	28～60	330～425
轻柴油	—	—	45～120	350～380
润滑油	—	—	130～340	300～380
减压渣油	—	—	>120	230～240

① 自燃点的测定值与测定方法有关，因此不同来源的数据差异很大。表中所列数据为各文献的综合结果。

油品的闪点是指常压下，油品蒸气与空气混合达到爆炸下限或爆炸上限的油温。通常情况下，高沸点油品的闪点是指其爆炸下限的油品温度。因为该温度下液体油品已有足够的饱和蒸气压，使其在空气中的含量恰好达到油品的爆炸下限，因此一遇明火立即发生爆炸燃烧。由于在试验条件下油品用量很少，着火后瞬间，可燃混合气即已烧尽，人们看到的只是短暂的火苗一闪。而低沸点油品，如汽油及易挥发的液态石油产品，在室温下的油气浓度已经大大超过其爆炸下限，其闪点一般是指爆炸上限的油品温度。若冷却以降低汽油的蒸气压，也可以测得爆炸下限所对应的闪火的温度。由于闪点是衡量油品在贮存、运输和使用过程中安全程度的指标，所以测定低沸点油品的爆炸下限温度没有实际意义。闪点低于45℃的液体称为易燃液体，闪点高于45℃的液体称为可燃液体。

2. 燃点

用开口杯法测定油品闪点后，继续升高温度，在规定条件下可燃混合气能被外部火焰引燃，并连续燃烧不少于5s时的最低温度，称为燃点，通常称为开口杯法燃点。

3. 自燃点

将油品加热到很高的温度后，使之与空气接触，无需引火点燃，油品即可因剧烈氧化而产生火焰，发生自行燃烧的现象，叫油品的自燃，油品能发生自燃的最低温度，称为其自燃点。

二、石油产品的闪点、燃点和自燃点与组成的关系

1. 与烃类组成的关系

一般情况下，烷烃比芳烃容易氧化，所以含烷烃多的油品自燃点比较低，但其闪点却比黏度相同而含环烷烃和芳烃较多的油品高。在同类烃中，随分子量增大，自燃点降低，而闪点和燃点增高。对碳原子数相同的不同烃类，自燃点的顺序为：烷烃＜环烷烃，烯烃＜芳烃；燃点的顺序正好相反：烷烃＞环烷烃，烯烃＞芳烃。

2. 与馏分组成的关系

油品的闪点与其蒸气压有关，也与其馏分组成有关。油品的蒸气压越高（即沸点越低），馏分越轻，分子量越小，越易挥发，其闪点和燃点越低；反之则升高（见表5-1）。油品闪点和燃点的高低取决于低沸点烃类含量，当有极少量轻油混入到高沸点油品中时，就能引起闪点显著降低。例如，在某润滑油中掺入1%的汽油，闪点可从200℃降到170℃。正是因为这一原因，使得原油的闪点很低，它和低闪点油品一起被列入易燃物品之中。与燃点相反，油品的沸点越低，越不易自燃，其自燃点就越高；反之，自燃点越低。对同一烃类：沸点越高其燃点越高；沸点越高其自燃点反而越低（见表5-1）。

三、石油产品的闪点与燃点的测定意义

1. 判断油品馏分组成的轻重

油品蒸气压愈高，馏分组成愈轻，则油品的闪点愈低。反之，馏分组成愈重的油品则具有较高的闪点。根据油品馏分闪点的高低，可以判断油品馏分组成的轻重，从而指导油品生产。例如，在常减压蒸馏装置生产过程中，若发现精馏塔某一侧线产品闪点低于指标，说明它与上部产品分割不清，混有轻质馏分，应及时加大侧线汽提蒸气量，分离出轻组分。

2. 鉴定油品发生火灾的危险性

闪点是有火灾出现的最低温度。闪点越低，燃料越易燃烧，火灾危险性也越大，在油品的生产、贮运和使用中，要注意防火、防爆。实际生产中油品的危险等级就是根据闪点来划分的，闪点在45℃以下的油品称为易燃品，闪点在45℃以上的油品称为可燃品。按闪点高

低可确定油品运送、贮存和使用的各种防火安全措施。

3. 评定润滑油质量

在润滑油的使用中，闪点具有重要的意义。例如，内燃机油都具有较高的闪点，使用时不易着火燃烧，如果发现其闪点显著降低，则说明润滑油已受到燃料的稀释，应及时检修发动机或换油；汽轮机油和变压器油在使用中，若发现闪点下降，则表明油品已变质，需要进行处理。对于某些润滑油来说，规定同时测定开口杯和闭口杯闪点，以作为油品含有低沸点混入物的指标，用于判断润滑油馏分的宽窄程度和是否掺入了轻质组分。由于测定开口闪点时，油蒸气有损失，因而闪点比较高，通常，开口闪点要比闭口闪点高10～30℃。如果两者相差悬殊，则说明该油品蒸馏时有裂解现象或已混入轻质馏分，或是在溶剂脱蜡与溶剂精制时，溶剂分离不完全。

四、石油产品的闪点、燃点的测定方法

测定闪点、燃点的常用方法有GB/T 261—2008《闪点的测定 宾斯基-马丁闭口杯法》、GB/T 267—88《石油产品闪点与燃点测定法（开口杯法）》和GB/T 3536—2008《石油产品 闪点和燃点的测定 克利夫兰开口杯法》三种标准试验方法。

1. 闪点测定法（闭口杯法）

GB/T 261—2008适用于测定燃料油、润滑油等油品的闭口杯法闪点。图5-4为闭口闪点测定器。

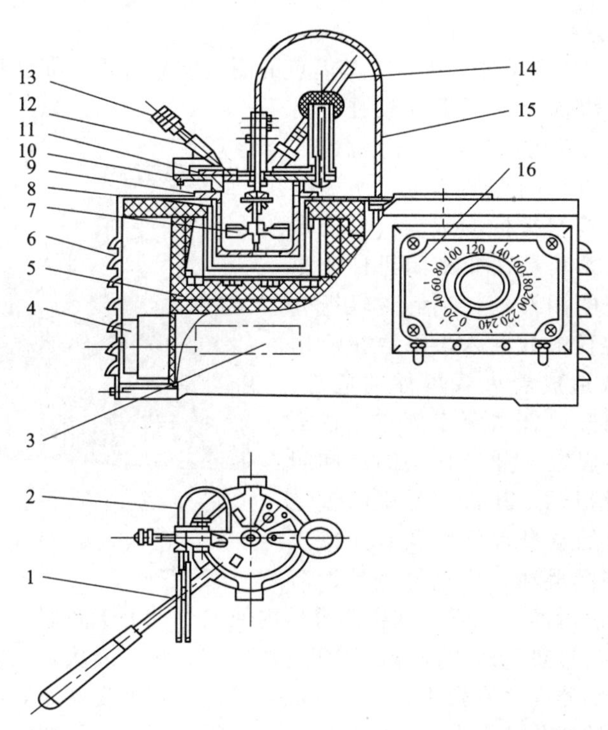

图 5-4 闭口闪点测定器

1—油杯手柄；2—点火管；3—铭牌；4—电动机；5—电炉盘；6—壳体；7—搅拌桨；8—浴套；9—油杯；10—油；11—滑板；12—点火器；13—点火器调节螺丝；14—温度计；15—传动软轴；16—开关箱

测定时，将试样装入油杯至环状刻线处，在连续搅拌下用恒定的速率加热，按要求控制恒定的升温速度。在规定温度间隔内，中断搅拌，用一小火焰进行点火试验，试验火焰引起试样表面上的蒸气瞬间闪火，且蔓延至液体表面的最低温度，此温度为环境大气压下的闪点，再用公式修正到标准大气压下的闪点。

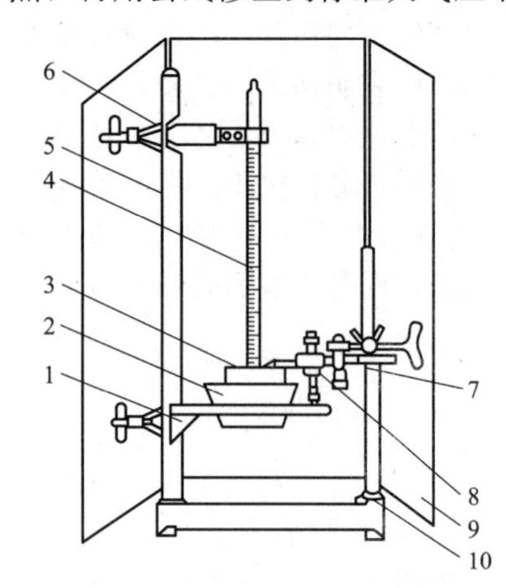

图 5-5　开口杯法闪点燃点测定器
1—坩埚托；2—外坩埚；3—内坩埚；4—温度计；5—支柱；6—温度计夹；7—点火器支柱；8—点火器；9—屏风；10—底座

2. 闪点与燃点测定法（开口杯法）

开口杯法测定装置见图 5-5。根据 GB/T 267—88 的规定，将试样装入内坩埚至规定的刻线处，先迅速升高试样温度，然后缓慢升温，当接近闪点时，恒速升温。在规定的温度间隔，按规定的方法将点火器火焰通过试样表面，以点火器火焰使试样表面上的蒸气发生闪火的最低温度，作为试样开口杯法闪点。继续进行试验，直到用点火器火焰使试样发生点燃，并至少连续燃烧不少于 5s 时的最低温度，为试样的开口杯法燃点。

3. 克利夫兰开口杯法

GB/T 3536—2008 适用于克利夫兰开口杯法仪器测定石油产品的闪点和燃点，其测定方法与 GB/T 267—88 大体相同。

克利夫兰开口杯法不适于测定燃料油和开口闪点低于 79℃的石油产品。图 5-6 是 SYD-3536A 石油产品开口闪点和燃点测定器（克利夫兰开口杯法）。

石油产品的性质和使用条件，决定了其闪点的测定要分为闭口杯法和开口杯法。对于轻质油品，如溶剂油、煤油等，挥发性较强，由于其实际贮存和使用条件相似，需要密封状态，所以适合用闭口杯法进行闪点的测定，所测闪点可以作为防火安全控制指标的依据。对于多数润滑油及重质油，尤其是在非密闭机件或温度不高的条件下使用的润滑油，它们含轻组分较少，即便有极少的轻组分混入，也会在使用过程中挥发掉，不致造成着火或爆炸的危险，因此这类油品常采用开口杯法测定闪点。在某些润滑油的规格中，规定了开口杯法闪点和闭口杯法闪点两种质量指标，其目的是用两者之差去检查润滑油馏分的宽窄程度以及有无掺入轻质油品成分。有些润滑油，如电器用油、高速机械油及某些航空润滑油等，它们在密闭容器内使用时，由于高速、电流短路、电弧作用或其他原因而引起设备过热，产生高温，使润滑油发生分解，或从其他部件掺进轻质油品成分，这些轻组分在密闭器内蒸发聚集并与空气混合后，有着火或爆炸的危险。若只用开口杯法测定，不易发现轻油成分的存在，所以规定还要用闭口杯法进行测定。在轻质油品中也有用开口杯法测定的，如溶剂煤油，这是为了适应使用条件，使所测得的闪点与使用时的实际情况相似。

图 5-6　石油产品开口闪点和燃点测定器（克利夫兰开口杯法）

闭口杯法和开口杯法测定闪点的区别有仪器不同、加热和引火条件不同。闭口杯法中的试油在密闭油杯中加热，只在点火的瞬间才打开杯盖。开口杯法中的试油是在敞口杯中加热，蒸发的油气可以自由向空气中扩散，不容易聚积达到爆炸下限的浓度，因此测得的开口闪点较闭口闪点高。两者一般相差10～30℃，油品越重，闪点越高，差别也越大。

五、影响闪点、燃点测定的主要因素

1. 试样含水量

试样含水时必须先脱水，才能进行闪点测定。闭口杯法闪点测定法规定试样含水不大于0.05%，开口杯法闪点测定法规定试样含水不大于0.1%，否则，必须脱水。因为加热含水试样时，分散在油中的水会汽化形成水蒸气，有时形成气泡覆盖于液面上，影响油品的正常气化，推迟闪火时间，使测定结果偏高。用开口杯法测定闪点时，含水较多的重油，由于水的汽化，加热到一定温度时，试样容易溢出油杯，导致试验无法进行。

2. 试样装入量

按规定杯中试样要装至环形刻线处，装入量过多或过少都会改变液面以上的空间容积，进而影响油蒸气和空气混合的浓度，使测定结果不准确。在闭口闪点测定器杯内所装入的试油量多，测得的闪点低；试油量少，测得的闪点比正常的高。

3. 加热速度

加热速度过快，试样蒸发迅速，使混合气局部浓度达到爆炸下限而提前闪火，导致测定结果偏低；加热速度过慢，测定时间会延长，点火次数增多，消耗部分油气，使到达爆炸下限的温度升高，测定结果偏高。所以，必须严格按标准控制加热速度。

4. 点火控制

点火用的球形火焰直径大小、与试样液面的距离及停留时间都应按国家标准规定执行。若球形火焰直径偏大，与液面距离较近，停留时间过长都会使测定结果偏低；反之亦然。

5. 大气压力

油品的闪点与外界压力有关。气压低，油品易挥发，所测闪点较低，反之则所测闪点较高。标准中规定以101.3kPa大气压下测得的闪点为标准压力下闪点。大气压力若有偏离，测得的闪点需作大气压力修正。压力每变化0.133kPa，闪点平均变化0.033～0.036℃。

① 闭口杯法闪点的大气压力修正。标准GB/T 261—2021《闪点的测定　宾斯基-马丁闭口杯法》中规定以101.3kPa为闪点测定的基准压力。若有偏离，需作压力修正。

闭口杯法闪点的压力修正公式为：

$$t_0 = t + 0.25℃/\text{kPa}(101.3\text{kPa} - p) \tag{5-2}$$

式中　t_0——相当于基准压力（101.3kPa）时的闪点，℃；

t——实测闪点，℃；

p——实际大气压力，kPa。

② 开口杯法闪点的大气压力修正。当大气压力低于99.3kPa时，标准GB/T 267—88《石油产品闪点与燃点测定法（开口杯法）》中规定开口杯法闪点和燃点可用式(5-3)进行修正。

$$t_0 = t + \Delta t \tag{5-3}$$

式中 t_0——相当于基准压力（101.3kPa）时的闪点或燃点，℃；

Δt——闪点修正值，℃。

其中，实际大气压力在64.0～101.3kPa（540～760mmHg）范围内时，闪点修正值可按式（5-4）计算。

$$\Delta t = 7.5\text{kPa}^{-1}(0.00015t + 0.028℃)(101.3\text{kPa} - p) \tag{5-4}$$

式中 p——实际大气压力，kPa；

t——实测闪点或燃点，℃；

7.5kPa^{-1}——大气压力单位换算系数；

0.00015——试验常数；

0.028℃——试验常数。

③ 克利夫兰开口杯闪点的大气压力修正。对于GB/T 3536—2008《石油产品闪点和燃点的测定 克利夫兰开口杯法》测得的闪点和燃点，需要用式(5-5）将观察闪点或燃点修正到标准大气压（101.3kPa)、T_c（℃）。

$$T_c = T_0 + 0.25(101.3\text{kPa} - p) \tag{5-5}$$

式中 T_0——观察闪点或燃点，℃；

p——环境大气压，kPa。

注：本公式精确地修正仅限在大气压为98.0～104.7kPa范围之内。

任务实施

一、测定润滑油闪点与燃点（克利夫兰开口杯法）

1. 实施目的

① 掌握克利夫兰开口杯法闪点与燃点的测定（GB/T 3536—2008）和大气压力修正计算方法。

② 掌握克利夫兰开口杯法闪点与燃点测定器的使用性能和操作方法。

③ 掌握克利夫兰开口杯法测定油品闪点燃点的注意事项和安全知识。

2. 仪器材料

克利夫兰开口闪点测定器；防护屏（内壁涂成黑色）；气压计（精度0.1kPa，不能使用气象台或机场所用的已预校准至海平面读数的气压计）；温度计（符合GB/T 514中GB-5号的要求或其他类型但能满足规定的温度计）。

3. 所用试剂

清洗溶剂（用于除去试验杯沾有的少量试样），润滑油试样等。

注：清洗溶剂的选择依据试样及其残渣的黏性。低挥发性芳烃（无苯）溶剂可用于除去油的痕迹；混合溶剂如甲苯-丙酮-甲醇可有效除去胶质类的沉积物。

4. 方法概要

将试样装入试验杯至规定的刻度线。先迅速升高试样的温度，当接近闪点时再缓慢地以恒定的速率升温。在规定的温度间隔用一个小的试验火焰扫过试验杯，使试验火焰引起试样液面上部蒸气闪火的最低温度即为闪点。如需测定燃点，应继续进行试验，直到试验火焰引起试样液面的蒸气着火并至少维持燃烧 5s 的最低温度即为燃点。在环境大气压下测得的闪点和燃点用公式修正到标准大气压下的闪点和燃点。

5. 准备工作

① 清洗试验杯。用清洗溶剂洗刷试验杯，除去前次试验留下的所有油迹、微量胶质或残渣。若有残渣存在，则用钢丝刷除去。用冷水冲洗试验杯，并在明火或加热板上干燥几分钟，除去残存的微量溶剂和水。使用前将试验杯冷却到预期闪点前至少 56℃。

② 放置测定器。将测定器放在避风暗处，并用防护屏围好，以便看清闪火现象。保证预期闪点前 17℃时，能避免由于试验操作或凑近试验杯呼吸，引起油蒸气游动而影响试验结果。

③ 安装温度计。将温度计安放垂直，并使其浸入刻线位于试验杯边缘以下 2mm 处，水银球底离试验杯底 6mm，位于试验杯中心与边缘之间的中点，处于测试火焰扫过弧（或线）相垂直的直径上，且在点火器臂的对边。

6. 实施步骤

① 装入试样。将试样装入试验杯中，使弯月面的顶部恰好达到刻线。若注入试验杯中的试样过多，则用移液管或其他适当的工具取出多余的试样；若试样沾到仪器的外边，则倒出试样，洗净后再重装。要除去试样表面上的空气泡。

② 引燃点火器。将点火器点燃，并调节火焰直径到 3.2～4.8mm。若仪器上安装着金属比较小球，则与金属比较小球直径相同。

③ 加热升温。控制好升温速度。开始加热时，试样的升温速度较快，为每分钟升高 14～17℃；当试样温度到达预期闪点前 56℃时，减慢加热速度，使在闪点前最后 23℃±5℃时为每分钟升高 5～6℃。

④ 点火试验。在预期闪点前 23℃±5℃时，开始用点火器火焰扫划。将点火器的火焰在通过温度计直径的直角线上划过试验杯的中心。温度计上的温度每升高 2℃就扫划一次。用平稳、连续的动作扫划，扫划时以直线或沿半径至少为 150mm 的周围来进行。点火火焰的中心必须在试验杯边缘面 2mm 以内的平面上移动，先向一个方向扫划，下次再向相反的方向扫划。点火火焰每次越过试验杯所需时间约为 1s。

⑤ 测定闪点。当试样液面上任一点出现闪火时，立即记下温度计上的温度读数作为闪点。但不要把有时在点火火焰周围产生的淡蓝色光环与真正闪火相混淆。

如果观察闪点与最初点火温度相差小于 18℃，则此结果无效。应更换新试样重新进行测定，调整最初点火温度，直至得到有效结果，因此结果应比最初点火温度高 18℃以上。

⑥ 测定燃点。如果还需要测定燃点，则继续加热，使试样的升温速度为每分钟 5～6℃，继续使用点火火焰，试样每升高 2℃就扫划一次，直到试样着火并能连续燃烧不少于 5s，立即从温度计读出温度作为燃点的测定结果。同时记录大气压力。注意不要混淆试样蒸气发生的闪火与点火器火焰的闪光，如果闪火现象不明显，必须在试样升高 2℃时继续点火证实。

7. 注意事项

① 放置测定器时，若遇到试样的蒸气或热解产品有毒时，可将有防护屏的领口安置在

通风橱内，但需在距预期闪点前56℃时，调节通风，使试样的蒸气既能排出又能使试验杯上面无空气流通。

② 在装入试样时，黏稠试样应在注入试样杯前先加热到能流动，但加热温度不应超过试样预期闪点前56℃；含有溶解或游离水的试样可用氯化钙脱水，再用定量滤纸或疏松干燥脱脂棉过滤。

8. 精密度

用下列规定来判断试验结果的可靠性（95%置信水平）：

① 重复性。同一操作者，用同一台仪器对同一个试样测定的两个结果之差，闪点8℃，燃点也不应超过8℃。

② 再现性。由两个试验室，对同一试样测定的两个结果，闪点不应超过16℃，燃点不应超过14℃。

9. 任务实施报告

① 按规范要求写好任务名称、实施目的、仪器材料、所用试剂、实施步骤、注意事项和分析记录等。

② 取重复测定两个结果的闪点或燃点经大气压力修正后的平均值，作为克利夫兰开口杯法闪点或燃点。

二、测定石油产品闪点（闭口杯法）

1. 实施目的

① 掌握GB/T 261—2008《闪点的测定　宾斯基-马丁闭口杯法》的方法和有关计算。

② 掌握闭口杯法闪点测定器的使用性能和操作方法。

③ 掌握闭口杯法测定石油产品闪点的注意事项和安全知识。

2. 仪器材料

闭口闪点测定器；温度计（1支，符合GB/T 514《石油产品试验用玻璃液体温度计技术条件》中规定）；防护屏等。

3. 所用试剂

车用汽油或溶剂油；轻柴油或车用柴油试样（闭口杯法闪点为45～65℃）。

4. 方法概要

将样品倒入试验杯中，在规定的速率下连续搅拌，并以恒定速率加热样品。以规定的温度间隔，在中断搅拌的情况下，将火源引入试验杯开口处，使样品蒸气发生瞬间闪火，且蔓延至液体表面的最低温度，此温度为环境大气压下的闪点，再用公式修正到标准大气压下的闪点。

5. 准备工作

① 清洗油杯。油杯要用无铅汽油或溶剂油洗涤，再用空气吹干。

② 试样脱水。若试样含水超过0.05%，则必须脱水。在试样中加入新煅烧并冷却的食盐或硫酸钠或无水氯化钙，作为脱水剂对试样进行处理。试样闪点估计低于100℃时不必加热，闪点估计高于100℃时，可以加热到50～80℃。脱水后，取试样的上层澄清部分供试验使用。

③ 装入试样。试样注入油杯时，试样和油杯的温度都不应高于试样脱水的温度。杯中试样要装满到环状标记处，然后盖上清洁、干燥的杯盖，插入温度计，并将油杯放在空气浴中。试验闪点低于50℃的试样时，应预先将空气浴冷却到室温（20℃±5℃）。

④ 围好防护屏。为避免气流和光线影响，便于观察闪火，闪点测定器要放在避风和较暗的地点，并围好防护屏。防护屏可以用镀锌铁皮制成，高度550～650mm，宽度以适用为宜，屏身内壁涂成黑色。

⑤ 测定大气压。用检定过的气压计，测出试验时的实际大气压力。

6. 实施步骤

① 升温控制。测定闪点低于50℃的试样时，从试验开始到结束要边加热边不断搅拌，使试样温度每分钟升高1℃。试验闪点高于50℃的试样时，开始加热速度要均匀上升，并定期进行搅拌，到预计闪点前40℃时，调整加热速度，并不断搅拌，以保证在预计闪点前20℃时，升温速度控制在每分钟升高2～3℃。

② 引燃点火器。将点火器的灯芯或煤气引火点燃，并将火焰调整到接近球形，其直径为3～4mm。使用带灯芯的点火器之前，应向点火器中加入轻质润滑油作为燃料。

③ 点火试验。试样温度达到预期闪点前23℃±5℃时，对于闪点低于110℃的试样每经1℃进行一次点火试验，对于闪点高于110℃的试样每经2℃进行一次点火试验。期间要不断转动搅拌器进行搅拌，只有在点火时才停止搅拌。点火时，使火焰在0.5s内降到杯上含蒸气的空间中，并停留1s，立即迅速回到原位。如果看不到闪火，就继续搅拌试样，并按上述要求重复进行点火试验。

④ 测定闪点。在试样液面上方最初出现蓝色火焰时，立即读出温度，作为闪点测定结果。继续按步骤③所规定的方法进行点火试验，应能再次闪火。否则，应更换试样重新试验，只有重复试验的结果相同，才能认为测定有效。

7. 注意事项

① 给试样脱水时，如果被测试样的闪点低于100℃，脱水时不必加温；若估计闪点高于100℃，可以加热到50～80℃。

② 根据观察和记录的大气压力，按式(5-3)对闪点进行大气压力修正。将修正值修约到整数作为测定结果。

8. 精密度

结果的可靠性用以下规定来判断（置信水平为95%）：

① 重复性。同一操作者重复测定的两个结果之差，应满足表5-2中的要求。

表5-2　闭口杯法闪点不同范围的精密度要求

闪点范围/℃	精密度	
	重复性允许差数/℃	再现性允许差数/℃
≤110	2	4
＞110	6	8

② 再现性。由两个试验室各自提出的结果之差，应满足表 5-2 中的要求。

9. 任务实施报告

① 按规范要求写好任务名称、实施目的、仪器材料、所用试剂、实施步骤、注意事项和分析记录等。

② 取重复测定两次结果的算术平均值，作为试样的闭口杯法闪点。

考核评价

测定润滑油闪点与燃点（开口杯法）技能考核评价表

考核项目	测定润滑油闪点与燃点(开口杯法)					
序号	评分要求	配分	评分标准	扣分	得分	备注
1	检查温度计、仪器合格	5	一项未检查，扣 2 分			
2	取样前应摇匀试样	5	未摇匀，扣 5 分			
3	取样前试样水分应不超过 0.05%	3	超过标准未脱水，扣 3 分			
4	油杯要用无铅汽油洗涤，并用空气吹干	2	不符合要求，扣 2 分			
5	取样量符合要求	5	量取不准，扣 5 分			
6	闪点与燃点测定仪应放在避风和较暗的地方	2	环境不符合要求，扣 2 分			
7	应先擦拭温度计和搅拌叶	3	未擦拭，扣 3 分			
8	升温开始应搅拌	5	未搅拌，扣 2～5 分			
9	升温速度应正确	5	过快或过慢，每次扣 2 分			
10	点火火焰大小合适，扫划规范	5	不按规定操作，每次扣 2 分			
11	点火前应停止搅拌	2	不按规定操作，每次扣 2 分			
12	点火后应打开搅拌开关	2	不按规定操作，每次扣 2 分			
13	发现闪火后，继续进行试验；重复试验应闪火，如不闪火应提出重新试验	6	不按规定操作，扣 6 分			
14	油品火焰连续燃烧不少于 5s 时的最低温度为燃点	10	不按规定操作，扣 5 分			
15	记录大气压并进行校正	5	未记录或未校正，扣 5 分			
16	合格使用记录纸	5	作废记录纸一张，扣 2 分			
17	记录无涂改、漏写	2	一处不符扣 1 分			
18	试验结束后关闭电源	10	未关电源，扣 10 分			
19	试验台面应整洁	3	不整洁，扣 3 分			
20	正确使用仪器	5	试验中打破仪器，扣 5 分			
21	结果应准确	10	结果超差，扣 5～10 分			
合计		100	得分			

数据记录单

测定润滑油闪点与燃点（开口杯法）**数据记录单**

<table>
<tr><td colspan="2">样品名称</td><td colspan="4"></td></tr>
<tr><td colspan="2">仪器设备</td><td colspan="4"></td></tr>
<tr><td colspan="2">执行标准</td><td colspan="4"></td></tr>
<tr><td colspan="2">温度/℃</td><td></td><td colspan="2">大气压力/kPa</td><td></td></tr>
<tr><td colspan="2">平行次数</td><td colspan="2">1</td><td colspan="2">2</td></tr>
<tr><td rowspan="2">测量温度/℃</td><td>闪点</td><td colspan="2"></td><td colspan="2"></td></tr>
<tr><td>燃点</td><td colspan="2"></td><td colspan="2"></td></tr>
<tr><td rowspan="2">校正温度/℃</td><td>闪点</td><td colspan="2"></td><td colspan="2"></td></tr>
<tr><td>燃点</td><td colspan="2"></td><td colspan="2"></td></tr>
<tr><td colspan="2">闪点平均值/℃</td><td colspan="4"></td></tr>
<tr><td colspan="2">燃点平均值/℃</td><td colspan="4"></td></tr>
<tr><td>分析人</td><td></td><td colspan="2">分析时间</td><td colspan="2"></td></tr>
</table>

操作视频

视频：测定润滑油闪点与燃点（开口杯法）

思考拓展

1. 油品闪点与其燃烧爆炸危险性有什么关系？如何做好油品的安全生产及使用？
2. 测定油品闪点时，为什么要有开口杯法和闭口杯法之分？
3. 拓展完成柴油闪点的测定（闭口杯法）。

测定润滑油水分

任务目标

1. 了解石油产品中水分的来源、存在状态及危害；
2. 理解测定油品中水分的方法和原理；
3. 能够熟练利用蒸馏法测定润滑油水分。

任务描述

1. 任务：学习石油产品中水分的来源、存在状态、危害和测定意义，理解并掌握测定油品中水分的方法和原理，学会蒸馏法测定润滑油中的水分。

2. 教学场所：油品分析室。

储备知识

一、油品含水的危害及测定意义

石油产品的水分对石油产品的质量有重要影响，石油产品中水分蒸发时要吸收热量，会使油品发热量降低。轻质燃料含有水分，会使油品的冰点、结晶点升高，导致其低温流动性变差，造成过滤器及油路的堵塞，使供油中断，可能酿成事故。喷气燃料中含水，会破坏燃料对发动机的润滑作用，同时会导致絮状物和微生物的生成。石油产品中含水会溶解新加入的抗氧化剂，加速油品的生胶过程，影响燃料油的安定性（表 5-3）。润滑油中含水，会破坏润滑油膜的形成，降低润滑效果，且水分中的无机盐会增加润滑油的腐蚀性，给设备带来腐蚀及磨损。润滑脂中如有游离水，不仅会因水的存在腐蚀金属，而且有些润滑脂（如钠基脂）会因为游离水过多而乳化，引起油皂分离、滴点降低等。另外，水分也会占有油品的体积，影响油品的价格，消耗不必要的运输和贮存设备的空间。因此，需对石油产品中的水分加以测定和限制。

表 5-3　水分对汽油生成胶质的影响

贮存条件	贮存中汽油的实际胶质/(mg/100mL)			
	开始	1 个月后	2 个月后	6 个月后
无水时	4	4	6	6
有水时	4	6	11	22

除了为节能和保护环境需要经过特殊处理的加水原料外，石油产品中一般不允许有水分存在（表 5-4）。测出油品中的水分，可根据其含量的多少，确定脱水的方法，防止造成以上危害。根据含水量，可以计算出容器内油品的实际数量，评定油品质量。

表 5-4　各种油品含水量指标

常减压装置原料	铂铼重整装置原料	汽油、煤油、柴油	喷气燃料
小于 0.1%～0.2%	小于 15mg/kg	无	无

二、油品中水分的来源

① 在运输、贮存和使用过程中，可能由于各种原因而使石油产品中混入水分。

② 石油产品有一定的吸水性，能从大气中（尤其在空气中湿度增大时）或与水接触时，吸收和溶解一部分水，油品中芳烃含量增加也使其溶水性增加。汽油、煤油几乎不与水混合，但仍可溶有不超过 0.01%的水。而且要把这类极少的溶解水完全除去是比较困难的，而对重质油进行油水分离尤其困难。

三、油品中水分的存在状态

1. 水在燃料油和润滑油中存在的状态

① 游离水。析出的微小水粒聚集成较大颗粒从油品中沉降下来，呈油水分离状态存在。

② 悬浮水。水分以水滴形态悬浮于油中，多发生于黏度较大的重油。

③ 乳化悬浮水。水分以极细小的水粒状态均匀分散在油中，这种分散很细的乳浊液，由于水滴微粒极小，比悬浮状的水分更难除去。

④ 溶解水。以水分子状态存在于油品烃类分子空隙间，与烃类呈均相。其能溶解在油品中的溶解量决定于石油产品的化学成分和温度。通常，烷烃、环烷烃及烯烃溶解水的能力较弱；芳香烃能溶解较多的水分。温度越高，水能溶解于油品的数量也越多。

2. 水在润滑脂中存在的状态

① 结合水。水是某些润滑脂的稳定剂，它起到稳定油和皂结合的作用。它是某些润滑脂的组分之一，例如钙基润滑脂的稳定剂就是水。

② 游离水。不是润滑脂的组分，而是从外界混入的水。

四、油品水分的测定方法

测定石油产品的水含量，对石油产品的炼制、购销及运输是非常重要的，其主要测定方法如下。

① GB/T 260—2016《石油产品水含量的测定 蒸馏法》。本标准适用于蒸馏法测定石油产品的水含量，测定结果用体积分数或质量分数表示。

② GB 512—65《润滑脂水分测定法》。该标准适用于测定润滑脂的水含量，其方法是将一定量的试样与无水溶剂相混合，进行蒸馏测定其水分含量，并以质量百分数表示。

③ GB/T 11133—2015《石油产品、润滑油和添加剂中水含量的测定 卡尔费休库仑滴定

法》。本标准适用于采用市售卡尔费休库仑试剂测定添加剂、润滑油、基础油、自动传动液、烃类溶剂和其他石油产品中的水含量。标准规定了使用自动滴定仪直接测定石油产品和烃类化合物中水含量的方法。直接滴定法测定水含量范围为10～25000mg/kg。标准也规定了间接测定样品水含量的方法，通过加热的方法，分离出试样中的水分，并由干燥的惰性气体载入卡尔费休滴定仪中分析。

④ NB/SH/T 0207—2010《绝缘液中水含量的测定 卡尔·费休电量滴定法》。本标准适用于水在油中相对饱和度低于100%的绝缘液。电量法灵敏度高（通常能检测10μg水）。

⑤ SH/T 0246—92《轻质石油产品中水含量测定法（电量法）》。采用电量法测定试样中的水含量，适用于轻质石油产品，测定水含量的范围很广，质量分数从1μg/g～90%。

⑥ SH/T 0255—92《添加剂和含添加剂润滑油水分测定法（电量法）》。本标准适用于测定石油添加剂、润滑油及含添加剂的润滑油的水含量。

测定油品水分的方法较多，可以根据油品的种类和含水量的多少，选择合适的试验方法。

五、常用测定方法

1. 蒸馏法

蒸馏法出现在20世纪初，当时它采用沸腾的有机液体，将样品中水分分离出来，此法直到如今仍在使用。把不溶于水的有机溶剂和样品放入蒸馏式水分测定装置中加热，溶剂和水一起沸腾并蒸出，水分不断被溶剂携带出来，根据试油的量和蒸出的水分的体积，可以计算出试样中含水的百分数。该法一般分析时间需要2h，并且需要大量的有机溶剂用于溶解样品和清洗玻璃器皿。

（1）常用的有机溶剂及选择依据

常用的有机溶剂有比水轻的，也有比水重的（表5-5）。

表5-5　常用有机溶剂的密度和沸点

项目	苯	甲苯	二甲苯	CCl_4
密度/(g/mL)	0.88	0.86	0.86	1.59
沸点/℃	80	80	140	76.8

选择依据：对热不稳定的样品，一般不采用二甲苯，因为它的沸点高，常选用低沸点的有机溶剂，如苯；对于一些可分解释放出水分的样品，要根据样品的性质来选择有机溶剂。

（2）蒸馏法的优点

① 热交换充分。

② 受热后发生化学反应比重量法少。

③ 设备简单，管理方便。

（3）蒸馏法的缺点

① 水与有机溶剂易发生乳化现象。

② 样品中水分可能没有完全挥发出来。

③ 水分有时附在冷凝管壁上，造成读数误差。对分层不理想，造成读数误差的，可加少量戊醇或异丁醇防止出现乳浊液。

这种方法除用于测定样品中水分外，还特别适用于测定某些样品中的大量挥发性物质，例如，醚类、芳香油、挥发酸、CO_2等。目前AOAC（美国分析化学家协会）规定蒸馏法用于饲料、啤酒花、调味品等物品的水分测定。特别是对香料中水分的测定，蒸馏法是唯一的、公认的水分检验分析方法。

2. 卡尔·费休法

卡尔·费休法简称费休法，是1935年卡尔·费休（Karl Fischer）提出的测定水分的容量分析方法，有滴定法与库仑电量法两种方法，对水分的测定具有专属性，适用于许多无机化合物和有机化合物中含水量的测定，可快速测定液体、固体、气体中的水分含量。卡尔·费休法作为世界通用的行业标准分析方法，广泛应用在石油、化工、电力、医药、农药行业及院校科研等单位。

利用卡尔·费休法测定物质中水分是一种重要而灵敏的化学分析方法，影响测定的因素较多，除了有一个非常好的测定仪器外，必须特别注意测定的物质中有无干扰物质存在，根据物质中水分的含量确定适当的进样量，克服各种影响测定精度的因素，细心操作，才能得到好的测定结果。目前所使用的卡尔·费休法一般都采用液体直接进样，对于流动性好的石油产品中水分的测定一般不存在问题，但对于黏稠或固态的石油产品则存在溶解性差的问题，容易引起水分的缓慢释放，从而使终点无法达到。

（1）卡氏滴定法

以甲醇为介质，以卡氏液为滴定液，进行样品水分测量的一种方法。此方法操作简单，准确度高，尤其适用于遇热易被破坏的样品，不仅可测出自由水，也可测出结合水，常被作为水分特别是痕量水分的标准分析方法。但不适于含维生素C等强还原性物质的样品。

卡尔·费休试剂是一种测定某些物质中微量水分的试剂，其成分有：甲醇、吡啶、碘、二氧化硫。终点判定方法有目测法和电位法两种。

卡尔·费休法是非水滴定法，所有容器都需干燥，1L卡尔·费休试剂在配制和保存过程中若混入6g水，试剂就会失效。

卡尔·费休试剂是测定有机物中微量水分的试剂，故又称水试剂，也称卡氏试剂。初始的水试剂主要由碘、二氧化硫、甲醇、吡啶按一定比例配制而成。这种试剂有恶臭而且有很大的毒性，稳定性差，保存期在三个月内，而且不适用于醛、酮类有机物的测定。随着全自动卡氏分析仪的问世，对卡氏试剂要求也相应提高，人们纷纷研制各种类型的水试剂，由于水试剂的型号、表示方法各异，使用时，一定要看各厂家的详细说明。滴定度高的试剂，质价比更优惠实用，连续多次测定时可减少更换试剂的次数，提高工作效率。

滴定度高的试剂适宜用于含水量高的物质，含吡啶型试剂保留了吡啶，去掉了甲醇，扩大了应用范围，又降低了试剂的价格。无吡啶型试剂吸收了国外最新研究成果和进展，与国外同类产品相比，质优价廉，安全环保且保质期延长，是理想的进口替代品。

此方法优点：测试品种多，相对于卡氏库仑法有些特殊物质在特定试剂条件下可以测定（如酮类、醛类）。

此方法缺点：在最佳状态下仅能测至10^{-4}级；耗材（试剂）大；测定时间偏长。

（2）卡氏库仑法

卡氏库仑法测定水分是一种电化学方法。

此方法优点：仪器价格中等；耗材少；可以测定至10^{-6}级；时间短，一般物质在掌握好进样量的前提下使用全自动微量水分测定仪60s内即可完成测定，是过程控制和仲裁判定的最佳方法。

此方法缺点：有些具有副反应的物质如酮类、醛类不能测定。

对于多数物质而言，作为质量控制选择卡氏库仑法测定水分含量是一种既经济又准确的方法。

任务实施

测定润滑油水分（蒸馏法）

1. 实施目的

① 熟悉 GB/T 260—2016《石油产品水含量的测定　蒸馏法》的测定原理和方法。

② 能用蒸馏法测定油品中水分。

③ 掌握水分测定的注意事项。

2. 方法概要

把不溶于水的有机溶剂（沸点在 100℃左右）和样品放入蒸馏式水分测定装置中加热，试样中的水分与溶剂一起沸腾蒸出，混合蒸气在冷凝管中冷凝并流入带刻度的接收器中，接收器上部溶剂返回蒸馏瓶循环，水分则不断被携带出来并沉降于接收器下部，直至几乎被完全蒸出。最终根据试样的量和蒸出的水分的容量而计算出试样中的含水百分数，作为石油产品所含水分的测定结果。加入的溶剂同时降低了试样的黏度，可避免含水试油沸腾时引起冲击和起泡现象。

3. 仪器材料

无明火加热装置（不建议采用敞开式的电炉丝加热），蒸馏烧瓶（500mL），直管式冷凝管（250～300mm），水分接收器等；无釉瓷片、浮石或一端封闭的玻璃毛细管，在使用前需烘干。

4. 试剂和材料

汽油机润滑油或柴油机润滑油；溶剂（工业溶剂油或直馏汽油在 80℃以上的馏分，在使用前需脱水和过滤）。

5. 实施步骤

① 将试样摇动 5min，混合均匀，黏稠的或含石蜡的试样要预先加热到 40～50℃。

② 准确称取 100.0g 样品（试样含水量高于 10%时，试样的质量应酌量减少，要求蒸出的水量不超过 10mL）于 500mL 预烘干的水分测定蒸馏瓶中，加入约 100mL 有机溶剂，摇匀，投入一些无釉瓷片、浮石或毛细管。

③ 接蒸馏装置，将干净干燥的接收器通过支管紧密安装在圆底烧瓶上，使支管的斜口进入圆底烧瓶 15～20mm。然后在接收器上接直管式冷凝管，两者轴心线要重合，冷凝管下端的斜口切面要与接收器的支管管口相对（图 5-7）。

冷凝管内壁应预先用棉花擦干。

为了避免空气中的水蒸气进入冷凝管凝结，可用棉花塞住冷凝管上端或者接一个干燥管。为了避免蒸气逸出，应在塞子缝隙上涂抹火棉胶。

④ 徐徐加热蒸馏，控制回流速度，使冷凝管的斜口每秒滴下 2～4 滴液体。

⑤ 蒸馏接近完毕，如果冷凝管内壁有水滴，应使烧瓶中的混合物在短时间内进行剧烈

沸腾，利用冷凝的溶剂将水滴尽量洗入接收器中。

⑥ 当接收器中的水体积不再增加，而且溶剂的上层完全透明时，应停止加热。回流的时间不应超过 1h。

停止加热后，若冷凝管内壁仍沾有水滴，应从冷凝管上端导入溶剂，把水滴冲进接收器。或用金属丝、细玻璃棒等带有橡皮或塑料头的一端，把冷凝器内壁的水滴刮进接收器中。

⑦ 圆底烧瓶冷却后，将仪器拆卸，读出接收器中收集的水的体积。

当接收器中的溶剂呈现浑浊，而且管底收集的水不超过 0.3mL 时，将接收器放入热水中浸 20～30min，使溶剂澄清，再将接收器冷却到室温，才读出管底收集的水的体积。

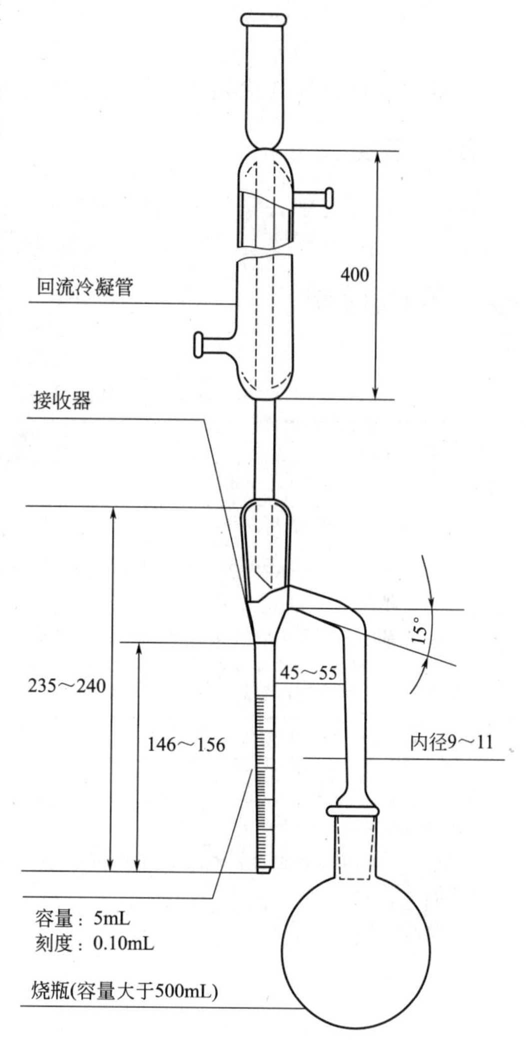

图 5-7　蒸馏法装置（单位：mm）

6. 计算

$$w = V\rho / m \times 100\% \tag{5-6}$$

式中　w——试样水含量，%；

V——刻度管中水层的容量，mL；

ρ——水的密度，g/mL；

m——样品的质量，g。

一般情况下，ρ 常取 1.00g/mL，当称取的样品为 100.0g 时，接收器中的水的体积毫升数即为含水量的质量分数。

说明：取两次测定结果的算术平均值，作为试样水分的含量。若试样中水分含量小于 0.03%时，认为是“痕迹”，在仪器拆卸后若发现接收器中没有水存在，则认为试样无水。

7. 注意事项

① 水在一个石油产品样品中的分布通常是不均匀的，特别是水含量较高的时候。所以取样前要将试样充分混合均匀，凝固的试样应先加热熔化再混合，但温度不能太高。溶剂也必须严格脱水，玻璃仪器必须干燥。

② 蒸馏前在烧瓶里放几粒沸石，使得液体在蒸馏的过程中，能形成许多细小的气泡，保证液体能均匀蒸馏，不会产生暴沸。

③ 对于含水量多的样品，蒸馏时不能加热太快，否则，易造成冲油，引起火灾。

④ 要保障整个蒸馏系统的密闭性，使蒸气不泄漏，控制好加热功率，防止蒸气不经过冷凝而逸出，使水分的测定结果偏低。

⑤ 可以在冷凝管的上端，外接一个干燥管，以免空气中的水蒸气进入冷凝管凝结。

⑥ 当接收器中的溶剂呈现浑浊时，将接收器放入热水中浸 20～30min 使溶剂澄清，待接收器冷却至室温时，再读出管底收集水的体积。

⑦ 尽量避免采用电炉丝裸露在外的加热方式，进一步保证安全。

⑧ 要求蒸出的水分不超过10mL，试样水分较大时，可酌情减少试样的称出量，但试样过少，则会降低试样的代表性，影响结果的准确性。

8. 精密度

两次重复测定中，收集水的体积之差，不应超过接收器所对应的一个刻度。

考核评价

测定润滑油水分（蒸馏法）技能考核评价表

考核项目	测定润滑油水分(蒸馏法)					
序号	评分要素	配分	评分标准	扣分	得分	备注
1	检查仪器、试样、溶剂，并混匀试样	10	一项未按规定，扣2分			
2	于蒸馏烧瓶中量取100mL试样和100mL溶剂，混合均匀	10	一项未按规定，扣2分			
3	仪器安装：冷凝管的内壁要用棉花擦干；冷凝管与接收器的轴心互相重合；冷凝管下端的斜口切面要与接收器的支管管口相对；在冷凝管的上端用棉花塞住	20	一项未按规定，扣5分			
4	缓慢加热：控制回流速度，使冷凝管的斜口每秒滴下2～4滴液体。正确判定蒸馏结束时间，回流时间不超过1h	20	一项未按规定，扣5分			
5	停止蒸馏。冷却后，刮净冷凝管壁上水珠，读取接收器中收集水体积。进行平行试验	20	一项未按规定，扣5分			
6	报告结束，两次收集水的体积差，不应超过接收器的一刻度；正确书写记录	10	书写记录一处不符合规定，扣1分；超差扣5分			
7	台面整洁，摆放有序	5	操作不正确，一处扣2分			
8	能正确使用各种仪器，正确使用劳动保护用品	5	操作不正确或不符合规定，一处扣2分			
合计		100	得分			

数据记录单

测定润滑油水分（蒸馏法）数据记录单

样品名称			
仪器设备			
执行标准			
计算公式			
平行次数		1	2
润滑油质量 m/g			
水的密度 ρ/(g/mL)			
接收器中水的体积 V/mL			
水分含量 w/%			
水分含量平均值/%			
分析人		分析时间	

操作视频

视频：测定润滑油水分（蒸馏法）

思考拓展

1. 若油品中含有水分有哪些方面的危害？
2. 为什么蒸馏法测定油品中水分时需要加入无水溶剂？
3. 拓展完成柴油水分的测定。

测定润滑油灰分

任务目标

1. 了解油品灰分的来源、组成及测定意义；
2. 理解油品灰分的测定方法和原理；
3. 能够熟练进行润滑油灰分的测定。

任务描述

1. 任务：了解油品灰分的组成、来源、危害和测定意义，理解并掌握油品灰分的测定方法和原理，学会油品灰分的测定步骤和操作技能。

2. 教学场所：油品分析室。

储备知识

一、测定油品灰分的意义

油品在规定条件下灼烧后，所剩下的不燃物质，称为灰分。

灰分可以作为衡量油品洗涤与精制是否正常的指标。在酸碱精制中，如果脱除不完全，残余的炭和皂类物质会使灰分增大。润滑油精制过程中带入的白土也会使灰分增大。

灰分是评定柴油使用性能的重要指标。如果柴油灰分超标，燃烧后的灰分将增加积炭的坚硬性，使汽缸套和活塞环的磨损增大。

灰分也是评定重质燃料油使用性能的重要指标。重质燃料油中灰分太大，会在燃料喷嘴处形成积炭，造成喷油不畅，甚至堵塞。灰分沉积在管壁、蒸气过滤器、节油器和空气预热器等上面形成结垢积炭，不仅使传热效率降低，还会引起设备提前损坏。

灰分还可以作为评定润滑油使用性能的重要指标。润滑油中的灰分，在一定程度上，可评定润滑油在发动机零件上形成积炭的情况和了解添加剂的含量，以及了解生产中脱除无机盐类和贮运中是否落入杂质等情况。灰分少的润滑油产生的积炭是松散的，容易从零件上脱落；灰分较多的润滑油积炭的紧密度较大，较坚硬，机件磨损也会较大。此结论只适用于不含添加剂的润滑油。若润滑油灰分是由于某些添加剂造成的，则难以从灰分的多少判断其形成积炭的情况。

二、油品中灰分的来源和组成

原油中常常含有几十种微量元素，其中一部分以有机酸盐和有机金属化合物（主要是环烷酸的钙盐、镁盐、钠盐）的形式存在；一部分以无机盐的形式存在。这些物质在燃烧后便形成灰分，其主要成分有 CaO、MgO、Fe_2O_3、SiO_2、V_2O_5 和 Na_2O 等，是下列诸元素的化合物，即硫、硅、钙、镁、铁、钠、铝、锰等，有些原油还发现有钒、磷、铜、镍等。

油品中的灰分是极少的，含量一般为万分之几。一般煤和页岩干馏焦油制得的石油产品的灰分较大，而天然原油制品的灰分较小，合成制得的石油产品灰分较小。油品灰分不能蒸馏出来，利用蒸馏法不能除去的可溶性矿物盐、含水原油中所溶解的无机盐，蒸馏后仍以结晶状或油包水的乳化状态存在于油品中。通常重质含量及酸性组分含量高的油品含灰分较多。

石油馏分精炼过程中，特别是酸碱洗涤时，腐蚀设备生成的金属氧化物，或白土精制时未滤净的白土等也会形成灰分。

润滑油中加入某些高灰分添加剂后，油品灰分含量也会增大。商品润滑油内加入的添加剂如防锈剂、缓释剂等，有的添加剂灰分高达20%以上。

油品生产、贮运和使用过程中混入的金属氧化物和金属盐类会使灰分含量增大。

油品灰分的颜色由组成灰分的化合物决定。通常为白色、淡黄色或赤红色。

三、油品中灰分的测定方法

基础油或不含生灰添加剂（包括某些含磷化合物的添加剂）油品的灰分检定方法采用

GB/T 508—85《石油产品灰分测定法》，本法不适用于含有生灰添加剂（包括某些含磷化合物的添加剂）的石油产品，也不适用于含铅的润滑油和用过的发动机曲轴箱油。测定时用无灰滤纸作引芯，点燃试样，燃烧到只剩下灰分和残炭，再在775℃高温下灰化，残炭可转化为灰分。

添加剂和含有添加剂的润滑油灰分检定方法采用GB/T 2433—2001《添加剂和含添加剂润滑油硫酸盐灰分测定法》，该标准用于测定未经使用的含添加剂的润滑油和用于调和润滑油的添加剂浓缩物中硫酸盐灰分。这些添加剂通常含有一种或多种金属钡、钙、镁、锌、钾、钠和锡元素，而元素硫、磷和氯则以结合形式存在。此法测定的硫酸盐灰分的质量分数下限为0.005%，当硫酸盐灰分小于0.02%时，此标准仅适用于只含有无灰添加剂的润滑油。此法不适用于测定用过的含铅添加剂的发动机油，也不适用于不含添加剂的润滑油。

任务实施

一、测定润滑油（基础油或不含生灰添加剂）灰分

1. 实施目的

① 掌握GB/T 508—85《石油产品灰分测定法》的原理和方法。
② 能进行灰分的测定和计算。

2. 方法概要

用无灰滤纸作引火芯，点燃放在一个适当容器中的试样，使其燃烧到只剩下灰分和残炭。炭质残留物再在775℃高温炉中加热转化成灰分，冷却并称重。

3. 仪器材料

50mL瓷坩埚或90～120mL瓷蒸发皿；电热板；高温炉（能恒温至775℃±25℃）；干燥器（不装干燥剂）；定量滤纸（直径9cm）等。

4. 所用试剂

1∶4的盐酸（化学纯）；润滑油试样。

5. 准备工作

① 将1∶4的稀盐酸注入瓷坩埚或蒸发皿中，煮沸几分钟，用蒸馏水洗涤。烘干后在775℃±25℃的高温炉内煅烧10min，取出，在空气中放置3min后，放入干燥器中冷却至室温，称量，准确至0.1mg。重复煅烧、冷却、称量，直至连续两次称量结果差值不大于0.5mg。

② 将试剂瓶中试样剧烈摇匀，黏稠的或含蜡的试样需预先加热50～60℃，摇匀后取样。

6. 实施步骤

① 将已经恒重的坩埚称准至0.01g，并以同样的准确度称入试样，称样量的多少由灰分含量大小决定，以可生成20mg以上的灰分为限，但最多不要超过100g。若试样量过多，

一个坩埚盛不下时，需分两次燃烧试样，这时可用一个合适的试样容器，根据其最初质量和最后质量之差求出试样用量。

一般可以取 25g 试样进行试验，但对试验结果有争议时，应按照上述方法进行取样。

② 用一张定量滤纸折成两折，卷成圆锥状，剪去尖端 5～10mm，做成引火芯，安稳地立插在坩埚内的试样油中，将大部分试样表面遮盖住。

③ 将插入引火芯的坩埚放置在电热板上，缓慢加热，不要使试样溅出，让水分慢慢蒸发，直到浸透试样的滤纸可以引燃，试样的燃烧直到获得干性炭化残渣时为止。燃烧时，火焰高度维持在 10cm 左右。

④ 试样燃烧后，将盛有残渣的坩埚移入 775℃±20℃的高温炉中。为了防止突然爆燃、冲出，可先把坩埚移入高温炉中，或于温度较低时移入，再升温至 775℃±20℃。在这个温度下，直到残渣完全成为灰烬，一般需保持 1.5～2.0h。

⑤ 残渣成灰后，将坩埚放在空气中冷却 3min 后，放入干燥器中冷却至室温，称量，称准至 0.1mg。再移入高温炉中煅烧 20～30min，冷却，称量，直至连续两次称量结果之差不大于 0.5mg 为止。

7. 计算

$$X=\frac{G_1}{G}\times 100\% \tag{5-7}$$

式中 X——试样的灰分，%；

G_1——试样灰分的质量，g；

G——试样的质量，g。

8. 报告

取重复测定两个结果的算术平均值，作为试样的灰分，结果精确至 0.001%。

用下列数值判断结果的可靠性（95%的置信水平）：

① 重复性。同一操作者测得的两个结果之差不应超过表 5-6 数值。

② 再现性。两个试验室提供的两个结果之差不应超过表 5-7 数值。

表 5-6 油品灰分测定值重复性数值表

灰分/%	重复性	灰分/%	重复性
0.001 以下	0.002	0.080～0.180	0.007
0.001～0.079	0.003	0.180 以上	0.01

表 5-7 油品灰分测定值再现性数值表

灰分/%	再现性	灰分/%	再现性
0.001 以下	未定	0.080～0.180	0.024
0.001～0.079	0.005	0.180 以上	未定

9. 注意事项

① 取用试样前应充分摇匀。

② 掌握适宜的燃烧速率，维持火焰高度在 10cm 左右，以防止试油飞溅以及过高的火焰带走灰分微粒。

③ 试样燃烧后放入高温炉煅烧时，要防止突然爆燃的火焰将坩埚中灰分微粒带走。

④ 滤纸折成圆锥体，放入坩埚中要求紧贴坩埚内壁，并让油浸透滤纸，以防止油未烧完而滤纸则早已烧完，起不到“引火芯”的作用。

⑤ 从高温炉内取出的坩埚在外面放置时，应注意防止空气的流动和风吹，开启干燥器时动作要轻，以免空气流动将灰分吹走。

⑥ 煅烧时要燃烧完全，若残渣难烧成灰时，可滴入几滴硝酸铵溶液助燃。

⑦ 灼烧、冷却、称量应严格按照规定的温度和时间进行。

二、测定添加剂和含添加剂润滑油硫酸盐灰分

1. 实施目的

① 掌握 GB/T 2433—2001《添加剂和含添加剂润滑油硫酸盐灰分测定法》的原理和方法。

② 能参照该标准进行油品灰分的测定。

2. 方法概要

将试样用无灰滤纸点燃，燃烧至仅剩下灰分和微量炭。残渣用浓硫酸处理，并在 775℃下煅烧直至炭完全氧化，灰分冷却后，再用稀硫酸处理，并在 775℃下加热至恒重，试验结果以质量分数表示。

3. 仪器材料

50～100mL 蒸发皿或坩埚：由瓷熔合的硅或铂制成，对于硫酸盐灰分质量分数小于0.2%的样品，使用容量为 120～150mL 的铂蒸发皿或坩埚，如果已知样品中含有磷等对铂有腐蚀的元素时，就不应使用铂蒸发皿；煤气灯或电炉；高温炉：能恒温至 775℃±25℃；冷却器：不含干燥剂；滤纸：灰分质量分数不大于 0.01%；低灰分矿物油：硫酸盐灰分低于本标准检测下限的白油（其含量按下述方法确定：取白油 100g，精确至 0.5g，放在120～150mL 的铂蒸发皿中，测定硫酸盐灰分，扣除硫酸空白）。

4. 所用试剂

蒸馏水；浓硫酸；1∶1 硫酸溶液；异丙醇；甲苯。

5. 实施步骤

① 取样。

② 选择合适的坩埚或蒸发皿，在 775℃的高温炉中加热蒸发皿或坩埚，并至少保持10min，在冷却器中冷却至室温，称重并精确至 0.1mg。

③ 在蒸发皿或坩埚中称入一份试样 m(g)，精确至 0.1mg。

称样量的计算公式：

$$m=10/w \tag{5-8}$$

式中，w 为预期生成的硫酸盐灰分质量分数，%。

试样量应不超过 80g，当润滑油添加剂的硫酸盐灰分质量分数等于或大于 2.00%时，需用 10 倍于试样的低灰分矿物油来稀释试样。如果发现测得的硫酸盐灰分值与预期值之差超过 2 倍，则再考虑用第一次的测定结果计算试样量，重新进行分析。

④ 用一张定量滤纸折成两折，卷成圆锥状，剪去尖端 5～10mm，做成引火芯，安稳地

立插在坩埚或蒸发皿内的试样中，将大部分试样遮盖住。

⑤ 将插入引火芯的坩埚或蒸发皿放置在煤气灯或电炉上小心地加热，直到试样被点燃产生火焰并使试样均匀且适度地燃烧（试样不被点燃可用滤纸引火直至试样被点燃为止），燃烧结束后继续缓慢地加热直至不再冒烟为止。

⑥ 待蒸发皿或坩埚冷却至室温，然后一滴滴地加入硫酸使残余物完全润湿，将蒸发皿或坩埚放在电炉上小心地低温加热，加热过程中要防止飞溅，连续加热至不再冒烟。

⑦ 将蒸发皿或坩埚移入775℃的高温炉中，在这一温度下连续加热直至炭完全或几乎完全被氧化。

⑧ 将蒸发皿或坩埚冷却至室温，加入3滴蒸馏水和10滴1∶1硫酸溶液，摇动蒸发皿或坩埚以使残余物被完全润湿，再在电炉上加热至不再冒烟，获得白色残余物为止。

⑨ 将蒸发皿或坩埚重新放入高温炉，在775℃下恒温保持30min后冷却至室温，称重，准确至0.1mg，恒重，直至连续两次称重之差不超过1.0mg。

⑩ 空白。试样预期生成的硫酸盐灰分质量分数不大于0.02%时，测定空白值的方法是在已称重的铂蒸发皿或坩埚中加入1mL硫酸，加热到不再冒烟，然后在775℃的高温炉中加热30min，冷却至室温称重并精确至0.1mg。

⑪ 硫酸空白。将1mL硫酸空白产生的灰分质量乘以所使用的硫酸总体积。如果在硫酸中含有灰分，则应从试样的硫酸盐灰分总量中减去硫酸所生成的灰分的质量，方为测得的硫酸盐灰分质量。

6. 计算

$$w=\frac{m_2}{m_1}\times 100\% \tag{5-9}$$

式中 w——试样中硫酸盐灰分质量分数，%；

m_1——试样质量，g；

m_2——硫酸盐灰分质量，g。

7. 报告

对于硫酸盐灰分质量分数小于0.02%的试样，结果应精确至0.001%，对于硫酸盐灰分质量分数大于或等于0.02%的试样，结果应精确至0.01%。

按下述规定判断试验结果的可靠性（95%置信水平）（表5-8）：

表5-8 油品灰分测定值精密度数值表

硫酸盐灰分/%	重复性/%	再现性/%	硫酸盐灰分/%	重复性/%	再现性/%
0.005	0.0005	0.0021	1.00	0.060	0.142
0.010	0.0009	0.0038	5.00	0.201	0.475
0.050	0.0037	0.0148	10.00	0.337	0.799
0.100	0.0066	0.0267	20.00	0.567	1.343
0.50	0.036	0.084	25.00	0.671	1.588

（1）重复性

同一操作者使用相同的仪器在相同的操作条件下对相同的试验材料进行测定的两个结果之差不能超过以下值：当$0.005\%\leqslant x\leqslant 0.100\%$，$r=0.047x^{0.85}$；当$0.11\%\leqslant x\leqslant 25.0\%$，$r=0.060x^{0.75}$，$x$是进行比较的两个结果的平均值。

（2）再现性

不同的操作者在不同的试验室中对同一种试验材料进行测试所得的两个单独和独立的结果之差不能超过以下值：当 $0.005\% \leqslant x \leqslant 0.100\%$，$R=0.189x^{0.85}$；当 $0.11\% \leqslant x \leqslant 25.0\%$，$R=0.142x^{0.75}$，$x$ 是进行比较的两个结果的平均值。

8. 注意事项

① 在用煤气炉或电炉加热带引火芯的坩埚或蒸发皿时，如果试样含水过多以至于发泡使试样组分从蒸发皿中损失，就应丢弃这份试样并在新试样中加入 1～2mL 的异丙醇后再加热。如果这样还不令人满意，就加入 10mL 等体积甲苯和异丙醇混合并与试样充分混合，在混合物中加入几条滤纸一起加热，滤纸开始燃烧时大部分水将被除去。

② 试样煅烧必须完全。如果试样中含有二烷基或二烷基芳基二硫代磷酸锌及这些添加剂的混合物，可能生成部分黑色的残留物，应重复实施步骤⑧、⑨，直至获得白色残余物为止。

考核评价

测定润滑油灰分技能考核评价表

考核项目	测定润滑油灰分					
序号	评分要素	配分	评分标准	扣分	得分	备注
1	检查仪器及计量器具(瓷坩埚或瓷蒸发皿、电热板、高温炉、干燥器等)	10	每一项未检查扣 2 分			
2	检查温度计放置位置，仪器恒温至(775±25)℃	10	每一项不符合规定扣 2 分			
3	称取适量的样品，正确放置引火滤纸	10	每一项不符合规定扣 2 分			
4	缓慢加热，定量滤纸引火、火焰高度维持在 10cm 左右	25	每一项未按规定扣 5 分			
5	残渣坩埚移入高温炉中保持 1.5～2.1h，称量至恒重	25	每一项未按规定扣 5 分			
6	正确书写记录，两个结果之差符合要求	10	记录数据每一项不符合规定扣 1 分；结果超差扣 10 分			
7	操作完成后，仪器洗净，摆放好，台面整洁	5	操作不正确扣 1 分			
8	能正确使用各种仪器，正确使用劳动保护用品	5	操作不正确或不符合规定扣 2 分			
合计		100	得分			

数据记录单

测定润滑油灰分数据记录单

样品名称		
执行标准		
仪器设备		
平行次数	1	2

续表

坩埚质量/g			
坩埚＋样品质量/g			
样品质量/g			
坩埚＋灰分质量/g			
灰分质量/g			
试样灰分/%			
试样灰分平均值/%			
分析人		分析时间	

操作视频

视频：测定润滑油灰分

思考拓展

1. 油品中灰分的危害有哪些？
2. 简述油品中灰分的测定原理。
3. 拓展完成柴油灰分的测定。

测定润滑油机械杂质

任务目标

1. 了解油品机械杂质的来源、危害及测定意义；
2. 掌握油品机械杂质的测定方法和原理；
3. 能够熟练测定润滑油中机械杂质的含量；
4. 熟悉油品机械杂质测定中的安全注意事项。

任务描述

1. 任务：学习油品中机械杂质的来源、危害及测定意义，理解并掌握油品机械杂质的测定方法和原理，学会润滑油机械杂质含量的测定，熟悉油品机械杂质测定中的安全注意事项。

2. 教学场所：油品分析室。

储备知识

一、油品中含机械杂质的危害

机械杂质是指存在于油品中不溶于规定溶剂（汽油、苯等）的杂质。这些杂质一般指的是砂子、尘土、铁屑和矿物盐（如氧化铁）以及不溶于溶剂的有机成分，如沥青质和碳化物等。

精炼过程中，油品中的机械杂质能降低装置的效率。

使用过程中，燃料油中的机械杂质会堵塞滤清器和喷油嘴，使供油不正常，严重时中断供油。柴油机供油系统中高压油泵柱塞与柱塞套之间的间隙很小，柴油中若含有细砂、尘埃等微小的固体杂质，特别是砂粒，若其粒度超过发动机零件密合的缝隙，当杂质落入间隙中就会引起零件缘的剥落，若塞在缝隙里就会给摩擦面造成较大程度的磨损，能导致柴油的雾化质量降低，以致减少供油量，使燃料系统工作不正常，降低发动机功率，增加耗油量。

润滑油中的机械杂质会加剧摩擦表面的磨损和堵塞滤网。

润滑脂中的机械杂质同样能增加机械的摩擦和磨损，破坏润滑作用，而且不能用沉降、过滤等方法除去，所以润滑脂中含机械杂质比润滑油中含机械杂质危害性更大。

这些杂质一旦进入机械内部，到达机械的配合表面之间，其危害是很大的，不但使相对运动出现阻滞，加速零件的磨损，而且会擦伤配合表面，破坏润滑油膜，使零件温度升高、润滑油变质。据测定，润滑油中机械杂质增加到 0.15%时，发动机第一道活塞环的磨损速度将比正常值大 2.5 倍；滚动轴进入杂质微粒时，其寿命将降低 80%～90%。因此，对于工作在环境恶劣、条件复杂场所的工程机械来说：①要使用优质、配套的零部件及润滑油、润滑脂，堵住有害杂质的源头；②要做好工作现场的机械防护工作，保证相应机构能正常工作，防止各种杂质进入机械内部；③对出现故障的机械，尽量到正规的修理场所进行修理；④现场修理时，也要做好防护措施，防止现场修理时更换的零部件在进入机械前受到灰尘等杂质的污染。

二、油品中机械杂质的来源

石油产品中机械杂质大部分是在开采原油时带入的，这些机械杂质大部分都能在贮罐里沉淀下去，但有部分悬浮物的微粒不易沉淀分离，在原油蒸馏时，部分杂质会沉淀在加热炉中，加速加热炉的结焦和加剧设备的磨损。少部分机械杂质是在加工精制、运输、贮存时混入的，例如，用白土精制的油品可能混入白土粉末，由于油罐、油槽车、输油管线内壁受氧化产生的铁锈，流量表、管线阀门、油泵等磨损所产生的金属末，都可能混入油品中。某些重油，如渣油型齿轮油中的沥青质，也被当作机械杂质。

三、测定机械杂质的意义

油品中机械杂质的含量是油品重要的质量指标之一。通过测定其含量，判断油品的合格性，防止油品在使用过程中对机械造成危害。

由于油品中机械杂质的危害很大，绝大多数石油产品都要求控制其含量。轻质油品规格标准中要求不得含有机械杂质；重质油品中机械杂质的含量要求达到标准规定的控制指标。黏度小的轻质油品中的机械杂质很容易因沉降而分离，通常不含或只含较少的机械杂质。黏度较大的重质油，需要在使用前过滤，否则在测定残炭、灰分、黏度等项目时，结果会偏大。使用中的润滑油，除含有尘埃、砂土等杂质外，还含有炭渣、金属屑等，其聚集量的多少随发动机使用情况而不同，对发动机的磨损程度也不同。不含添加剂的润滑油，要求不含机械杂质；含添加剂的润滑油，机械杂质含量应在0.025%以下。机械杂质不能单独作为润滑油报废或更换的指标。

四、油品中机械杂质的测定方法

油品机械杂质含量的测定方法较多，经常采用的有以下几种。

石油和石油产品及添加剂中机械杂质含量的测定采用GB/T 511—2010《石油和石油产品及添加剂机械杂质测定法》，该标准规定了用已恒重的定量滤纸或微孔玻璃过滤器过滤试样来测定油品中机械杂质的方法，适用于测定石油、液态石油产品和添加剂中的机械杂质，不适用于测定润滑脂和沥青中的机械杂质。其测定原理是：称取一定量的试样，溶于所用的溶剂中，用已恒重的滤纸或微孔玻璃过滤器过滤，然后称出留在滤纸或微孔玻璃过滤器上的杂质质量，并计算出试样中的质量分数。

喷气燃料中固体颗粒污染物含量的测定采用SH/T 0093—91《喷气燃料固体颗粒污染物测定法》，该标准适用于喷气燃料，其测定原理是：在规定条件下，试样经玻璃砂芯过滤装置过滤后，在微孔膜滤片上的增重物，即为试样污染物的含量，以mg/L表示。

润滑脂中机械杂质的测定采用SH/T 0336—94《润滑脂杂质含量测定法（显微镜法）》，该标准规定了用显微镜法测定润滑脂中的外来粒子的尺寸和数量。其中的杂质指外来粒子，是指在透射光下用显微镜观察润滑脂时，呈不透明的外来杂质和半透明纤维状的外来杂质。不是指制造时润滑脂的组分。其测定原理是：把润滑脂涂在血球计数板上，用显微镜观察，测定外来粒子的尺寸和数量。

合成航空润滑油中机械杂质的测定采用GJB 1264.5—94《航空涡轮发动机润滑油试验方法 固体颗粒杂质测定法》，该标准规定了合成航空润滑油中的固体颗粒杂质测定法。其测定原理是：将一定体积的试样，通过预先称重的混合纤维素酯微孔（孔径为1.2μm或3μm）滤膜（简称滤膜），以滤膜上的沉淀物和滤膜灼烧后的无机物分别作为试样的固体颗粒杂质和灰分。

任务实施

测定润滑油机械杂质

1. 实施目的

① 掌握GB/T 511—2010《石油和石油产品及添加剂机械杂质测定法》的原理和方法。

② 能进行润滑油中机械杂质的测定和计算。

2. 方法概要

称取一定量的试样，溶于所用的溶剂中，用已恒重的滤纸或微孔玻璃过滤器过滤，被留在滤纸或微孔玻璃过滤器上的杂质即为机械杂质，测定结果以百分数表示。

3. 仪器材料

烧杯或宽颈锥形瓶；称量瓶；玻璃漏斗；保温漏斗；玻璃棒；吸滤瓶；水流泵或真空泵；干燥器；水浴或电热板；红外线灯泡；微孔玻璃滤器：漏斗式，孔径4～10μm，直径40mm、60mm、90mm；分析天平：感量0.1mg；定量滤纸：中速，直径11cm；溶剂油（符合SH 0004标准要求，使用前要过滤）。

4. 所用试剂

95%乙醇：化学纯；乙醚：化学纯；甲苯：化学纯；乙醇-甲苯混合溶剂：用95%乙醇和甲苯按体积比1∶4配成，过滤；乙醇-乙醚混合溶剂：用95%乙醇和乙醚按体积比4∶1配成，过滤；硝酸银溶液：0.1mol/L；水：三级；润滑油试样。

5. 准备工作

① 将装在容器中的试样（不超过瓶容积的3/4），摇动5min，混合均匀。

注意：石蜡或黏稠的石油产品应预先加热到40～80℃，润滑油添加剂加热至70～80℃，然后用玻璃棒仔细搅拌5min。

② 将定量滤纸放在敞开盖的称量瓶中，在105℃±2℃的烘箱中干燥不少于45min，然后盖上盖子放在干燥器中冷却30min，进行称量，称准至0.0002g。重复干燥（第二次干燥时间只需30min）及称量，至连续两次称量间的差数不超过0.0004g。

6. 实施步骤

① 从混合好的石油产品中称取试样。100℃黏度不大于20mm^2/s的石油产品称取100g，准确至0.05g；100℃黏度大于20mm^2/s的石油产品称取50g，准确至0.01g；机械杂质含量不大于1%的石油试样称取50g，准确至0.01g；机械杂质含量不大于1%的锅炉燃料试样称取25g，准确至0.01g；机械杂质含量大于1%的锅炉燃料试样称取10g，准确至0.01g；添加剂的试样称取10g，准确至0.01g。

② 往盛有石油产品试样的烧杯中加入温热的溶剂油，并用玻璃棒小心搅拌至试样完全溶解。100℃黏度不大于20mm^2/s的石油产品加入溶剂油量为试样量的2～4倍；100℃黏度

大于 $20mm^2/s$ 的石油产品加入溶剂油量为试样量的 4～6 倍；机械杂质含量不大于 1%的石油和锅炉燃料试样加入溶剂油量为试样量的 5～10 倍；机械杂质含量大于 1%的锅炉燃料和添加剂试样加入溶剂油量不大于试样量的 15 倍。注意：在测定石油、深色石油产品、加添加剂的润滑油和添加剂中的机械杂质时，采用甲苯为溶剂。溶解试样的溶剂油或甲苯，应预先放在水浴内分别加热至 40℃和 80℃，不应使溶剂沸腾。

③ 将恒重好的滤纸放在固定于漏斗架上的玻璃漏斗中，趁热将试样过滤。并用热溶剂油将残留在烧杯中的沉淀物洗到滤纸上。注意：若试样含水较难过滤时，将试样溶液静置 10～20min，此后向烧杯的沉淀物中加入 5～15 倍（按体积）的乙醇-乙醚混合溶剂稀释，再进行过滤。

在过滤难以过滤的试样时，试样溶液的过滤和冲洗滤纸，可用减压吸滤和保温漏斗，或红外线灯泡保温等措施。

减压过滤时，可用滤纸或微孔滤器安装在吸滤瓶上，与抽气泵连接。定量滤纸用溶剂湿润，放在漏斗中，使之完全与漏斗紧贴。抽滤速度应使滤液呈滴状，不允许呈线状。

微孔玻璃滤器的干燥和恒重与定量滤纸处理过程相同，热过滤时不要使所过滤的溶液沸腾。

试验中采用微孔玻璃滤器与滤纸结果发生争议时，应以滤纸测定结果为准。

④ 过滤结束时，用热溶剂冲洗带有沉淀的滤纸或滤器至没有残留试样的痕迹，而且使滤出的溶剂完全透明和无色为止。

在测定石油、深色石油产品、含添加剂的润滑油和添加剂中的机械杂质时，采用不超过 80℃的甲苯冲洗滤纸或微孔玻璃过滤器。若试样中有不溶于溶剂油或甲苯的残渣，可用加热到 60℃的乙醇-甲苯混合溶剂补充冲洗。

测定石油、添加剂和含添加剂润滑油的机械杂质时，允许使用热蒸馏水冲洗残渣。对带有沉淀物的滤纸或微孔玻璃过滤器用溶剂冲洗后，在空气中干燥 10～15min，然后用 200～300mL 加热到 80℃的蒸馏水冲洗。

若测定石油中的机械杂质时，应用热水冲洗到滤液中没有氯离子为止，并要用 0.1mol/L 的硝酸银溶液检验滤液中氯离子的存在，滤液不混浊即为无氯离子。

⑤ 冲洗完毕后，将带有沉淀的滤纸放入过滤前对应的称量瓶中，敞开盖子，放在 105±2℃的烘箱中不少于 45min，然后盖上盖子放在干燥器中冷却 30min，进行称量，称准至 0.0002g。重复干燥（第二次干燥只需 30min）及称量，至连续两次称量差值不超过 0.0004g。

注意：若机械杂质含量不超过石油产品或添加剂的技术标准的要求范围，第二次干燥及称量处理可以省略。试验时，需同时做溶剂空白试验。

7. 计算

$$w=\frac{(m_2-m_1)-(m_4-m_3)}{m}\times 100\% \tag{5-10}$$

式中 w——试样的机械杂质含量，%；

m_1——滤纸和称量瓶的质量（或微孔玻璃滤器的质量），g；

m_2——带有试样机械杂质的滤纸和称量瓶的质量（或带有机械杂质的微孔玻璃滤器的质量），g；

m_3——空白试验过滤前滤纸和称量瓶（或微孔玻璃滤器）的质量，g；

m_4——空白试验过滤后滤纸和称量瓶（或带有机械杂质的微孔玻璃滤器）的质量，g；

m——试样的质量，g。

8. 报告

取重复测定两个结果的算术平均值，作为试样的机械杂质含量。试验的重复性和再现性，不应超过表 5-9 中数值。机械杂质含量在 0.005%及以下时，则认为不含机械杂质。

表 5-9　油品杂质含量测定值重复性和再现性数值表

机械杂质含量/%	重复性/%	再现性/%	机械杂质含量/%	重复性/%	再现性/%
<0.01	0.0025	0.005	0.1～<1.0	0.01	0.02
0.01～<0.1	0.005	0.01	≥1.0	0.10	0.20

9. 注意事项

① 取用试样前应充分摇匀。

② 溶剂油和洗涤用试剂使用前应过滤。

③ 空白滤纸不能和带沉淀物的滤纸在同一烘箱里一起干燥，以免空滤纸吸附溶剂及油类的蒸气，影响滤纸的恒重。

④ 到规定的冷却时间时，应立即迅速称量。以免时间拖长后，由于滤纸的吸湿作用而影响恒重。

⑤ 所用的溶剂应根据试油的具体情况及技术标准有关规定去选用，不得乱用。否则，所测得结果无法比较。

考核评价

测定润滑油机械杂质技能考核评价表

考核项目	测定润滑油机械杂质					
序号	评分要素	配分	评分标准	扣分	得分	备注
1	检查各试剂及仪器	15	一项未检查扣 3 分			
2	检查试样和计量器具	15	一项未检查扣 3 分			
3	正确选择滤纸	10	不能正确选择滤纸扣 5 分			
4	对滤纸进行恒重	5	不按标准操作扣 5 分			
5	准确称重试样	15	不按标准操作扣 5 分			
6	加入试剂使试样溶解，按规定过滤试样	15	一项不按标准操作扣 3 分			
7	将带有沉淀的滤纸进行恒重	10	一项不按标准操作扣 3 分			
8	根据称量数据计算结果	5	不能正确计算扣 5 分			
9	操作完成后，仪器洗净，摆放好，台面整洁	5	操作不正确，一处扣 2 分			
10	能正确使用各种仪器，正确使用劳动保护用品	5	操作不正确或不符合规定扣 2 分			
合计		100	得分			

数据记录单

测定润滑油机械杂质数据记录单

样品名称			
执行标准			
仪器设备			
平行次数	1	2	
试样质量/g			
滤纸＋称量瓶质量/g			
带有机械杂质的滤纸＋称量瓶质量/g			
试样机械杂质含量/%			
试样机械杂质含量平均值/%			
分析人		分析时间	

操作视频

视频：测定润滑油机械杂质

思考拓展

1. 举例说明油品中机械杂质的存在所产生的危害？
2. 测定润滑油中的机械杂质时需要做哪些准备工作？
3. 拓展完成柴油中机械杂质的测定。

拓展阅读

未来能源体系的四大趋势

2023 年 6 月 6 日，英国石油公司《bp 世界能源展望》2023 年中文版（以下简称《展望》）在北京正式发布，《展望》将能源发展的情况分三种情景（快速转型情景、净零情景和新动力情景）进行分析并预测了四个趋势。

第一个趋势，到2050年化石能源所占的比重会下降，从现在的80%以上的比例下降到20%～55%，化石能源的绝对需求量下降。回顾历史，可能从来没有任何一种类型的化石能源出现了长期的需求下降的趋势，可在《展望》分析的三种情景中，化石能源的总体消费都是在不断下降的。一方面供应会下降，同时需求也得下降，这才能够使得整场转型是井然有序的。

第二个趋势，到2050年可再生能源所占的比重会大幅度增长，从2019年的10%上升到35%～65%。其中，风能和太阳能的表现非常突出，风能太阳能会快速发展，与此同时还会看到整个能源体系日趋电气化，整个世界都会日趋电气化。

第三个趋势，电气化程度将大大提高。目前，终端能源消费约20%是电气化的，而在展望的三个情景当中，2050年之前这个比例会上升到35%～55%之间，这就意味着电气化的程度会大大地提高。

第四个趋势，在总体电气化程度提高的情况下，低碳的氢能能够在某些方面发挥作用，包括绿氢（使用可再生能源进行电解制取的氢）和蓝氢（用天然气或煤炭制取的氢），尤其是在一些难以电气化的、难以减排的工业工艺和交通部门当中。

模块五　考核试题

一、填空题

1. 油品蒸气压愈高，馏分组成愈轻，则油品的闪点________；反之，馏分组成愈重的油品则其闪点________。

2. 闪点可用于评定润滑油的质量。内燃机油都具有________的闪点，使用时不易着火燃烧，若发现其闪点显著降低，则说明润滑油已受到燃料稀释，应及时________。

3. 测定闪点、燃点的常用方法有三种标准试验方法：________、________和________。

4. 残炭主要是由油品中的________、________、________及灰分形成的。

5. 一般精制深的油品，残炭值________。对残炭值很低的油品，为了减小测量误差常常以________的残炭值作为残炭指标。

6. 水在燃料油和润滑油中存在的状态________、________、________、________；水在润滑脂中存在的状态________、________。

7. 测定石油和石油产品水分的方法较多，可以根据油品的________和________的多少，选择试验方法。

8. 卡氏库仑法测定水分是一种________方法。

9. 蒸馏法测定油品中水分加热蒸馏时，需控制________，使冷凝管的斜口每秒滴下________滴液体，回流的时间不应超过________。

10. 油品中灰分是指______________________________。

二、单项选择题

1. 闭口杯法测油品闪点时，若闪点低于50℃应预先将空气浴冷却到（　　）℃。

A. 10～20　　B. 15～25　　C. 20～25　　D. 20～30

2. 闭口杯法闪点测定法规定油品中水分大于（　　）时，必须脱水。

A. 0.05%　　B. 0.1%　　C. 0.15%　　D. 0.01%

3. 测定油品残炭时，对黏稠或含蜡的石油产品，应预先加热至（　　）℃，才进行摇匀。

A. 20～30　　B. 30～40　　C. 40～50　　D. 50～60

4. 残炭是评价油品高温条件下生成（　　）倾向的指标。

A. 灰分　　B. 胶质　　C. 焦炭　　D. 沥青质

5. 测定油品燃点，试样接触火焰后立即着火并能继续燃烧不少于（　　）s时的温度记为燃点。

A. 2　　B. 3　　C. 4　　D. 5

6. 测定油品中的灰分，试样燃烧时，火焰高度应维持在（　　）左右。

A. 5cm　　B. 10cm　　C. 15cm　　D. 20cm

7. 测定油品中灰分煅烧时要燃烧完全，若残渣难烧成灰时，可滴入几滴（　　）溶液助燃。

A. 硝酸铵　　B. 氯化铵　　C. 食盐　　D. 石蜡

8. 润滑油中的（　　）会加剧摩擦表面的磨损和堵塞滤网。

A. 水分　　B. 灰分　　C. 油分　　D. 机械杂质

9. 当润滑油中机械杂质增加到0.15%时，发动机第一道活塞环的磨损速度将比正常值大（　　）倍。

A. 1　　B. 2　　C. 2.5　　D. 5

10. 目前AOAC（美国分析化学家协会）规定（　　）用于饲料、啤酒花、调味品的水分测定，特别对于香料中水分的测定，是唯一的、公认的水分检验分析方法。

A. 蒸馏法　　B. 卡尔·费休法　　C. 卡氏库仑法　　D. 卡氏滴定法

三、判断题

1. 闪点低于45℃的液体称为易燃液体，闪点高于45℃的液体称为可燃液体。（　　）

2. 油品沸点越高，其闪点、燃点和自燃点均越高。（　　）

3. 在油品的闪点测定中，当试样温度达到预期闪点前23℃±5℃时，对于闪点低于110℃的试样每经2℃进行一次点火试验。（　　）

4. 油品残炭值越大，目的产物焦炭的产量越高，对延迟焦化生产越有利。（　　）

5. 石油产品中允许有少量水分存在。（　　）

6. 卡尔·费休法适用于许多无机和有机化合物中含水量的测定。（　　）

7. 通常重质组分含量及酸性组分含量高的油品含灰分较多。（　　）

8. 测定润滑油机械杂质采用微孔玻璃滤器与滤纸结果发生争议时，应以滤纸测定结果为准。（　　）

9. 润滑脂中机械杂质比润滑油含机械杂质危害性更大。（　　）

10. 灰分可以作为衡量油品洗涤与精制是否正常的指标。（　　）

模块六 其他油品分析

内容概述

石油产品除了燃料和润滑油以外，还有石油蜡、润滑脂、石油沥青、溶剂和石油化工原料等。每种产品都有各自的规格和使用要求。对这些石油产品进行分析，有利于了解其质量指标，熟悉分析检测方法，监控产品质量，达到安全使用的目的。

任务 6-1 测定石蜡熔点

任务目标

1. 了解石蜡的组成、品种及用途；
2. 掌握石蜡熔点的测定原理和方法；
3. 能熟练进行石蜡熔点的测定；
4. 熟悉石蜡熔点测定中的安全注意事项。

任务描述

1. 任务：学习石蜡的组成、品种及石蜡牌号的分类方法，了解石蜡的用途、测定石蜡熔点的意义，掌握石蜡熔点的测定原理和方法，能熟练进行石蜡熔点的测定，做好安全防护。

2. 教学场所：油品分析室。

储备知识

一、石蜡的组成及性质

石蜡是石油蜡的一种，它是从原油蒸馏所得的润滑油馏分经溶剂精制、溶剂脱蜡或经蜡冷冻结晶、压榨脱蜡制得蜡膏，再经溶剂脱油、精制而得到的蜡状固体。石蜡外观为白色或淡黄色略带透明的片状或针状结晶，无臭无味，不溶于水，微溶于乙醇、丙酮，溶于苯、乙醚、二硫化碳、三氯甲烷、四氯化碳、矿物油、植物油等。其主要成分为 C_{16}～C_{45} 的正构烷烃，也有少量异构烷烃、带长侧链的环烷烃和微量的芳烃。化学性质稳定，不易与碱、无机酸及卤素反应。商品石蜡一般为 C_{22}～C_{38}，沸点范围为 300～550℃，平均分子量为 300～500。石蜡的主要质量指标为熔点、含油量和安定性，熔点表示石蜡的耐温能力，含油量表示石蜡中所含低熔点烃类的量，安定性表示石蜡在光照、氧化和受热等条件下的稳定性。

二、石蜡的品种及用途

石蜡根据加工精制程度不同，可分为半精炼石蜡、全精炼石蜡和粗石蜡等类别。每类蜡又按熔点不同（一般每隔 2℃），分成不同的品种，如 52 号、54 号、56 号、58 号等牌号。

半精炼石蜡是石蜡产品中产量最大、应用最广泛的品种，是以含油蜡为原料，经发汗或溶剂脱油，再经白土精制或加氢精制得到的产品。GB/T 254—2010《半精炼石蜡》按熔点不同将半精炼石蜡划分为 50 号、52 号、54 号、56 号、58 号、60 号、62 号、64 号、66 号、68 号、70 号等十一个牌号，其技术要求见表 6-1。半精炼石蜡主要用于蜡烛、蜡笔、蜡纸、一般电讯器材、化工原料等。半精炼石蜡应贮存在阴凉处，避免日光暴晒，防止温度太高，以免蜡块变软，相互黏结。

表 6-1　半精炼石蜡技术要求

项目		质量标准											试验方法
		50 号	52 号	54 号	56 号	58 号	60 号	62 号	64 号	66 号	68 号	70 号	
熔点/℃	不低于	50	52	54	56	58	60	62	64	66	68	70	GB/T 2539
	低于	52	54	56	58	60	62	64	66	68	70	72	
含油量(质量分数)/%	不大于	2.0											GB/T 3554
颜色/赛波特色号	不小于	+18											GB/T 3555
光安定性	不大于	6					7						SH/T 0404
针入度	(100g,25℃)1/10mm　不大于	23											GB/T 4985
	(100g,35℃)1/10mm	报告											
运动黏度(100℃)/(mm/s)		报告											GB/T 265
嗅味/号	不大于	2											SH/T 0414
水溶性酸或碱		无											NB/SH/T 0407
机械杂质及水		无											目测①

① 将约 10g 蜡放入容积为 100～250mL 的锥形瓶内，加入 50mL 初馏点为 70℃的无水直馏汽油馏分，并在振荡下于 70℃的水浴内加热，直到石蜡溶解为止，将该溶液在 70℃水浴内放置 15min 后，溶液中不应呈现眼睛可以看见的浑浊、沉淀或水，允许溶液有轻微乳光。

全精炼石蜡是以含油蜡为原料，经溶剂脱油、再经白土精制或加氢精制、调和成型为板块状和颗粒状的固体石蜡。GB/T 446—2010《全精炼石蜡》依据熔点不同将全精炼石蜡划分为52号、54号、56号、58号、60号、62号、64号、66号、68号、70号十个牌号。全精制蜡主要用于食品、药用、密封、军事、高频瓷热铸、复写纸、铁笔蜡纸、精密铸造、装饰吸音板、蜡烛、化妆品等产品。全精炼石蜡含油量低，抗张强度适中；精制程度深，化学稳定性好；晶体结构与硬度适宜，抗变形性能好。贮存保管场所气温不要太高，应置于阴凉处，避免日光暴晒，防止产品变色，避免蜡板互相黏结。

粗石蜡是以含油蜡为原料，经发汗或溶剂脱油，不经过精制脱色所得到的产品，粗石蜡含油量较高，主要用于制造火柴、纤维板、篷帆布等。GB/T 1202—2016《粗石蜡》将粗石蜡按熔点划分为50号、52号、54号、56号、58号、60号、62号、64号、66号、68号和70号十一个牌号。粗石蜡应贮存在阴凉处，避免日光暴晒，贮存温度不宜太高，以免蜡块变软，互相黏结。

皂用蜡是由天然原油生产的含蜡油经溶剂脱油或发汗脱油而制得的石油产品。皂用蜡为淡黄色固体，按质量分为优级品、一级品和合格品三个等级。皂用蜡主要用于催化氧化制取高级脂肪酸。

三、测定石蜡熔点的意义和方法

熔点是石蜡最主要的质量指标，是产品牌号的划分依据，是用户在选用产品时的重要参数。

由于石蜡是烃类混合物，因此石蜡没有严格的熔点。石蜡的熔点是指在规定的条件下，冷却已熔化的石蜡试样时，冷却曲线上第一次出现停滞期的温度。

石蜡熔点按GB/T 2539—2008《石油蜡熔点的测定 冷却曲线法》测定。该方法适用于石油蜡，不适用于石油脂、微晶蜡，以及石油脂、微晶蜡与石蜡或粗石蜡的混合物熔点的测定。其测定原理为：将装有熔化的石油蜡试样和温度计的试管置于空气浴内，空气浴置于水温为16～28℃的水浴中。在试样冷却过程中，定期记录温度计读数。当试样发生凝固时，其温度变化率减小，在冷却线上形成停滞期，当冷却线上第一次出现停滞期时，以5个连续读数（读数之差不超过0.1℃）的平均值作为石蜡的熔点。

任务实施

测定石蜡熔点

1. 实施目的

① 掌握GB/T 2539—2008《石油蜡熔点的测定　冷却曲线法》的原理和方法。

② 能熟练测定石蜡的熔点。

2. 方法概要

将石蜡熔化之后，在规定的温度下冷却石蜡试样，在冷却过程中，每隔15s记录1次温度，当第一次出现5个连续读数之差不超过0.1℃时，即为到达冷却曲线上的停滞期，其温度即为石蜡的熔点，以5个连续读数的平均值作为所测试样的熔点。

3. 仪器材料

试管：用钠-钙玻璃制作，外径 25mm，壁厚 2～3mm，长 100mm，管底为半球形，在距试管底部 50mm 高处刻一环状标线，在距试管底 10mm 处刻一温度计定位线；空气浴：内径 51mm，深 113mm 的圆筒；水浴：内径 130mm，深 150mm，空气浴置于水浴中，要求空气浴四周与水浴壁以及底部保持 38mm 水层。水浴测温孔要使温度计离水浴壁 20mm；熔点温度计（GB 34）：半浸棒式，温度范围为 38～82℃，分度值为 0.1℃；水浴温度计：2 支，半浸式，可准确至 1℃；烘箱或水浴：温度能控制达到 93℃。

按图 6-1 将试管、空气浴、水浴、温度计组装成测定器。BSY-184 石蜡熔点（冷却曲线）测定仪如图 6-2 所示。

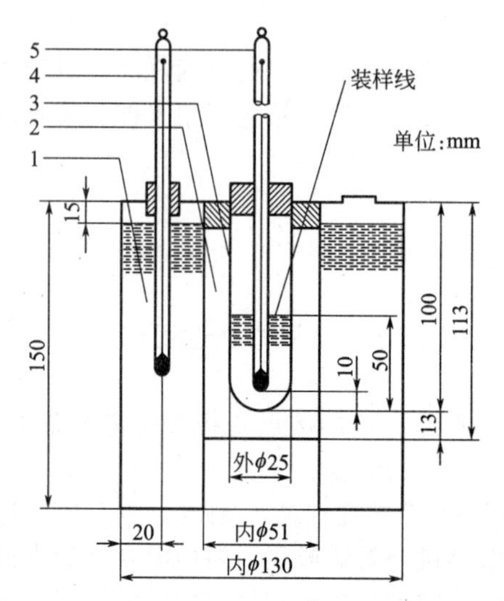

图 6-1　石蜡熔点（冷却曲线）测定器示意图
1—水浴；2—空气浴；3—玻璃试管；
4—水浴温度计；5—熔点温度计

图 6-2　BSY-184 石蜡熔点（冷却曲线）测定仪

4. 试剂

石蜡 200g。

5. 准备工作

① 将温度计、试管、空气浴、水浴，按图 6-1 安装。试管配以合适的软木塞，中间开孔插入熔点温度计，温度计 79mm 插入软木塞下面。将温度计插入试管，距底部 10mm。

② 将 16～28℃的水注入水浴中，使水面与顶部距离小于 15mm。在整个试验中，水温保持在 16～28℃。将试样放入洁净的烧杯中，在烘箱或水浴中加热到估计熔点 8℃以上，或加热到试样熔化后再升高 10℃，或加热到 90～93℃。

注意：不可用明火或电热板直接加热试样，试样处于熔化状态不超过 1h。

6. 实施步骤

① 将熔化的试样装到预热的试管中至 50mm 刻线处，插入带温度计的软木塞，使温度计水银球底部距试管底部 10mm。在保证试样温度比估计的熔点至少高 8℃的情况下，将试管垂直装入空气浴中，整个试验过程中控制空气浴外水温在 16～28℃之间。

② 在16～28℃的温度条件下，石蜡试样逐渐冷却降温，每隔15s记录一次温度，当第一次出现5个连续读数总差不超过0.1℃时，即试样冷却曲线出现平稳段即为曲线停滞期，停止试验。

若无停滞期出现，可继续读数至38℃或低于凝固点8℃，停止试验，并判断本方法不适用于该试样。

7. 结果整理

计算第一次出现的5个总差不超过0.1℃的连续读数的平均值，作为所测试样的熔点，准确至0.05℃。并对此平均值进行温度计校正值的修正。

8. 报告

取重复测定两次的结果的平均值作为试样的熔点。

重复性：重复测定的两次结果最大差值不得超过0.1℃。

考核评价

测定石蜡熔点技能考核评价表

考核项目	测定石蜡熔点					
序号	评分要素	配分	评分标准	扣分	得分	备注
1	检查温度计合格	5	一项未检查扣2分			
2	取样前摇匀试样	2	未摇匀扣2分			
3	试样应清洁、干燥	2	不符合要求扣2分			
4	取样量应符合要求，并熔化试样	2	取样量不准扣2分			
5	温度计安装前应干净，安装应准确	2	不干净扣2分			
6	试管垂直装入空气浴，并控制外水温16～28℃	10	不符合要求扣5～10分			
7	观察冷却操作正确	20	不符合要求每次扣10分			
8	每隔15s记录一次温度	10	不符合要求扣2～10分			
9	正确记录试样冷却曲线停滞期	2	不符合要求扣2分			
10	结果整理，填写试验报告	15	发生安全事故，扣10～20分			
11	操作完成后，仪器洗净，摆放好，台面整洁	15	作废记录纸一张扣1分			
12	能正确使用各种仪器，正确使用劳动保护用品	15	一处不符扣1分			
合计		100	得分			

数据记录单

测定石蜡熔点数据记录单

样品名称			
仪器设备			
执行标准			
平行次数		1	2
石蜡熔点/℃			
石蜡平均熔点/℃			
分析人		分析时间	

操作视频

视频：测定石蜡熔点

思考拓展

1. 划分石蜡牌号的依据是什么？
2. 蜡烛是如何被发现的？其主要用途有哪些？
3. 涂有食品用蜡的冷饮纸杯能用来装热水吗？为什么？

测定沥青针入度

任务目标

1. 了解沥青的来源、组成、技术标准和用途；
2. 掌握沥青针入度的概念和测定原理；
3. 能够熟练测定沥青的针入度；
4. 熟悉沥青针入度测定中的安全注意事项。

任务描述

1. 任务：学习沥青的来源、组成、技术标准和用途，掌握沥青针入度的概念和测定意义，能够熟练测定沥青的针入度，并做好安全防护工作。

2. 教学场所：油品分析室。

储备知识

一、石油沥青的来源与组成

石油沥青按来源分为天然沥青、矿沥青以及原油经炼制加工生产的直馏沥青和氧化沥青等。原油分馏工艺中的减压蒸馏塔底抽出的重质渣油，即为直馏石油沥青，直馏石油沥青在270～300℃的温度下，吹入空气氧化可制成氧化石油沥青。

石油沥青主要由重质油分、胶质、沥青质三种物质组成，其组成大致比例见表6-2。

表6-2　石油沥青的组成（质量分数）

名称	重质油分/%	胶质/%	沥青质/%
直馏石油沥青	35～50	40～50	20～30
氧化石油沥青	5～15	40～60	30～40

二、沥青的规格、技术标准及用途

石油沥青按用途可分为道路沥青、建筑沥青、防水防潮沥青等。每种沥青都是按针入度指标来划分牌号，在同一品种石油沥青材料中，牌号越小，沥青越硬；牌号越大，沥青越软。同时随着牌号增加，沥青的黏性减小，针入度增加，塑性增加，延度增大，软化点降低，使用年限增长。各类沥青质量指标见表6-3。

表6-3　各类沥青质量指标

沥青品种		防水防潮沥青（SH/T 0002—90）				建筑石油沥青（GB/T 494—2010）			道路石油沥青（NB/SH/T 0522—2010）				
项目		质量指标				质量指标			质量指标				
		3号	4号	5号	6号	10号	30号	40号	200号	180号	140号	100号	60号
针入度(25℃,100g,5s)/0.1mm		25～45	20～40	20～40	30～50	10～25	26～35	36～50	200～300	150～200	110～150	80～110	50～80
软化点/℃	不低于	85	90	100	95	95	75	60	30～48	35～48	38～51	42～55	45～58
溶解度/%	不小于	98	98	95	92	99.0	99.0	99.0	99.0	99.0	99.0	99.0	99.0
闪点/℃	不低于	250	270	270	270	260	260	260	180	200	230	230	230
脆点/℃	不低于	−5	−10	−15	−20	—	—	—	—	—	—	—	—
蒸发损失/%	不大于	1	1	1	1	1	1	1	1	1	1	1	1
垂度/mm				8	10	65	65	65	—	—	—	—	—
加热安定性		5	5	5	5	—			—	—	—	—	—
蒸发后针入度比/%	不小于			—		65			报告				
延度(25℃,5cm/min)/cm	不小于	—				1.5	2.5	3.5	20	100	100	90	70

石油沥青产品中产量最高的是道路沥青和建筑沥青。

道路石油沥青牌号较多，主要用于道路路面或车间地面等工程，一般拌制成沥青混凝土、沥青拌和料或沥青砂浆等使用。道路石油沥青还可作密封材料、黏结剂及沥青涂料等。此时宜选用黏性较大和软化点较高的道路石油沥青。

建筑石油沥青黏性较大，耐热性较好，但塑性较小，主要用作制造油毡、油纸、防水涂料和沥青胶。它们绝大部分用于屋面及地下防水、沟槽防水、防腐蚀及管道防腐等工程。

三、石油沥青针入度的概念及其测定方法

在规定条件下，标准针垂直穿入沥青试样的深度即为针入度，单位以 1/10mm 表示。针入度是沥青主要质量指标之一，是表示沥青软硬程度和稠度、抵抗剪切破坏的能力，反映在一定条件下沥青的相对黏度或软硬程度的指标。沥青针入度越大，说明沥青的黏稠度越小，沥青也就越软。针入度是划分沥青牌号的依据。对于道路沥青来说，根据针入度的大小，可以判断沥青和石料混合搅拌的难易。

测定沥青针入度采用的方法是 GB/T 4509—2010《沥青针入度测定法》。该标准适用于测定针入度范围为 0～500（1/10mm）的固体和半固体沥青材料。

任务实施

测定沥青针入度

1. 实施目的

① 掌握 GB/T 4509—2010《沥青针入度测定法》的原理和方法。

② 能进行石油沥青针入度的测定。

③ 理解沥青针入度的测定意义。

2. 方法概要

沥青的针入度以标准针在一定的载荷、时间及温度条件下垂直穿入沥青试样的深度表示，单位为 1/10mm。除非另行规定，标准针、针连杆与附加砝码的总质量为（100±0.05）g，温度为（25±0.1)℃，时间为 5s。特定试验可采用的其他条件。

3. 仪器材料

针入度计：要求针连杆能在无明显摩擦下垂直运动，并能指示穿入深度精确到 0.1mm。针连杆的质量为（47.5±0.05)g。针和针连杆的总质量为（50±0.05)g，另外仪器附有（50±0.05)g 和（100±0.05)g 的砝码各一个，可以组成（100±0.05)g、(200±0.05)g 的载荷以满足试验所需要的载荷条件。仪器要求设有放置平底玻璃皿的平台，并有可调水平的机构，针连杆应与平台垂直。针连杆要易于拆卸以便定期检查其质量。

标准针：标准针由硬化回火的不锈钢制成，洛氏硬度为 54～60，尺寸要求见图 6-3。为保证试验用针的统一性，国家计量部门对针的检验结果应符合要求，每一根针应附有国家计量部门的检验单。

针应牢固地装在一个黄铜或不锈钢的金属箍中，针尖及针的其余任何部分不得偏离箍轴 1mm 以上。针箍及其附件总质量为（2.50±0.05)g，可以在针箍的一端打孔，或将其边缘

磨平，以控制质量。每个针箍上打印单独的标志号码。

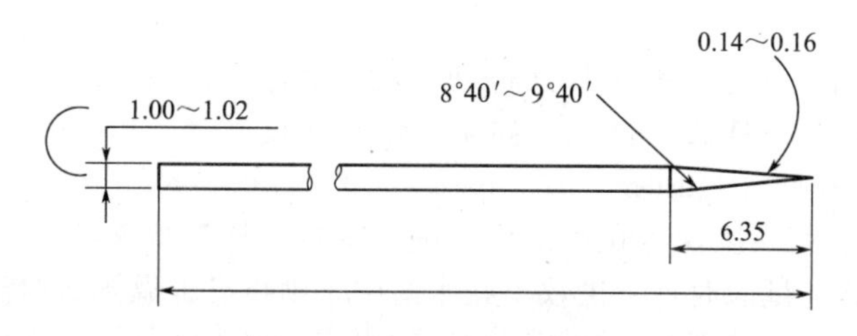

图 6-3　沥青针入度试验用针（单位：mm）

试样皿：金属或玻璃圆柱形平底皿。选择尺寸见表 6-4。

表 6-4　金属或玻璃圆柱形平底皿的尺寸

针入度范围/0.1mm	直径/mm	深度/mm
小于 40	33～55	8～16
小于 200	55	35
200～350	55～75	45～70
350～500	55	70

恒温水浴：容量不少于 10L，能控制并保持温度在试验温度±0.1℃范围内。水浴中距水底部 50mm 处有一个带孔的支架，支架距离水面至少有 100mm。在水浴中进行针入度测定时，支架应足够支撑针入度仪。在低温下测定针入度时，水浴中装入盐水。

平底玻璃皿：平底玻璃皿的容量不小于 350mL，深度要能没过最大的试样皿。内设一个不锈钢三脚支架，以保证试样皿稳定。

计时器：刻度为 0.1s 或小于 0.1s 的秒表，要求 60s 内的准确度达到±0.1s。

温度计：液体玻璃温度计，温度范围为 8～50℃，最小分度值为 0.1℃。温度计应定期按液体玻璃温度计检验方法进行校正。

4. 试剂

道路沥青或建筑沥青；三氯乙烯等。

5. 准备工作

① 试样预处理。加热到试样能够流动，同时不断搅拌，以防局部过热，并注意避免产生气泡。焦油沥青的加热温度不超过软化点的 60℃，石油沥青不超过软化点的 90℃，加热时间在保证充分流动的基础上尽量减少（一般不超过 30min）。

② 装样。将试样分别倒入两个预先准备好的试样皿中，试样深度应大于预计穿入深度的 120%。倒入的试样尽量达到试样皿的边缘。如果试样皿的直径小于 65mm，而预期针入度超过 200（1/10mm），每个试验条件要倒三个样品。

③ 制模。松松地盖住试样皿以防灰尘落入。在 15～30℃的室温下冷却，小试样皿（ϕ33mm×16mm）中的样品冷却 45min～1.5h，中等试样皿（ϕ55mm×35mm）中的样品冷却 1～1.5h，大试样皿中的样品冷却 1.5～2h。

④ 养护。将两个试样皿和平底玻璃皿一起放入恒温水浴中，水面应没过试样表面 10mm 以上，在规定的试样温度下恒温，小试样皿恒温 45min～1.5h，中等试样皿恒温 1～1.5h，大试样皿恒温 1.5～2h。

6. 实施步骤

① 调节针入度计的水平，检查针连杆和导轨，确保上面没有水和其他物质。将针插入针连杆中固定，按试验条件放好砝码。如果预测针入度超过 350（1/10mm），应选择长针（60mm），否则用标准针（50mm）。

② 如果测试时，针入度仪是在水浴中，则直接将试样皿放在浸于水中的支架上，使试样完全浸在水中。如果试验时针入度仪不在水浴中，则将已恒温到试验温度的试样皿放在平底玻璃皿中的三脚支架上，用与水浴相同温度的水完全覆盖样品，将平底玻璃皿放在针入度仪的平台上。

③ 慢慢放下针连杆，使针尖刚刚接触到试样的表面，拉下活杆，使其与针连杆顶端相接触，调节针入度计上的表盘读数指零。

④ 用手紧压按钮，快速释放针连杆，同时启动秒表，使标准针自由下落穿入沥青试样，到规定的时间停压按钮，使标准针停止移动。

⑤ 拉下活杆，再使其与针连杆顶端相接触，此时表盘指针的读数即为试样的针入度，准确至 0.1mm。

⑥ 同一试样至少重复测定 3 次，各测试点之间的距离和测试点与试样皿边缘的距离不少于 10mm。每次试验前都应将试样和平底玻璃皿放入恒温水浴中，每次测定都要用干净的针。针入度小于 200（1/10mm）时，可将针取下，用合适的溶剂擦净后继续使用。针入度超过 200（1/10mm）时，每个试样皿中扎一针，三个试样得到三个数据。或者每个试样至少用三根针，每次用的针留在试样中，直到三根针都扎完再将针从试样中取出来。但这样测得的针入度的最高值和最低值之差要符合试验对重复性的要求。

7. 结果整理

同一试样 3 次平行试验结果的最大值和最小值之差在表中规定偏差范围内时，计算 3 次试验结果的平均值取整作为针入度试验结果，以 0.1mm 为单位。

8. 报告

将三次测定针入度的平均值取至整数作为试验结果。三次测定的针入度值相差不应大于表 6-5 中的数值。

表 6-5　针入度值测定结果的允许差值

针入度/0.1mm	0～49	50～149	150～249	250～350	350～500
允许差值/0.1mm	2	4	6	8	20

按下述规定判断试验结果的可靠性（置信度为 95%）：

① 重复性。同一试样，同一操作者利用同一台仪器测得的两次结果不超过平均值的 4%。

② 再现性。同一试样，不同操作者利用同一类型仪器测得的两次结果不超过平均值的 11%。

9. 注意事项

① 标准针用蘸有三氯乙烯溶剂的棉花或布擦净、擦干，再进行第二次试验。

② 每一试验点的距离和试验点与试样皿边缘的距离都不得小于 10mm。

③ 测定针入度大于200（1/10mm）的沥青试样时，至少用3支标准针，每次用针留在试样中，三根针全部扎完后同时取出。

④ 沥青加热的次数不得超过2次，以防沥青老化影响试验结果。

⑤ 灌模剩余的沥青应立即清洗干净，不得重复使用。

考核评价

测定沥青针入度技能考核评价表

考核项目	测定沥青针入度					
序号	评分要素	配分	评分标准	扣分	得分	备注
1	检查针入度仪、试样皿、水浴等试验仪器是否合格	5	一项未检查扣2分			
2	试样预处理	2	不符合要求扣2分			
3	试样装样	2	不符合要求扣2分			
4	试样制模	2	不符合要求扣2分			
5	试样养护	2	不符合要求扣2分			
6	标准针安装	10	不符合要求扣5～10分			
7	调节针入度仪水平	20	不符合要求每次扣10分			
8	针入度仪测定操作	10	不符合要求扣2～10分			
9	同一试样至少重复测定3次	2	不符合要求扣2分			
10	结果整理，填写试验报告	15	发生安全事故，扣10～15分			
11	操作完成后，仪器洗净，摆放好，台面整洁	15	作废记录纸一张扣1分			
12	能正确使用各种仪器，正确使用劳动保护用品	15	一处不符扣1分			
合计		100	得分			

数据记录单

测定沥青针入度数据记录单

样品名称				
仪器设备				
执行标准				
平行次数		1	2	3
试验温度/℃				
试针荷重/g				
贯入时间/s				
刻度盘初读数				
刻度盘终读数				
针入度/0.1mm				
平均针入度/0.1mm				
分析人		分析时间		

操作视频

视频：测定沥青针入度

思考拓展

1. 沥青牌号划分的依据是什么？其大小表示沥青有什么样的性质？
2. 工程中选择沥青及沥青标号时，主要考虑的因素有哪些？
3. 沥青针入度试验过程中有哪些注意事项？

测定沥青软化点

任务目标

1. 了解沥青软化点的概念和用途；
2. 掌握沥青软化点的测定方法和原理；
3. 能够熟练测定沥青的软化点；
4. 熟悉沥青软化点测定中的安全注意事项。

任务描述

1. 任务：学习沥青软化点的概念以及测定软化点的意义，掌握沥青软化点的测定方法和原理，注意测定过程中的有关事项，能够熟练测定沥青的软化点，并做好安全防护。

2. 教学场所：油品分析室。

储备知识

一、石油沥青软化点的概念

沥青是由烃类化合物及其衍生物组成的复杂混合物，没有固定的熔点。随着温度的升高，沥青会逐渐变软，黏度降低。在规定温度下，沥青达到特定软化程度时的温度称为软化点。沥青的软化点用于评价沥青材料的热敏感性，表征沥青处于黏塑态时的一种条件温度，软化点低说明沥青对温度的敏感性大，延性和黏结性较好，但易变形；软化点高的沥青较耐高温，但低温时脆性较强。不同沥青有不同的软化点，工程用沥青软化点不能太低或太高，否则夏季熔化，冬季脆裂且不易施工。对于屋面防水工程，应注意防止过分软化。

据高温季节测试，沥青屋面达到的表面温度比当地最高气温高 25～30℃，为避免夏季流淌，屋面用沥青材料的软化点应比当地气温下屋面可能达到的最高温度高 20℃以上。例如某地区沥青屋面温度可达 65℃，选用的沥青软化点应在 85℃以上。但软化点也不宜选择过高，否则冬季低温易发生硬脆甚至开裂，对一些不易受温度影响的部位，可选用牌号较大的沥青。

二、石油沥青软化点的测定方法

软化点用于沥青分类，是沥青产品标准中的重要技术指标。石油沥青软化点按 GB/T 4507—2014《沥青软化点测定法　环球法》进行测定。该标准方法适用于测定软化点范围在 30～157℃的石油沥青和煤焦油沥青。其测定原理为：将规定温度的试样熔融并注入规定尺寸的铜环内，冷却后上置钢球，在加热介质中以恒定速度加热，沥青受热软化，使钢球下落 25mm 时的温度平均值为沥青软化点。

任务实施

测定沥青软化点

1. 实施目的

① 掌握 GB/T 4507—2014《沥青软化点测定法　环球法》的原理和方法。
② 能进行石油沥青软化点的测定。
③ 理解软化点与石油沥青质量间的关系。

2. 方法概要

置于肩或锥状黄铜环中两块水平沥青圆片，在加热介质中以一定速度加热，每块沥青片上有一钢球。所报告的软化点为当试样软化到使两个放在沥青上的钢球下落 25mm 距离时温度的平均值。

3. 仪器材料

两只黄铜肩或锥环［图 6-4(a)］；用于使钢球定位于试样中央的钢球定位器，其形状及尺寸见图 6-4(b)；铜支撑架：用于支撑两个水平位置的环，支撑架上的环的底部距离下支撑板的上表面为 25mm，下支撑板的下面距离浴槽底部为 16mm±3mm［图 6-4(c)］，其安装见图 6-4(d)；支撑板：扁平光滑的黄铜板或瓷板；钢球：两只直径为 9.5mm，每只质量为 3.50g±0.05g；浴槽：可以加热的玻璃容器，其内径不小于 85mm，离加热底部的深度不小于 120mm；温度计：应符合 GB/T 514《石油产品试验用玻璃液体温度计技术条件》中沥青软化点专用温度计（GB 42）的规格技术要求，即测温范围在 30～180℃，最小分度值为 0.5℃的全浸式温度计；加热介质：软化点在 30～80℃时用新煮沸过的蒸馏水，软化点在 80～157℃时用甘油；隔离剂：以质量计，两份甘油和一份滑石粉调制而成；刀：切沥青用。

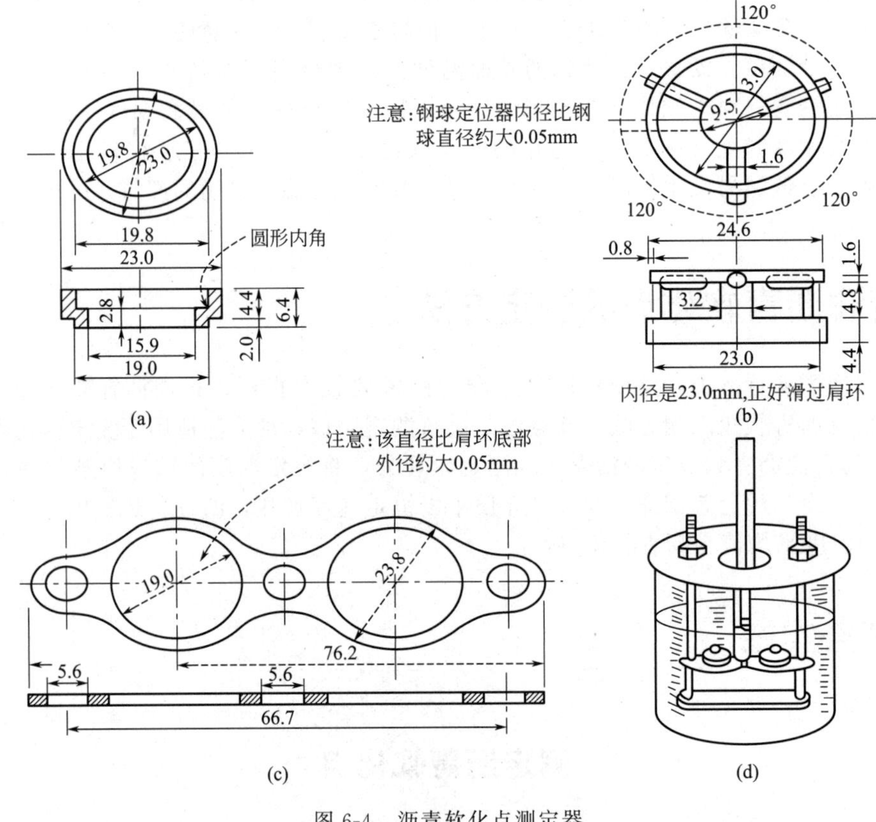

图 6-4　沥青软化点测定器

4. 试剂

道路沥青或建筑沥青；新煮沸过的蒸馏水；甘油；甘油滑石粉隔离剂（甘油与滑石粉的比例为质量比 2∶1）。

5. 准备工作

（1）试样的预处理

样品的加热时间在不影响样品性质和在保证样品充分流动的基础上尽量短。石油沥青、改性沥青、天然沥青以及乳化沥青残留物加热温度不应超过预计沥青软化点 110℃。煤焦油沥青样品加热温度不应超过煤焦油沥青预计软化点 55℃。

如果样品为乳化沥青残留物或高聚物改性乳化沥青残留物时，可将其热残留物搅拌均匀后直接注入试模中。

如果重复试验，不能重新加热样品，应在干净的容器中用新鲜样品制备试样。

(2) 制作沥青圆片

将试样环置于涂有一层隔离剂的金属板或玻璃板上。若估计软化点在 120℃以上时，应将黄铜环与金属板先预热至 80～100℃。

将已熔化试样注入黄铜环内至略高于环面为止，让试样在室温下至少冷却 30min。用热刀刮去高出环面的试样，使圆片饱满，并与环面齐平。从倾倒试样起至完成试验的时间不得超过 4h。

6. 实施步骤

新煮沸过的蒸馏水适于测定软化点为 30～80℃的沥青，起始加热介质温度应为 5℃±1℃；甘油适于测定软化点为 80～157℃的沥青，起始加热介质的温度应为 30℃±1℃。为了进行比较，所有软化点低于 80℃的沥青应在水浴中测定，而高于 80℃的在甘油浴中测定。

① 在通风橱内，按图 6-4(d) 安装好两个样品环、钢球定位器、温度计。温度计应由支撑板中心孔垂直插入，水银球底部与铜环底部齐平，不能接触环或支撑架。

② 浴槽装满加热介质，用镊子将钢球置于浴槽底部，使其同支架的其他部位达到相同的起始温度。如果有必要，将浴槽置于冰水中，或小心加热并维持适当的起始浴温达 15min。并使仪器处于适当位置，注意不要玷污浴液。

③ 再次用镊子从浴槽底部将钢球夹住并置于定位器中。

④ 从浴槽底部加热使温度以恒定的速率 5℃/min 上升。为防止通风的影响有必要时可用保护装置，试验期间不能取加热速率的平均值，但在 3min 后，升温速度应达到 5℃/min±0.5℃/min，若温度上升速率超过此限定范围，则此次试验失败。

⑤ 当包着沥青的钢球触及下支撑板时，分别记录温度计所显示的温度。无需对温度计的浸没部分进行校正。取两个温度的平均值作为沥青材料的软化点。当软化点在 30～157℃时，如果两个温度的差值超过 1℃，则重新试验。

7. 报告

同一试样平行试验两次，当两次测定值的差值符合重复性试验精密度要求时，取其平均值作为软化点试验结果。当软化点在 30～157℃时，如果两个测定值的差值超过 1℃，则重新试验。

按下述规定判断试验结果的可靠性（置信度为 95%）：

① 重复性　重复测定两次结果的绝对差值不超过表 6-6 中的值。

② 再现性　同一试样由两个实验室各自提供的试验结果的绝对差值不超过表 6-6 中的值。

表 6-6　精密度要求数据表

加热介质	沥青材料类型	软化点范围/℃	重复性（最大绝对误差）/℃	再现性（最大绝对误差）/℃
水	石油沥青、乳化沥青残留物、焦油沥青	30～80	1.2	2.0

续表

加热介质	沥青材料类型	软化点范围/℃	重复性（最大绝对误差）/℃	再现性（最大绝对误差）/℃
水	聚合物改性沥青、乳化改性沥青残留物	30～80	1.5	3.5
甘油	建筑石油沥青、特种沥青等石油沥青	80～157	1.5	5.5
甘油	聚合物改性沥青、乳化改性沥青残留物等改性沥青产品	80～157	1.5	5.5

8. 注意事项

① 试验前养护时，钢球、钢球定位环、金属支架等应与试样养护同环境、同时。

② 在加热过程中，应记录每分钟上升的温度值，如果温度上升速度超出5℃±0.5℃时，则应重做。

③ 升温速度过快，所测得软化点偏高，反之则偏低。

④ 黄铜环内表面不应涂隔离剂，以防试样脱落。

⑤ 报告试验结果时同时报告浴槽中所使用加热介质的种类。

⑥ 注意软化点的记录和转换。

因为软化点的测定是条件性的试验方法，对于给定的沥青试样，当软化点略高于80℃时，水浴中测定的软化点低于甘油浴中测定的软化点。

软化点高于80℃时，从水浴变成甘油浴时的变化是不连续的。在甘油浴中所报告的最低可能沥青软化点为84.5℃，而煤焦油沥青的最低可能软化点为82℃。当甘油浴中软化点低于这些值时，应转变为水浴中的软化点，并在报告中注明。

将甘油浴软化点转化为水浴软化点时，石油沥青的校正值为－4.5℃，对煤焦油沥青的校正值为－2.0℃，采用此校正值只能粗略地表示出软化点的高低，欲得到准确的软化点应在水浴中重复试验。无论在任何情况下，如果甘油浴中所测得的石油沥青软化点的平均值为80.0℃或更低，煤焦油沥青软化点的平均值为77.5℃或更低，则应在水浴中重复试验。

将水浴中略高于80℃的软化点转化成甘油浴中的软化点时，石油沥青的校正值为＋4.5℃，煤焦油沥青的校正值为＋2.0℃。采用此校正值只能粗略地表示出软化点的高低，欲得到准确的软化点应在甘油浴中重复试验。在任何情况下，如果水浴中两次测定温度的平均值为85.0℃或更高，则应在甘油浴中重复试验。

重复试验时，应在干净的容器中用新鲜样品制备试样。

考核评价

测定沥青软化点技能考核评价表

考核项目	测定沥青软化点					
序号	评分要素	配分	评分标准	扣分	得分	备注
1	检查沥青软化点测定器、浴槽、温度计等试验仪器是否合格	5	一项未检查扣2分			
2	试样预处理	2	不符合要求扣2分			
3	制作沥青圆片	2	不符合要求扣2分			

续表

考核项目	测定沥青软化点					
序号	评分要素	配分	评分标准	扣分	得分	备注
4	将已熔化试样注入黄铜环内至略高于环面为止	2	不符合要求扣2分			
5	试样、试样环、金属支架、钢球、钢球定位环等养护	2	不符合要求扣2分			
6	烧杯内注入蒸馏水，将试样环放置在软化点试验仪中	10	不符合要求扣5～10分			
7	将盛有水和环架的烧杯移至加热炉具上，加热过程中，记录每分钟上升的温度值	20	不符合要求每次扣10分			
8	试样受热软化，钢球逐渐下坠，至与下层底板表面接触时，立即读取温度	10	不符合要求扣2～10分			
9	同一试样平行试验两次	2	不符合要求扣2分			
10	结果整理，填写试验报告	15	发生安全事故，扣10～20分			
11	操作完成后，仪器洗净，摆放好，台面整洁	15	作废记录纸一张扣1分			
12	能正确使用各种仪器，正确使用劳动保护用品	15	一处不符扣1分			
合计		100	得分			

数据记录单

测定沥青软化点数据记录单

样品名称			
仪器设备			
执行标准			
平行次数		1	2
起始温度/℃			
第1分钟/℃			
第2分钟/℃			
第3分钟/℃			
第4分钟/℃			
第5分钟/℃			
第6分钟/℃			
第7分钟/℃			
第8分钟/℃			
软化点测定值/℃			
软化点平均值/℃			
分析人		分析时间	

操作视频

视频：测定沥青软化点

思考拓展

1. 在炎热的夏天，为什么有的沥青路面会变软？
2. 工程用沥青软化点高低对沥青施工有什么影响？
3. 测定沥青软化点试验过程中有哪些注意事项？

任务6-4 测定沥青延度

任务目标

1. 了解沥青延度的概念和测定意义；
2. 掌握沥青延度的测定方法和原理；
3. 能熟练进行沥青延度的测定；
4. 熟悉沥青延度测定中的安全注意事项。

任务描述

1. 任务：学习沥青延度的概念、测定方法，能熟练根据 GB/T 4508《沥青延度测定法》进行沥青延度的测定，做好安全防护工作。

2. 教学场所：油品分析室。

储备知识

一、石油沥青延度的概念及其测定意义

沥青延度是指沥青在一定温度下以一定速度拉伸至断裂时的长度。延度是评定沥青塑性的重要指标，是衡量沥青在一定温度下断裂前扩展及伸长能力的指标，反映了沥青的塑性及拉伸性能。延度的大小表明沥青的黏稠性、流动性，开裂后的自愈能力，以及受机械应力作用后变形但不被破坏的能力。延度越大，表明沥青的塑性越好。沥青的延度与化学组成有关，沥青中的油分、胶质和沥青质等组分比例合适，则其延度较高；当沥青中油分和沥青质过多时，则其延度会降低。

二、石油沥青延度的测定方法

测定沥青延度采用的方法是 GB/T 4508—2010《沥青延度测定法》，该标准规定了沥青延度的测定方法。其测定原理为：将熔化的试样注入专用模具中，室温冷却后，放入保持在试验温度下的水浴中冷却，用热刀削去高出模具的试样后把模具重新放回水浴，再经一定时间后移到延度仪中，在一定温度下以一定速度拉伸至断裂时的长度，为沥青试样的延度。非经特殊说明，试验温度为 25℃±0.5℃，拉伸速度为（5±0.25)cm/min。

任务实施

测定沥青延度

1. 实施目的

① 学习 GB/T 4508—2010《沥青延度测定法》的原理和方法。
② 能熟练进行石油沥青延度的测定。

2. 方法概要

将熔化的试样注入专用模具中，先在室温冷却，然后放入保持在试验温度下的水浴中冷却，用热刀削去高出模具的试样，把模具重新放回水浴再经一定时间，然后移到延度仪中进行试验。记录沥青试样在一定温度下以一定速度拉伸至断裂时的长度，即为沥青试样的延度。

3. 仪器材料

沥青延度试验器：其中水浴能保持试验温度变化不大于 0.1℃，容量至少为 10L，试件浸入水中深度不得小于 10cm，水浴中设置带孔搁架以支撑试件，搁架距水浴底部不得小于

5cm；试件模具由黄铜制造，由两个弧形端模和两个侧模组成，延度仪在启动时应无明显的振动。组装模具的尺寸变化范围见图 6-5。温度计：0～50℃，分度为 0.1℃和 0.5℃的温度计各一支；支撑板：黄铜板，一面应磨光至表面粗糙度为 Ra 0.63 等。

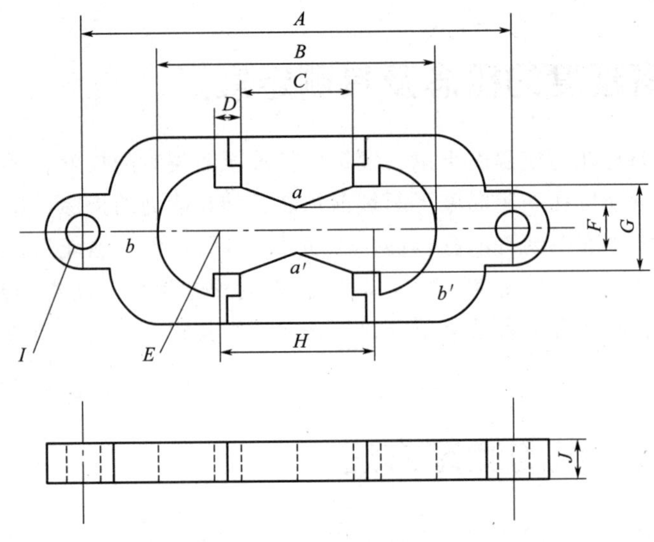

图 6-5 延度仪模具

A—两端模环中心点距离 111.5～113.5mm；*B*—试件总长 74.54～75.5mm；
C—端模间距 29.7～30.3mm；*D*—肩长 6.8～7.2mm；
E—半径 15.75～16.25mm；*F*—最小横断面宽 9.9～10.1mm；
G—端模口宽 19.8～20.2mm；*H*—两半圆心间距离 42.9～43.1mm；
I—端模孔直径 6.54～6.7mm；*J*—厚度 9.9～10.1mm

4. 试剂

建筑沥青；乙醇；食盐；隔离剂（甘油和滑石粉 2∶1 调制而成，以质量计）。

5. 准备工作

（1）模具的处理

将模具组装在支撑板上，将隔离剂涂于支撑板表面及侧模的内表面，以防沥青粘在模具上。板上的模具要水平放好，以使模具的底部能够充分与板接触。

（2）加热

小心加热样品，充分搅拌以防局部过热，直到样品容易倾倒。石油沥青加热温度不超过预计石油沥青软化点 90℃；煤焦油沥青样品加热温度不超过煤焦油沥青预计软化点 60℃。样品的加热时间在不影响样品性质和在保证样品充分流动的基础上尽量短。

（3）装试样

将熔化后的样品充分搅拌后倒入模具中，在组装模具时要小心，不要弄乱配件。

倒样时使试样呈细流状，自模的一端至另一端往返倒入，使试样略高出模具，将试件在空气中冷却 30～40min，然后放在 25℃±0.5℃的水浴中保持 30min 取出，用热的直刀或铲将高出模具的沥青刮出，使试样与模具齐平。

（4）恒温

将支撑板、模具和试件一起放入水浴中，并在 25℃±0.5℃的试验温度下保持 85～

95min，然后从板上取下试件，拆掉侧模，立即进行拉伸试验。

6. 实施步骤

① 将保温后的试件连同底板移入延度仪的水槽中，将模具两端的孔分别套在试验仪器的柱上，开动延度仪，以 5cm/min±0.25cm/min 的速度拉伸，并观察试样的延伸情况，直到试件拉伸断裂。注意水面距试件表面应不小于 25mm，注意温度要保持在 25℃±0.5℃。

注意：如果沥青浮于水面或沉入槽底时，则试验不正常。应使用乙醇或氯化钠调整水的密度，使沥青材料既不浮于水面，又不沉入槽底。

② 读取指针所指标尺上的读数，即试件从拉伸到断裂所经过的距离，以 cm 表示。

7. 报告

若三个试件测定值在其平均值的 5%内，取平行测定三个结果的平均值作为测定结果；若三个试件测定值不在其平均值的 5%以内，但其中两个较高值在平均值的 5%之内，则弃去最低测定值，取两个较高值的平均值作为测定结果，否则重新测定；正常的试验应将试样拉成锥形或线形或柱形，直至在断裂时实际横断面面积接近于零或一均匀断面。如果三次试验得不到正常结果，则报告在该条件下延度无法测定。

按下述规定判断试验结果的可靠性（置信度 95%）：

① 重复性。同一操作者在同一试验室使用同一试验仪器对在不同时间同一样品进行试验，重复测定两次结果不超过平均值的 10%。

② 再现性。同一样品在不同试验室用相同类型的仪器对同一样品进行试验得到的结果不超过平均值的 20%。

8. 注意事项

① 涂隔离剂时一定不能涂于端模内侧，以免延度值变小。

② 避免试模表面用刮刀刮后呈波浪状痕迹。

③ 试验过程中，仪器不得有振动，水面不得有晃动，温度保持稳定。

④ 在试验中，如发现沥青细丝浮于水面或沉入槽底时，则应在水中加入乙醇或食盐，调整水的密度至与试样相近后，重新试验。

⑤ 试件拉断时，正常的试验应将试样拉成锥形或线形或柱形，直至在断裂时实际横断面面积接近于零或一个均匀断面。

⑥ 如果 3 次试验得不到正常结果，则报告在该条件下延度无法测定。

考核评价

测定沥青延度技能考核评价表

考核项目	测定沥青延度					
序号	评分要素	配分	评分标准	扣分	得分	备注
1	检查沥青延度试验器、水浴、温度计等试验仪器是否合格	5	一项未检查扣 2 分			
2	模具处理与组装	2	不符合要求扣 2 分			
3	加热样品	2	不符合要求扣 2 分			

续表

考核项目	测定沥青延度					
序号	评分要素	配分	评分标准	扣分	得分	备注
4	试样倒入模具	2	不符合要求扣 2 分			
5	支撑板、模具和试件放入水浴中	2	不符合要求扣 2 分			
6	取下试件，拆掉侧模，进行拉伸试验	10	不符合要求扣 5～10 分			
7	将保温后的试件连同底板移入延度仪的水槽中，开动延度仪，并观察试样的延伸情况	20	不符合要求每次扣 10 分			
8	正确读取指针所指标尺上的读数	10	不符合要求扣 2～10 分			
9	三个试件平行测定	2	不符合要求扣 2 分			
10	结果整理，填写试验报告	15	发生安全事故，扣 10～20 分			
11	操作完成后，仪器洗净，摆放好，台面整洁	15	作废记录纸一张扣 1 分			
12	能正确使用各种仪器，正确使用劳动保护用品	15	一处不符扣 1 分			
合计		100	得分			

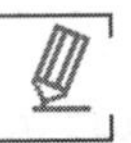

数据记录单

测定沥青延度数据记录单

样品名称				
仪器设备				
执行标准				
平行次数		1	2	3
试验温度/℃				
试验速度/(cm/min)				
延度测定值/0.1cm				
延度平均值/0.1cm				
分析人		分析时间		

操作视频

视频：测定沥青延度

思考拓展

1. 沥青路面有时会开裂，为什么？
2. 测定沥青延度试验过程中有哪些注意事项？
3. 请查阅资料，了解提高沥青延度的新方法、新技术有哪些？

拓展阅读

硬核科技助力建设北方最大“沥青超市”

山东百成新材料科技股份有限公司（简称百成新材料）的USP低温改性剂技术，突破了筑路材料行业壁垒，助推建设全国北方地区最大的“沥青超市”。

在山东省菏泽市东明县新材料化工园区的百成新材料研发车间内，工作人员正在配比不同的原料进行沥青材料实验，并对每一块研发产品进行模拟道路、车辙实验，测量筑路材料的抗压性、延展性等数据。该企业重点开展的USP低温橡胶复合改性沥青材料研究，已经过大量试验路段的应用验证，是一种可持续发展的绿色筑路技术，对提高资源利用率、减少碳排放有重要意义。

据介绍，传统热拌沥青的生产施工能耗高、成本大，作业环境艰苦，其生产是以牺牲环境为代价的。为有效解决传统高温热拌沥青存在的大量耗费、污染、使用寿命短等问题，该行业在不断探索尝试低温沥青的生产。

科技创新是推动产业高质量发展的基础，作为一家生产加工高等级改性沥青的国家高新技术企业，百成新材料通过项目研究，根据不同老化程度、不同老化沥青研发可控性再生剂，充分激活老化沥青，更好的改良再生剂配方，恢复因老化损失的性能。全新的沥青技术，不需180～210℃的高温加热，生产、施工温度比传统热拌沥青低30～40℃，节约能源50%左右，碳排放降低85%以上。同时，施工现场粉尘、沥青烟气等有毒气体接近“零排放”，有利于保护生产、施工人员的身体健康和周边环境，有效解决高温热拌沥青存在的高能耗、高排放和高污染等环保问题。

在科技成果转化推动下，目前，百成新材料已经集沥青的科研、生产、储运和贸易于一体，打造了道路沥青新材料领域的创新高地，已逐渐成为我国北方地区最大的“沥青超市”。

模块六　考核试题

一、填空题

1. 石蜡是含有________个碳原子的正烷烃的混合物。

2. 石蜡根据加工精制程度不同，可分为__________、__________和__________等类别。其中________是石蜡产品中产量最大、应用最广泛的品种。

3. ______是石蜡最主要的质量指标，是产品牌号的划分依据。

4. 测定石蜡熔点时，在______℃的温度条件下，使石蜡试样逐渐冷却降温，每隔______s记录一次温度，当第一次出现______个连续读数总差不超过______℃时，即试样冷却曲线出现平稳段为__________，停止试验。

5. 石油沥青按来源分为______________以及原油经炼制加工生产的______________等。

6. 石油沥青产品中产量最高的是________和________，每种沥青都是按________指标来划分牌号。

7. 为了进行比较，所有软化点低于80℃的沥青应在________中测定，而高于80℃的在________中测定。

8. 沥青的延度与化学组成有关，沥青中的________和________等组分比例合适，则其延度较高；当沥青中________和________过多时，则其延度会降低。

9. 测定沥青延度中试件拉断时，正常的试验应将试样拉成______________________，直至在断裂时实际横断面面积________或一个均匀断面。

二、单项选择题

1. （　　）是划分沥青牌号的依据。

A. 针入度　　B. 延度　　C. 软化点　　D. 熔点

2. 对于道路沥青来说，根据（　　）的大小，可以判断沥青和石料混合搅拌的难易。

A. 软化点　　B. 延度　　C. 针入度　　D. 熔点

3. 测定沥青延度时，水面距试件表面应不小于的距离和温度要保持的范围是（　　）。

A. 15mm，15℃±0.5℃　　B. 25mm，25℃±0.5℃

C. 20mm，20℃±0.5℃　　D. 30mm，30℃±0.5℃

4. 测定沥青软化点时，如果水浴中两次测定温度平均值为（　）或更高，则应在甘油浴中重复试验。

A. 65℃　　B. 75℃　　C. 85℃　　D. 95℃

5. 石油沥青产品中产量最高的是（　　）。

A. 天然沥青和建筑沥青　　B. 道路沥青和防水防潮沥青

C. 道路沥青和建筑沥青　　D. 道路沥青和天然沥青

三、判断题

1. 测定沥青针入度时，同一试样至少重复测定3次，各测试点之间的距离和测试点与试样皿边缘的距离不少于10mm。（　　）

2. 测定沥青软化点时，准备试样时加热温度高于试样估计软化点。（　　）

3. 测定沥青延度时样品的加热时间在不影响其性质和保证充分流动的基础上尽量短。（　　）

4. 测定沥青延度时，隔离剂一定不能涂于端模内侧，以免延度值变大。（　　）

5. 沥青延度是指沥青在一定温度下以一定速度拉伸至断裂时的长度。（　　）

6. 测定沥青软化点时，在加热过程中温度上升速度若超出5℃±0.5℃时，则应重做。（　　）

7. 测定沥青软化点报告试验结果的同时，应报告浴槽中所使用加热介质的种类。（　　）

8. 测定沥青软化点时，升温速度过快，所测得软化点偏低，反之则偏高。（　　）

9. 测定针入度大于200（1/10mm）的沥青试样时，至少用3支标准针，每次用针留在试样中，三根针全部扎完后同时取出。（　　）

10. 测定沥青软化点时，同一试样平行试验两次，两次测定值的差值超过1.5℃，则重新试验。（　　）

附录　油品分析职业技能考核模拟试题

试题一　喷气燃料密度的测定

一、仪器准备

序号	仪器名称	规格	数量	备注
1	量筒	250mL	1个	
2	石油密度计	SY-05型	9个	或符合SH/T 0316《石油密度计技术条件》的其他石油密度计
3	温度计	−2～50℃	1个	
4	搅拌机		1个	
5	恒温浴		1个	

二、操作说明

按GB/T 1884—2000《原油和液体石油产品密度实验室测定法（密度计法）》进行。

1. 将试样调节至15～30℃，与用于测定的量筒和温度计处于大致相同的温度。
2. 将均匀的适量试样沿量筒壁倾入清洁的量筒内。
3. 搅拌试样，使整个量筒中的试样的密度和温度均匀，记录温度，取出温度计和搅拌棒。
4. 把合适的密度计放入液体中，达到平衡位置放开，观察弯液面的形状。
5. 压入液体中约两个刻度，然后轻轻转动一下放开，当密度计自由漂浮时读数，同时读取温度计读数。
6. 计算试样密度。

三、考核时限

1. 准备时间15min。
2. 正式操作时间60min。
3. 每超过时限2min，从总分中扣1分，超过10min停止操作。
4. 违章操作或出现事故停止操作。

四、评分记录表

考核项目	测定喷气燃料密度					
序号	评分要素	配分	评分标准	扣分	得分	备注
1	将试样放置于恒温浴中，与用于测定的量筒和温度计处于大致相同的温度	5	油温过高，应冷却，否则扣5分			
2	将均匀的适量试样沿量筒壁倾入清洁的量筒内	25	取样前应充分摇匀，否则扣5分；沿量筒壁倾入，否则扣5分；避免飞溅，否则扣5分；不能生成空气泡，否则扣5分；试样应适量，应能使密度计自由漂浮，并距量筒底部至少25mm，否则扣5分			
3	搅拌试样，使整个量筒中试样密度和温度均匀，记录温度，取出温度计和搅拌棒	10	应充分搅拌试样，否则扣5分；温度应读准至0.1℃，否则扣5分			
4	把合适的密度计放入液体中，达到平衡位置放开，将密度计按到平衡点下1～2mm，再放入，观察弯月面形状	10	弯月面形状若改变，应清洗密度计干管，否则扣10分			

续表

考核项目	测定喷气燃料密度						
序号	评分要素	配分	评分标准	扣分	得分	备注
5	把密度计压入液体中约两个刻度，然后轻轻转动一下放开，当密度计自由漂浮时读数，同时读取温度计读数	20	密度计没压入液体约两个刻度，扣5分；没轻轻转动一下后放开，扣5分；当密度计自由漂浮时读数，否则扣5分；密度计读数应读准至0.0001g/mL，否则扣5分			
6	计算试样的标准密度公式为： $\rho_{20}=\rho_t+\gamma(t-20℃)$ 式中 ρ_{20}—标准密度，g/mL； ρ_t—视密度，g/mL； t—试样温度，℃； γ—试样密度温度系数，g/(mL·℃)	20	不熟悉或不会应用公式，扣10分；计算结果不对，扣10分			
7	台面整洁，摆放有序，废液、废纸处理得当，仪器刷洗干净	5	操作不正确，一处扣2分			
8	劳保用具齐全，试验记录完善	5	劳保用具不全，试验记录不完善，每项扣2.5分			
合计		100	得分			

考评员：　　　　　　　　　　　　年　月　日

试题二　柴油运动黏度的测定

一、仪器准备

序号	仪器名称	规格	数量	备注
1	黏度计	毛细管内径为ϕ0.8mm	3支	鉴定合格
2	恒温浴	带有透明壁，容积不小于2L	1个	能自动搅拌和调节温度
3	温度计	水银，温度值为0.1℃	1支	鉴定合格

二、材料准备

序号	名称	规格	数量	备注
1	溶剂油	符合GB/T 1922—2006《油漆及清洗溶剂油》中NY—120要求	1000mL	
2	95%乙醇	化学纯	500mL	
3	秒表	分格为0.1s	2块	鉴定合格
4	化验室常用洗涤工具			

三、操作说明

按GB/T 265—88《石油产品运动粘度测定法和动力粘度计算法》进行。

四、考核时限

1. 准备时间15min。
2. 正式操作时间75min。
3. 每超过时限5min，从总分中扣1分。
4. 违章操作或出现事故停止操作。

五、评分记录表

考核项目	测定柴油运动黏度					
序号	评分要素	配分	评分标准	扣分	得分	备注
1	检查仪器及计量器具(秒表、黏度计、温度计等)	10	一项未检查扣2分			
2	检查温度计放置位置,仪器恒温至(20±1)℃	10	一项不符合规定扣2分			
3	试样检查、混匀及过滤	10	一项不符合规定扣2分			
4	于黏度计中取样,放入恒温浴中恒温,要求:吸样量符合规定;吸样操作规范;黏度计浸没深度符合规定;黏度计垂直调整方法正确;黏度计垂直	25	一项未按规定扣5分			
5	试样测定:恒温时间10min;试样吸入不应该有气泡;秒表计时准确;试样流动时间符合要求;测定次数符合规定;进行平行试验	25	一项未按规定扣5分			
6	正确书写记录,两个结果之差不超过算术平均值的1.0%	10	记录数据一项不符合规定扣1分;结果超差扣10分			
7	操作完成后,仪器洗净,摆放好,台面整洁	5	操作不正确扣1分			
8	能正确使用各种仪器,正确使用劳动保护用品	5	操作不正确或不符合规定扣2分			
合计		100	得分			

考评员：　　　　　　　　　　　　年　　月　　日

试题三　柴油闪点的测定（闭口杯法）

一、仪器准备

1. 闭口闪点测定器。
2. 温度计　符合GB/T 514《石油产品试验用玻璃液体温度计技术条件》。
3. 油杯。

二、操作说明

按GB/T 261—2008《闪点的测定　宾斯基-马丁闭口杯法》进行。

三、考核时限

1. 准备时间15min。
2. 正式操作时间80min。
3. 每超过时限2min，从总分中扣1分，超过10min停止操作。
4. 违章操作或出现事故停止操作。

四、评分记录表

考核项目	测定柴油闪点(闭口杯法)					
序号	评分要求	配分	评分标准	扣分	得分	备注
1	检查温度计、仪器合格	5	一项未检查,扣2分			
2	取样前应摇匀试样	5	未摇匀,扣5分			
3	取样前试样水分应不超过0.05%	3	超过标准未脱水,扣3分			
4	油杯要用无铅汽油洗涤,并用空气吹干	2	不符合要求,扣2分			
5	取样量符合要求	5	量取不准,扣5分			
6	闪点测定仪应放在避风和较暗的地方	2	环境不符合要求,扣2分			

续表

考核项目	测定柴油闪点(闭口杯法)					
序号	评分要求	配分	评分标准	扣分	得分	备注
7	应先擦拭温度计和搅拌叶	3	未擦拭,扣3分			
8	升温开始应搅拌	5	未搅拌,扣2~5分			
9	升温速度应正确	5	过快或过慢,每次扣2分			
10	点火火焰大小合适,扫划规范	5	不按规定操作,每次扣2分			
11	点火前应停止搅拌	5	不按规定操作,每次扣2分			
12	点火后应打开搅拌开关	5	不按规定操作,每次扣2分			
13	发现闪火后,应继续进行试验	5	不按规定操作,扣5分			
14	重复试验应闪火,如不闪火应提出重新试验	5	不按规定操作,扣5分			
15	记录大气压并进行校正	5	未记录或未校正,扣5分			
16	合格使用记录纸	5	作废记录纸一张,扣2分			
17	记录无涂改,漏写	2	一处不符,扣1分			
18	试验结束后关闭电源	10	未关电源,扣10分			
19	试验台面应整洁	3	不整洁,扣3分			
20	正确使用仪器	5	试验中打破仪器,扣5分			
21	结果应准确	10	结果超差,扣5~10分			
合计		100	得分			

考评员：　　　　　　　　　　　　年　月　日

试题四　汽油馏程的测定

一、仪器准备

1. 石油产品蒸馏测定仪1台。
2. 蒸馏烧瓶125mL，1个。
3. 量筒100mL、5mL，各1个。
4. 秒表1块。
5. 棒状温度计0~300℃及0~100℃，各1个。
6. 拉线。
7. 脱脂棉。
8. 蒸馏烧瓶支板38mm。

二、操作说明

1. 本操作按国标GB/T 6536—2010《石油产品常压蒸馏特性测定法》进行。

2. 测定汽油的初馏点、5%回收温度、10%回收温度、45%回收温度、50%回收温度、85%回收温度、90%回收温度、终馏点，并换算为蒸发温度。

三、考核时限

1. 准备时间10min。
2. 正式操作时间60min。
3. 每超过时限2min，从总分中扣1分，超过10min停止操作。
4. 违章操作或出现事故停止操作。

四、考核评分

1. 监考员负责考场事务。

2. 采用100分制，60分为及格。
3. 考评员对本工种操作熟练，考核评分公正准确。
4. 各项配分，依据难易程度确定。
5. 按考核内容及要求进行单项核分。

五、评分记录表

考核项目	测定汽油馏程					
序号	评分要素	配分	评分标准	扣分	得分	备注
1	应检查温度计、量筒及蒸馏瓶合格	2	一项未检查，扣1分			
2	取样时试样应均匀	2	未摇匀，扣2分			
3	测量试油温度是否在规定范围	2	不测量试油温度，扣2分			
4	观察试样体积时量筒应垂直	2	量筒不垂直，扣2分			
5	蒸馏烧瓶应干净	2	蒸馏烧瓶不干净，扣2分			
6	应擦拭冷凝管内壁	2	未擦拭，扣2分			
7	向蒸馏烧瓶中加试样时蒸馏烧瓶支管应向上	2	支管未向上，扣2分			
8	温度计安装符合要求	4	不符合要求，扣2～4分			
9	蒸馏瓶安装不能倾斜	2	蒸馏瓶安装倾斜，扣2分			
10	冷凝管出口插入量筒深度不小于25mm，并不低于100mL刻线	2	不符合要求，扣2分			
11	冷凝管出口在初馏后应靠量筒壁	2	不符合要求，扣2分			
12	初馏时间5～10min	4	不符合要求，扣4分			
13	冷浴温度应保持0～1℃	2	不符合要求，扣2分			
14	初馏到回收5%时间应是60～75s	2	不符合要求，扣2分			
15	馏出速度符合要求	4	过快或过慢，扣2～4分			
16	观察温度时视线水平	2	不符合要求，扣2分			
17	记录规定温度	4	漏记录一次，扣2分			
18	测定残留量	4	未测定残留量，扣4分			
19	记录大气压和室温	2	未记录，扣2分			
20	会用秒表	2	不会用，扣2分			
21	温度计读数应补正	4	未补正或补正错误，每处扣2分			
22	记录无涂改、漏写	2	涂改、漏写，每处扣1分			
23	试验结束后关电源	2	未关，扣2分			
24	试验台面应整洁	2	不整洁，扣2分			
25	正确使用仪器	8	打破仪器，每件扣2分			
26	试验中不能起火	10	试验中起火，扣10分			
27	结果换算为蒸发温度	10	每算错一点，扣2分			
28	结果报出应是整数	2	未报整数，扣2分			
29	结果应准确	10	结果超差，扣5～10分			
合计		100	得分			

考评员： 年 月 日

试题五　柴油凝点的测定

一、仪器准备

圆底试管（1支）；圆底玻璃套管；盛放冷却剂用的广口保温瓶或筒形容器；温度计（−30～60℃，最小分度1℃，2支；0～100℃，1支）；支架；冷却浴；定性滤纸；无水乙醇（化学纯）；冷却剂（工业乙醇、干冰或液氮等能够将样品冷却至实验规定温度的任何材料或液体）；轻柴油或车用柴油；粗食盐；脱脂棉；石油产品凝点测定仪。

二、操作说明

按GB/T 510—2018《石油产品凝点测定法》进行。

三、考核时限

1. 准备时间10min。
2. 正式操作时间60min。
3. 每超过时限2min，从总分中扣1分，超过10min停止操作。
4. 违章操作或出现事故停止操作。

四、评分记录表

考核项目	测定柴油凝点					
序号	评分要素	配分	评分标准	扣分	得分	备注
1	检查温度计合格	5	一项未检查，扣2分			
2	取样前摇匀试样	2	未摇匀，扣2分			
3	试管应清洁、干燥	2	不符合要求，扣2分			
4	取样量应符合要求	2	量取不准，扣2分			
5	温度计安装前应干净	2	不干净，扣2分			
6	温度计安装应准确	10	不符合要求，扣5～10分			
7	加热水浴应恒温在(50±1)℃范围	2	不符合要求，扣2分			
8	试样应预先加热至(50±1)℃	2	不符合要求，扣2分			
9	试样预热后应在室温中降温至(35±5)℃	2	不符合要求，扣2分			
10	冷浴温度比预期凝点低7～8℃	5	不符合要求，扣2分			
11	观察凝固点操作正确	10	不符合要求，扣2～10分			
12	重复试验温度选择正确	2	不符合要求，扣2分			
13	试验过程中无安全事故发生	20	发生安全事故，扣10～20分			
14	合理使用记录纸	2	作废记录纸一张，扣1分			
15	记录无涂改、漏写	2	一处不符，扣1分			
16	试验结束后关闭电源	10	未关电源，扣5分			
17	试验台面应整洁	5	不整洁，扣5分			
18	正确使用仪器	5	打破仪器，扣2～5分			
19	结果应准确	10	结果超差，扣5～10分			
合计		100	得分			

考评员：　　　　　　　　　　　　年　月　日

试题六　柴油冷滤点的测定

一、仪器准备

序号	名称	规格	数量	备注
1	冷滤点测定器	可控冷浴为−17℃控温精度±1℃	1台	
2	吸量管	有20mL刻线	2套	玻璃制
3	套管	平底筒形	2套	黄铜制
4	过滤器	内有黄铜镶嵌的004号(363目)不锈钢丝网	2套	黄铜制，用带有外螺纹和支脚的圆环自下端旋入，上紧
5	橡胶塞	塞子上有三个孔，各用来装温度计、吸量管和通大气支管	2套	用以堵塞试杯的上口
6	隔环和垫圈	聚四氟乙烯材质	2套	密封用
7	试环	平底筒形，杯上有45mL刻线	2套	玻璃制
8	冷凝点温度计	内标，−38～50℃，分度1℃	2支	
9	冷浴温度计	内标，−80～20℃，分度1℃	2支	
10	温度计	乙醇，1～100℃，分度1℃	1支	
11	吸滤装置	由U形管压力计、稳压水槽和水流泵组成	1台	
12	秒表	分度为0.1～0.2s	2块	
13	恒温水浴	控温(30±5)℃	1台	

二、操作说明

1. 按NB/SH/T 0248—2019进行。
2. 检查仪器　冷滤点测定仪、冷滤点吸滤装置、恒温水浴及各种部件。
3. 检查试样及试样混匀。
4. 用试杯取试样，安装试杯与冷滤点测定器，并于水浴中预热。
5. 进行冷滤点测定。
6. 处理废样，洗涤仪器。
7. 书写报告单。

三、考核时限

1. 准备时间35min。
2. 正式操作时间90min。
3. 每超过时限5min，从总分中扣1分。
4. 违章操作或出现事故停止操作。

四、评分记录表

考核项目	测定柴油冷滤点					
序号	评分要素	配分	评分标准	扣分	得分	备注
1	检查仪器，各部件齐全，水浴(30±5)℃，冷浴温度(−34±0.5)℃是否符合要求，U形压力计压差指示2kPa±0.05kPa(200mmH_2O±1mmH_2O)	10	一处未检查，扣2分			
2	检查试样，取样前将试样混匀	5	没按规定，扣5分			
3	在试杯中取试样45mL，将冷滤点测定器安装于试杯中，使温度计垂直，温度计底部应离试杯底部1.5mm±0.2mm，过滤器也应恰好垂直放于试杯底部	15	取试样不正确，扣5分；安装不正确，一处扣3分			

续表

考核项目	测定柴油冷滤点					
序号	评分要素	配分	评分标准	扣分	得分	备注
4	将试杯置于预先恒温的水浴中，使油温达到(30±5)℃	5	油温未到，扣5分			
5	将试杯垂直放入在冷浴中冷却到预定温度的套管内，试样开始降温，使抽空系统与吸量管连接	5	没按规定操作，扣5分			
6	当试样冷却到比预期冷滤点高5～6℃时，开始第一次测定，启动抽空开关同时用秒表计时，当试样上升到吸量管20mL刻线处，关闭开关，同时秒表停止计时，让试样自然流回试杯；每降1℃重复上述操作，直至1min通过过滤器的试样不足20mL为止，记下此时温度即为试样的冷滤点；重复操作进行平行操作试验	30	计时不准，扣5分；温度读数不准，扣5分；操作不正确，一处扣2分；没做平行试验，扣5分			
7	结果计算，完成报告	10	计算不正确，扣5分；结果超差1℃，扣5分			
8	试验结束后，将试杯从套管中取出，加热熔化，倒出试样，洗涤试验设备，用轻油将试杯、过滤器、吸量管分别洗净、吹干	10	操作不正确，一处扣2分			
9	能正确使用各种仪器，正确使用劳动保护用品	10	不符合规定，一处扣2分			
合计		100	得分			

考评员：　　　　　　　　　　　年　月　日

试题七　润滑油水分的测定（蒸馏法）

一、仪器准备

序号	仪器名称	规格	数量	备注
1	加热器	电加热套	2套	
2	玻璃圆底烧瓶	500mL	2个	
3	接收器	10mL；最小刻度为0.03mL	2个	
4	直型冷凝管		2个	
5	量筒	100mL	2支	

二、材料准备

序号	名称	规格	数量	备注
1	溶剂	经脱水和过滤的120号溶剂油	1000mL	
2	干燥剂：硅胶		500g	

三、操作说明

1. 按GB/T 260—2016《石油产品水含量的测定　蒸馏法》进行。
2. 检查仪器、试样、溶剂。
3. 于蒸馏烧瓶中量取100mL试样和100mL溶剂，混合。
4. 正确安装仪器。
5. 缓慢加热，控制回流速度。
6. 停止蒸馏，刮净冷凝管上水珠，读取接收器中收集水体积。
7. 进行平行试验。
8. 正确书写记录，报告结果。

四、考核时限

1. 准备时间 15min。
2. 正式操作时间 90min。
3. 每超过时限 2min，从总分中扣 1 分。
4. 违章操作或出现事故停止操作。

五、评分记表

考核项目	测定润滑油水分(蒸馏法)					
序号	评分要素	配分	评分标准	扣分	得分	备注
1	检查仪器、试样、溶剂，并混匀试样	10	一项未按规定，扣 2 分			
2	于蒸馏烧瓶中量取 100mL 试样和 100mL 溶剂，混合均匀	10	一项未按规定，扣 2 分			
3	仪器安装：冷凝管的内壁要用棉花擦干；冷凝管与接收器的轴心互相重合；冷凝管下端的斜口切面要与接收器的支管管口相对；在冷凝管的上端用棉花塞住	20	一项未按规定，扣 5 分			
4	缓慢加热：控制回流速度，使冷凝管的斜口每秒滴下 2～4 滴液体。正确判定蒸馏结束时间，回流时间不超过 1h	20	一项未按规定，扣 5 分			
5	停止蒸馏。冷却后，刮净冷凝管壁上水珠，读取接收器中收集水体积。进行平行试验	20	一项未按规定，扣 5 分			
6	报告结束，两次收集水的体积差，不应超过接收器的一个刻度；正确书写记录	10	书写记录一处不符合规定，扣 1 分；超差，扣 5 分			
7	台面整洁，摆放有序	5	操作不正确，一处扣 2 分			
8	能正确使用各种仪器，正确使用劳动保护用品	5	操作不正确或不符合规定，一处扣 2 分			
合计		100	得分			

考评员：　　　　　　　　　　　　年　月　日

试题八　柴油酸度的测定

一、仪器准备

序号	仪器名称	规格	数量	备注
1	锥形瓶	250mL	1 个	
2	球形回流冷凝管	长约 300mm	1 个	
3	量筒	25mL，50mL，100mL	3 个	
4	微量滴定管	2mL，分度 0.02mL	1 个	或 5mL，分度为 0.05mL
5	水浴		1 台	
6	秒表		1 块	
7	温度计	0～100℃棒状温度计	1 支	

二、试剂准备

序号	名称	规格	数量	备注
1	95%乙醇	分析纯	1 瓶	
2	氢氧化钾	分析纯	1 瓶	配成 0.05mol/L 氢氧化钾-乙醇溶液
3	碱性蓝 6B		1 瓶	(已配制好)

三、操作说明

按 GB/T 258—2016《轻质石油产品酸度测定法》进行；测定柴油酸度。

四、考核时限

1. 准备时间 10min。
2. 正式操作时间 60min。
3. 每超过时限 2min，从总分中扣 1 分，超过 10min 停止操作。
4. 违章操作或出现事故停止操作。

五、评分记录表

考核项目	测定柴油酸度					
序号	评分要素	配分	评分标准	扣分	得分	备注
1	检查量筒、滴定管、秒表等合格	5	一项未检查，扣 2 分			
2	取样前，应摇匀试样	5	未摇匀，扣 3 分			
3	取样前，油温应在(20±3)℃	5	未测或温度不在范围，扣 3 分			
4	锥形瓶应清洁干燥	5	不符合要求，每次扣 2 分			
5	量取乙醇体积 50mL	5	量取不准，扣 2～5 分			
6	加热回流时间正确	5	回流时间不正确，扣 2 分			
7	加入指示剂量正确	5	量取不准，扣 5～10 分			
8	滴定终点颜色判断准确	10	终点观察不准，扣 5～10 分			
9	从锥形瓶停止加热到滴定达终点时间不超过 3min	10	时间超过 3min，扣 5～10 分			
10	取样时视线应与量筒的弯月面下边缘齐平	5	不按规定操作，扣 4 分			
11	合理使用记录纸	1	作废记录纸一张，扣 1 分			
12	记录要及时无涂改、无漏写	4	一处不符，扣 1 分			
13	试验结束后，正确拆卸仪器并洗刷干净	10	不按规定操作，每处扣 2 分			
14	试验台面应整洁	5	不整洁，扣 5 分			
15	正确使用仪器	10	试验中打破仪器，每个扣 5 分			
16	结果应准确可靠	10	平行数据超差，扣 5 分；计算结果不正确，每个扣 5 分			
合计		100	得分			

考评员：　　　　　　　　　　年　月　日

试题九　喷气燃料总酸值的测定

一、仪器准备

888 Titrando 型自动电位滴定仪；电极；量筒（100mL）；天平。

二、试剂准备

3 号喷气燃料，0.01mol/L 氢氧化钾异丙醇标准溶液；滴定溶剂（甲苯-异丙醇）。

三、操作说明

等效采用 GB/T 12574—90《喷气燃料总酸值测定法》，测定喷气燃料总酸值。

四、考核时限

1. 准备时间 15min。
2. 正式操作时间 60min。
3. 每超过时限 2min，从总分中扣 1 分，超过 10min 停止操作。
4. 违章操作或出现事故停止操作。

五、评分记录表

考核项目	测定喷气燃料总酸值					
序号	评分要素	配分	评分标准	扣分	得分	备注
1	检查量筒、电极、天平等合格	5	一项未检查，扣2分			
2	取样前，应摇匀试样	5	未摇匀，扣5分			
3	标准溶液的量要充足	5	不符合要求，扣5分			
4	仪器连接正确	10	不符合要求，扣10分			
5	正确清洗计量管及管路	5	不符合要求，扣5分			
6	正确选择实验方法	10	选取错误，扣10分			
7	空白样品量取正确	10	量取不准，扣10分			
8	试样称量正确	10	称量不准，扣5分			
9	合理使用记录纸	1	作废记录纸一张，扣1分			
10	记录要及时无涂改、无漏写	4	一处不符，扣1分			
11	实验结束后，正确拆卸仪器并洗刷干净	10	不按规定操作，每处扣2分			
12	实验台面应整洁	5	不整洁，扣5分			
13	正确使用仪器	10	试验中打破仪器，每个扣5分			
14	结果应准确可靠	10	不符合要求，扣5～10分			
合计		100	得分			

考评员：　　　　　　　　　　　　　　年　月　日

试题十　汽油铜片腐蚀性试验

一、仪器准备

石油产品铜片腐蚀试验器；石油产品铜片腐蚀标准色板；温度计等。

二、试剂准备

车用汽油；洗涤溶剂（异辛烷或分析纯的石油醚，90～120℃）；铜片；磨光材料（砂纸或砂布）。

三、操作说明

按GB/T 5096—2017《石油产品铜片腐蚀试验法》进行。

四、考核时限

1. 准备时间15min。
2. 正式操作时间90min。
3. 每超过时限2min，从总分中扣1分，超过10min停止操作。
4. 违章操作或出现事故停止操作。

五、评分记录表

考核项目	汽油铜片腐蚀试验					
序号	评分要素	配分	评分标准	扣分	得分	备注
1	检查仪器及计量器具(铜片、砂纸、恒温装置等)	10	一项未检查扣2分			
2	检查温度计放置位置，仪器恒温至(40±1)℃	10	一项不符合规定扣2分			
3	准备铜片	20	一项不符合规定扣2分			

续表

考核项目	汽油铜片腐蚀试验					
序号	评分要素	配分	评分标准	扣分	得分	备注
4	取样,装满,样品避免暴露在空气中	15	一项未按规定扣5分			
5	试样测定:恒温时间180min,检查铜片并与色板比对	25	一项未按规定扣5分			
6	正确记录腐蚀级别	10	结果超差扣5分,记录数据一项不符合规定扣1分			
7	操作完成后,仪器洗净,摆放好,台面整洁	5	每项操作不正确扣1分			
8	能正确使用各种仪器,正确使用劳动保护用具	5	每项操作不正确或不符合规定扣2分			
合计		100	得分			

考评员：　　　　　　　　　　　　年　月　日

模块考核试题参考答案

模块一

一、1. 碳、氢；硫、氮、氧　2. 烃类；非烃类；无机物　3. 燃料；溶剂和化工原料；润滑剂、工业润滑油和有关产品；蜡；沥青五大类　4. 推荐性国家标准（GB/T）；企业标准　5. 等同采用；等效采用；非等效采用　6. 可测误差；准确度；偶然误差；精密度　7. 重复性；再现性　8. 气体石油产品试样；液体石油产品试样；膏状石油产品试样；固体石油产品试样　9. GB/T 4756—2015《石油液体手工取样法》；SH/T 0635—96《液体石油产品采样法（半自动法）》　10. 丙烷；丙烯；丁烷

二、1. D　2. C　3. B　4. B　5. C　6. D　7. A　8. B　9. A　10. C

三、1. √　2. ×　3. √　4. ×　5. √　6. ×　7. √　8. √　9. √　10. √

模块二

一、1. 硫酸；磺酸；酸性硫酸酯；有机酸　2. 取样均匀程度；试剂、器皿的清洁性；试样黏度；油品的乳化　3. 腐蚀石油炼制装置；污染催化剂；影响油品质量；严重污染环境　4. 硫醇性硫；硫化氢　5. 发动机燃料　6. 燃灯法；管式炉法　7. 馏分油；腐蚀程度　8. 试验条件的控制；试片洁净程度；试剂与环境；取样　9. 10%；50%；90%；终馏点；90%；终馏点　10. 60～75；4～5　11. 蒸发损失　12. 点燃式　13. 吸气；压缩；膨胀做功；排气　14. 辛烷值　15. 异辛烷

二、1. C　2. D　3. A　4. B　5. A　6. A　7. C　8. C　9. C　10. A　11. C　12. A

三、1. √　2. √　3. ×　4. √　5. ×　6. ×　7. √　8. √　9. √　10. ×　11. √　12. ×

模块三

一、1. d_4^{20}　2. 增大　3. 130～280℃　4. 煤油；宽馏分；重煤油　5. 中和100mL石油产品中的酸性物质，所需氢氧化钾的质量，称为酸度，以mgKOH/100mL表示；中和1g石油产品中的酸性物质，所需氢氧化钾的质量，称为酸值，以mgKOH/g表示　6. 指示剂用量；煮沸条件的控制；滴定终点的确定；抽出溶液颜色的变化　7. 无烟火焰的最大高度　8. 积炭　9. 最深；最浅　10. 目视比色法；分光光度法

二、1.D　2. B　3. C　4. D　5. D　6. D　7. A　8. A　9. B　10. D

三、1. √　2. √　3. √　4. √　5. ×　6. √　7. ×　8. ×　9. ×　10. √

模块四

一、1. 脱水处理；用滤纸过滤除去机械杂质　2. 垂直状态　3. 吸气；压缩；膨胀做功；排气　4. 十六烷值　5. 浊点；结晶点；倾点；凝点　6. 胶质、沥青质及表面活性剂；油品含水量　7. 2～6　8. 黏温凝固；构造凝固　9. 浊点　10. 凝点

二、1. B　2. C　3. B　4. A　5. D　6. B　7. D　8. C　9. A　10. B

三、1. ×　2. √　3. √　4. √　5. ×　6. √　7. ×　8. √　9. ×　10. √

模块五

一、1. 越低；越高　2. 较高；检修发动机或换油　3. GB/T 261—2008《闪点的测定　宾斯基-马丁闭口杯法》、GB/T 267—88《石油产品闪点与燃点测定法（开口杯法）》和 GB/T 3536—2008《石油产品闪点和燃点的测定　克利夫兰开口杯法》　4. 胶质；沥青质；多环芳烃的叠合物　5. 小；10%蒸余物　6. 游离水；悬浮水；乳化悬浮水；溶解水；结合水；游离水　7. 种类；含水量　8. 电化学　9. 回流速度；2～4；1h　10. 油品在规定条件下灼烧后，所剩下的不燃物质

二、1. B　2. A　3. D　4. C　5. D　6. B　7. A　8. D　9. C　10. A

三、1. √　2. ×　3. ×　4. √　5. ×　6. √　7. √　8. √　9. √　10. √

模块六

一、1. 16～35　2. 半精炼石蜡、全精炼石蜡和粗石蜡；56；半精炼石蜡　3. 熔点　4. 16～28；15；5；0.1；曲线停滞期　5. 天然沥青、矿沥青；直馏沥青和氧化沥青　6. 道路沥青；建筑沥青；针入度　7. 水浴；甘油浴　8. 油分、胶质；沥青质；油分；沥青质　9. 锥形或线形或柱形；接近于零。

二、1. A　2. C　3. B　4. C　5. C

三、1. √　2. ×　3. √　4. ×　5. √　6. √　7. √　8. ×　9. √　10. √

参 考 文 献

[1] 庞荔元．油品分析员读本．北京：中国石化出版社，2007.
[2] 王宝仁，孙乃有．石油产品分析．北京：化学工业出版社，2009.
[3] 王宝仁，甘黎明，房爱敏．油品分析．北京：高等教育出版社，2007.
[4] 周军，赵占春．石油产品分析与检测．北京：化学工业出版社，2012.
[5] 李淑培．石油加工工艺学．北京：中国石化出版社，1992.
[6] 廖克俭，戴跃玲，丛玉凤．石油化工分析．北京：化学工业出版社，2005.
[7] 姜学信．石油产品分析．北京：化学工业出版社，1999.
[8] 潘翠娥，杜桐林．石油分析．武汉：华中理工大学出版社，1991.
[9] 中国石油化工集团公司职业技能鉴定指导中心编．化工分析工．北京：中国石化出版社，2006.
[10] 梁汉昌．石油化工分析手册．北京：中国石化出版社，2000.
[11] 吴秀玲，杜召民，等．油品分析．北京：化学工业出版社，2014.